C&C++ Classic

C专家编程

Expert C Programming

Deep C Secrets

[美] 彼得 · 范德林登（Peter Van Der Linden）◎ 著

徐波 ◎ 译

人民邮电出版社

北京

图书在版编目（CIP）数据

C专家编程 / （美）彼得·范德林登著 ； 徐波译. -- 北京 ： 人民邮电出版社，2020.9
ISBN 978-7-115-52132-3

Ⅰ. ①C… Ⅱ. ①彼… ②徐… Ⅲ. ①C语言－程序设计 Ⅳ. ①TP312.8

中国版本图书馆CIP数据核字(2019)第211504号

◆ 著　　　　［美］彼得·范德林登（Peter Van Der Linden）
　译　　　　徐　波
　责任编辑　傅道坤
　责任印制　王　郁　焦志炜

◆ 人民邮电出版社出版发行　　北京市丰台区成寿寺路 11 号
　邮编　100164　　电子邮件　315@ptpress.com.cn
　网址　https://www.ptpress.com.cn
　固安县铭成印刷有限公司印刷

◆ 开本：800×1000　1/16
　印张：18.5　　　　2020 年 9 月第 1 版
　字数：395 千字　　2024 年 12 月河北第 18 次印刷

著作权合同登记号　图字：01-2002-2765 号

定价：69.00 元

读者服务热线：(010)81055410　印装质量热线：(010)81055316

反盗版热线：(010)81055315

广告经营许可证：京东市监广登字 20170147 号

内容提要

本书展示了优秀的 C 程序员所使用的编码技巧，并专门开辟了一章对 C++的基础知识进行了介绍。

本书对 C 的历史、语言特性、声明、数组、指针、链接、运行时、内存以及如何进一步学习 C++等问题进行了细致的讲解和深入的分析。本书撷取几十个实例进行讲解，对 C 程序员具有非常高的实用价值。

本书可以帮助有一定经验的 C 程序员成为 C 编程方面的专家；对于 C 语言功底深厚的程序员，本书可以帮助他们站在 C 的高度了解和学习 C++。

序

最近，我在逛一家书店时，看到里面有大量枯燥乏味的 C 和 C++图书，心情格外沮丧。我发现，极少有作者想向读者传达这样一个信念：任何人都可以享受编程。在冗长而乏味的阅读过程中，所有的奇妙和乐趣都烟消云散了。如果你硬着头皮把它啃完，或许会有长进。但编程本来不该是这个样子的！

编程应该是一项精妙绝伦、充满生机、富有挑战的活动，而讲述编程的图书也应能令读者时时迸射出激情的火花。本书是一本教学性质的图书，但更希望重新把快乐融入编程之中。如果本书不合你的口味，请把它放回书架，但务必放到更显眼的位置上，这里先行谢过。

好，听过这个开场白后，你不免有疑问：关于 C 语言编程的书可以说是不胜枚举，那么这本书又有什么独到之处呢？

本书应该是每位程序员的第二本学习 C 语言的图书。这里所提到的绝大多数教程、提示和技巧在其他书上是找不到的，即使有的话，也是作为心得体会写在图书的空白处或旧打印纸的背面。作者和 Sun 公司编译器、操作系统小组的同事在多年的 C 语言编程实践中，积累了大量的知识和经验。本书讲述了许多有趣的 C 语言故事和轶闻，诸如连接到因特网上的自动售货机、太空软件中存在的问题，以及一个 C 语言的缺陷怎样使整个 AT&T 长途电话网络瘫痪等。本书的最后一章是 C++语言的轻松教程，可帮助你熟悉这门从 C 语言演化而来的日益流行的语言。

本书讲述的是应用于 PC 和 UNIX 系统上的 ANSI 标准 C 语言，对 C 语言中与 UNIX 平台复杂的硬件结构（如虚拟内存等）相关的特性做了详细描述，也对 PC 的内存模型和 Intel 8086 系列对 C 语言产生的影响做了全面介绍。具备扎实 C 语言基础的人很快就会发现书中充满了很多可能需要多年实践才能领会的技巧、提示和捷径。它覆盖了许多令 C 程序员困惑的主题：

- typedef struct bar{ int bar; }bar 的真正意思是什么？
- 我怎样把一些大小不同的多维数组传递到同一个函数中？
- 为什么 extern char *p;同另一个文件的 char p[100];不能够匹配？
- 什么是总线错误（bus error）？什么是段违规（segmentation violation）？
- char *foo[]和 char(*foo)[]有何不同？

如果你对这些问题不是很有把握，很想知道 C 语言专家是如何处理它们的，那么请继续阅读本书！即使你对这些问题的答案已经了如指掌，对 C 语言的其他细节也是耳熟能详，也请阅读本书，继续充实你的知识。如果觉得不好意思，就告诉书店职员“是给朋友买书”。

Peter Van Der Linden

加州硅谷

前言

C代码。C代码运行。运行码运行……请！

——*Barbara Ling*

所有的C程序都做同一件事，即观察一个字符，然后啥也不干。

——*Peter Weinberger*

你是否注意到市面上存有大量的C语言编程图书，它们的书名具有一定的启示性，如*C Traps and Pitfalls*、*The C Puzzle Book*、*Obfuscated C and Other Mysteries*等，而其他的编程语言好像没有类似这种书名的图书。这里有一个很充分的理由！

C语言编程是一项技艺，需要多年历练才能达到较为完善的境界。一个头脑敏捷的人很快就能学会C语言中的基础知识。但要想品味出C语言的细微之处，并通过大量编写各种不同的程序成为C语言专家，则耗时甚巨。打个比方说，这是在巴黎点一杯咖啡与在地铁里告诉土生土长的巴黎人该在哪里下车之间的差别。本书是一本关于ANSI C编程语言的高级读物。它适用于已经编写过C程序的人，以及那些想迅速获取一些专家观点和技巧的人。

编程专家在多年的实践中建立了自己的技术工具箱，里面是形形色色的习惯用法、代码片段和灵活掌握的技巧。他们汲取其他成功者的经验教训，或是直接领悟他们的代码，或是在维护其他人的代码时聆听他们的教诲，随着时间的推移，逐步形成了这些东西。成为C编程高手的另一种途径是自省，即在认识错误的过程中进步。几乎每个C语言编程新手曾犯过下面这样的书写错误：

```
if(i = 3)
```

正确的写法应该是：

```
if(i == 3)
```

一旦有过这样的经历，这种痛苦的错误（在需要进行比较时误用了赋值符号）一般就不会再犯。有些程序员甚至养成了一种习惯，即在比较式中先写常数，如 if(3 == i)。这样，如果不小心误用了赋值符号，编译器就会发出“attempted assighnment to literal”（试图向常数赋值）的错误信息。虽然在比较两个变量时，这种技巧起不了作用。但是，积少成多，如果你一直留心这些小技巧，它们迟早会对你有所帮助。

价值 2000 万美元的 Bug

1993 年春天，在 SunSoft 的操作系统开发小组里，我们接到了一个“一级优先”的 Bug 报告，是一个关于异步 I/O 库的问题。如果这个 Bug 不解决，将会使一桩价值 2000 万美元的硬件产品生意告吹，因为对方需要使用这个库的功能。所以，我们顶着重压寻找这个 Bug。经过几次紧张的调试，问题被圈定在下面这条语句上：

```
x == 2;
```

这是个录入错误，它的原意是一条赋值语句。但程序员的手指在“=”键上不小心多按了一下。这条语句成了将 x 与 2 进行比较，比较的结果是 true 或者 false，然后丢弃这个比较结果。

C 语言的表达能力也实在是强，编译器对于“求一个表达式的值，但不使用该值”这样的语句竟然也能接受，并且不发出任何警告，只是简单地把返回结果丢弃。我们不知道是应该为及时找到这个问题的好运气而庆幸，还是应该为这样一个常见的录入错误可能付出高昂的代价而痛心疾首。有些版本的 lint 程序已经能够检测到这类问题，但人们很容易忽视这些有用的工具。

本书收集了其他许多有益的故事。它记录了许多经验丰富的程序员的智慧，避免读者再走弯路。当你来到一个看上去很熟的地方，却发现许多角落依然陌生，而本书就像是一个细心的向导，帮助你探索这些角落。本书对一些主要话题如声明、数组/指针等做了深入的讨论，同时提供了许多提示和记忆方法。本书从头到尾采用了 ANSI C 的术语，在必要时会用日常用语来诠释。

编程挑战

小 启 发

例框

我们设置了“编程挑战”这个小栏目，像这样以框的形式出现。

框中会针对你所编写的程序给出一些建议。

另外，我们还设置了“小启发”这个栏目，它也是以框的形式出现的。

“小启发”里出现的是在实际工作中产生一些想法、经验和指导方针。你可以在编程中应用它们。当然，如果你已经有了更好的指导原则，也完全可以不理会它们。

约定

我们所采用的一个约定是用蔬菜和水果的名字来代表变量的名字（当然只适用于小型程序片段，现实中的程序不可如此）：

```
char pear[40];
double peach;
int mango = 13;
long melon = 2001;
```

这样就很容易区分哪些是关键字，哪些是程序员所提供的变量名。有些人或许会说，你不能拿苹果和橘子作比较。但为什么不行呢？它们都是在树上生长、拳头大小、圆圆的可食之物。一旦你习惯了这种用法，就会发现它很有用。另外还有一个约定，即有时我们会重复某个要点，以示强调。

和精美食谱一样，本书准备了许多可口的东西，以实例的样式奉献给读者。每一章都被分成几个彼此相关而又独立的小节。无论是从头到尾认真阅读，还是随意翻开一章选择一个单独的主题细细品味，都是相当容易的。许多技术细节都蕴藏于 C 语言在实际编程中的一些真实故事里。幽默对于学习新东西是相当重要的，所以我在每一章都以一个“轻松一下”的小栏目结尾。这个栏目包含了一个有趣的 C 语言故事，或是一段软件轶闻，让读者在学习的过程中轻松片刻。

读者可以把本书当作 C 语言编程的思路集锦，或是 C 语言提示和习惯用法的集合，也可以从经验丰富的编译器作者那里汲取营养，更轻松地学习 ANSI C。总之，它把所有的信息、提示和指导方针都放在一个地方，让你慢慢品味。所以，请赶紧翻开书，拿出笔，舒舒服服在坐在计算机前，开始快乐的学习之旅吧！

轻松一下——优化文件系统

偶尔，在 C 和 UNIX 中，有些方面是令人感觉相当轻松的。只要出发点合理，什么样的奇思妙想都不为过。IBM/Motorola/Apple PowerPC 架构具有一种 E.I.E.I.O 指令[1]，代表“Enforce In-Order Execution of I/O”（在 I/O 中实行按顺序执行的方针）。与这种思想相类似，在 UNIX

[1] 可能是由一个名叫 McDonald 的老农设计的。

中也有一条称作 tunefs 的命令，高级系统管理员用它修改文件系统的动态参数，并优化磁盘中文件块的布局。

和其他的 Berkeley[1]命令一样，在早期的 tunefs 在线手册上，也是以一个标题为“Bugs”的小节来结尾。内容如下：

Bugs:

这个程序本来应该在安装好的（mounted）和活动的文件系统上运行，但事实上并非如此。因为超级块（superblock）并不是保持在高速缓冲区中，所以只有当该程序运行在未安装好的（dismounted）文件系统中时才有效。如果运行于根文件系统，系统必须重新启动。

你可以优化一个文件系统，但不能优化一条鱼。

更有甚者，在文字处理器的源文件中有一条关于它的注释，警告任何人不得忽视上面这段话！内容如下：

如果忽视这段话，你就等着烦吧。一个 UNIX 里的怪物会不断地纠缠你，直到你受不了为止。

当 SUN 和其他一些公司转到 SVr4 UNIX 平台时，我们就看不到这条警告了。在 SVr4 的手册中也没有了“Bugs”这一节，而是改名为“注意”。（会不会误导大家？）“优化一条鱼”这样的妙语也不见了。作出这个修改的人现在一定在受 UNIX 里面怪物的纠缠，自作自受！

编程挑战

计算机日期

关于 time_t，什么时候它会到达尽头，重新回到开始呢？

写一个程序，找出答案。

1. 查看一下 time_t 的定义，它位于文件/user/include/time.h 中。
2. 编写代码，在一个类型为 time_t 的变量中存放 time_t 的最大值，然后把它传递给 ctime()函数，转换成 ASCII 字符串并打印出来。注意 ctime()函数同 C 语言并没有任何关系，它只表示“转换时间”。

如果程序设计者去掉了程序的注释，那么多少年以后，他不得不担心该程序会在 UNIX 平台上溢出。请修改程序，找出答案。

1. 调用 time()获得当前的时间。

[1] 加州大学伯克利分校，UNIX 系统的许多版本都是在那里设计的。——译者注

2. 调用 difftime()获得当前时间和 time_t 所能表示的最大时间值之间的差值（以秒计算）。

3. 把这个值格式化为年、月、周、日、小时、分钟的形式，并打印出来。

它是不是比一般人的寿命还要长？

解决方案

计算机日期

这个练习的结果在不同的 PC 和 UNIX 系统上有所差异，而且它还与 time_t 的存储形式有关。在 Sun 系统中，time_t 是 long 的 typedef 形式。我们所尝试的第一个解决方案如下：

```
#include <stdio.h>
#include <time.h>

int main() {
  time_t biggest= 0x7FFFFFFF;

  printf("biggest = %s \n", ctime(&biggest));
  return 0;
}
```

这是一个输出结果：

```
  biggest = Mon Jan 18 19:14:07 2038
```

显然，这不是正确的结果。ctime()函数把参数转换为当地时间，它跟世界统一时间 UTC（格林尼治时间）并不一致，取决于你所在的时区。本书写作地是加利福尼亚，比伦敦晚 8 小时，而且现在的年份跟最大时间值的年份相差甚远。

事实上，我们应该采用 gmtime()函数来取得最大的 UTC 时间值。这个函数并不返回一个可打印的字符串，所以不得不用 asctime()函数来获取一个这样的字符串。权衡各方面情况后，修订过的程序如下：

```
#include<stdio.h>
#include<time.h>

int main() {
  time_t  biggest = 0x7FFFFFFF;
  printf("biggest = %s \n", asctime(gmtime(&biggest)));
  return 0;
}
```

它给出了如下的结果：

```
biggest = Tue Jan 19 03:14:07 2038
```

看！这样就挤出了 8 小时。

但是，我们并未大功告成。如果你采用的是新西兰的时区，就会又多出 13 小时，前提是新西兰在 2038 年仍然采用夏令时。新西兰在 1 月时采用的是夏令时（因为位于南半球）。但是，由于新西兰的最东端位于日界线的东面，在那里它应该比格林尼治时间晚 10 小时而不是早 14 小时。这样，新西兰由于其独特的地理位置，不幸成为该程序的第一个 Bug 的受害者。

即使像这样简单的问题也可能在软件中潜藏令人吃惊的隐患。如果有人觉得对日期进行编程是小菜一碟，一次动手便可轻松搞定，那么他肯定没有深入研究问题，程序的质量也可想而知。

资源与支持

本书由异步社区出品，社区（https://www.epubit.com/）为您提供相关资源和后续服务。

提交勘误

作者和编辑尽最大努力来确保书中内容的准确性，但难免会存在疏漏。欢迎您将发现的问题反馈给我们，帮助我们提升图书的质量。

当您发现错误时，请登录异步社区，按书名搜索，进入本书页面，单击“提交勘误”，输入勘误信息，单击“提交”按钮即可。本书的作者和编辑会对您提交的勘误进行审核，确认并接受后，您将获赠异步社区的 100 积分。积分可用于在异步社区兑换优惠券、样书或奖品。

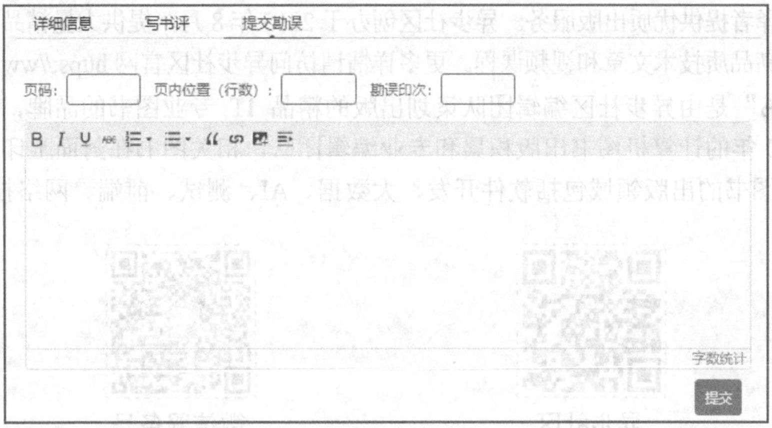

扫码关注本书

扫描下方二维码，您将会在异步社区微信服务号中看到本书信息及相关的服务提示。

与我们联系

我们的联系邮箱是 contact@epubit.com.cn。

如果您对本书有任何疑问或建议，请您发邮件给我们，并请在邮件标题中注明本书书名，以便我们更高效地做出反馈。

如果您有兴趣出版图书、录制教学视频，或者参与图书翻译、技术审校等工作，可以发邮件给我们；有意出版图书的作者也可以到异步社区在线投稿（直接访问 www.epubit.com/selfpublish/submission 即可）。

如果您所在的学校、培训机构或企业，想批量购买本书或异步社区出版的其他图书，也可以发邮件给我们。

如果您在网上发现有针对异步社区出品图书的各种形式的盗版行为，包括对图书全部或部分内容的非授权传播，请您将怀疑有侵权行为的链接发邮件给我们。您的这一举动是对作者权益的保护，也是我们持续为您提供有价值的内容的动力之源。

关于异步社区和异步图书

“异步社区”是人民邮电出版社旗下 IT 专业图书社区，致力于出版精品 IT 技术图书和相关学习产品，为作译者提供优质出版服务。异步社区创办于 2015 年 8 月，提供大量精品 IT 技术图书和电子书，以及高品质技术文章和视频课程。更多详情请访问异步社区官网 https://www.epubit.com。

“异步图书”是由异步社区编辑团队策划出版的精品 IT 专业图书的品牌，依托于人民邮电出版社近 30 年的计算机图书出版积累和专业编辑团队，相关图书在封面上印有异步图书的 LOGO。异步图书的出版领域包括软件开发、大数据、AI、测试、前端、网络技术等。

异步社区

微信服务号

目录

第1章

C：穿越时空的迷雾

C诡异离奇，缺陷重重，却获得了巨大的成功。

——*Dennis Ritchie*

1.1 C语言的史前阶段

听上去有些荒谬，C 语言的产生竟然源于一个失败的项目。1969 年，通用电气、麻省理工学院和贝尔实验室联合创立了一个庞大的项目——Multics 工程。该项目的目的是创建一个操作系统，但显然遇到了麻烦：它不但无法交付原先所承诺的快速而便捷的在线系统，甚至连一点有用的东西都没有做出来。虽然开发小组最终勉强让 Multics 开动起来，但他们还是陷入了泥淖，就像 IBM 在 OS/360 上面一样。他们试图建立一个非常巨大的操作系统，能够应用于规模很小的硬件系统中。Multics 成了总结工程教训的宝库，但它同时也为 C 语言体现“小即是美”铺平了道路。

当心灰意冷的贝尔实验室的专家撤离 Multics 工程后，他们又去寻找其他任务。其中一位名叫 Ken Thompson 的研究人员对另一个操作系统很感兴趣，他为此好几次向贝尔管理层提议，但均遭否决。在等待官方批准时，Thompson 和他的同事 Dennis Ritchie 自娱自乐，把 Thompson 的“太空旅行”软件移植到不太常用的 PDP-7 系统上。太空旅行软件模拟太阳系的主要星体，把它们显示在图形屏幕上，并创建了一架航天飞机，它能够飞行并降落到各个行星上。与此同时，Thompson 加紧工作，为 PDP-7 编写了一个简易的新型操作系统。它比 Multics 简单得多，也轻便得多。整个系统都是用汇编语言编写的。Brian Kernighan 在 1970 年给它取名为 UNIX，自嘲地总结了从 Multics 中获得的教训。图 1-1 描述了早期 C、UNIX 和相关硬件系统的关系。

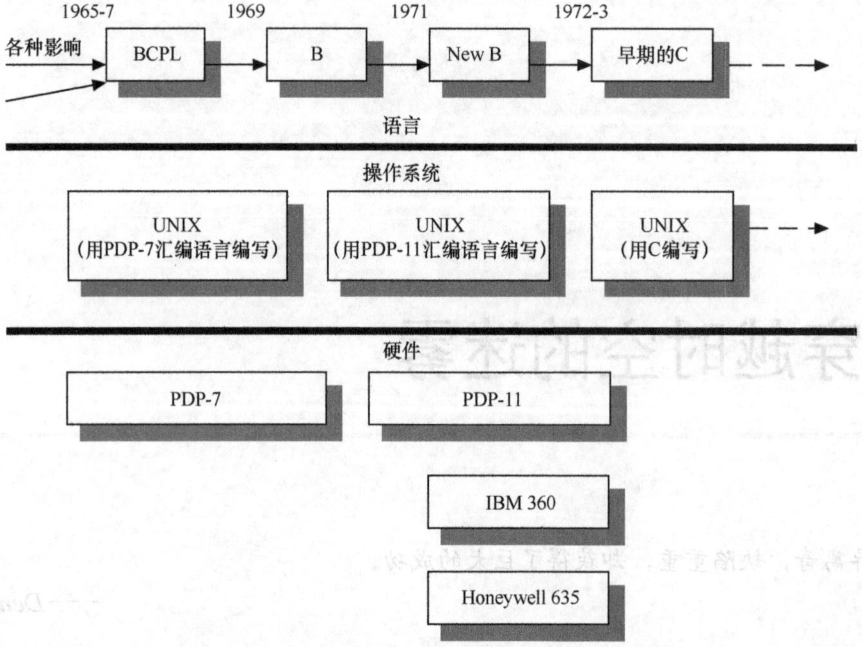

图 1-1　早期 C、UNIX 和相关的硬件系统

是先有 C 语言还是先有 UNIX 呢？说起这个问题，人们很容易陷入“先有鸡还是先有蛋”的问题中。确切地说，UNIX 比 C 语言出现得早（这也是为什么 UNIX 的系统时间是从 1970 年 1 月 1 日起按秒计算的，因为它就是那时候产生的）。然而，我们这里讨论的不是家禽趣闻，而是编程故事。用汇编语言编写 UNIX 显得很笨拙，在编制数据结构时会浪费大量的时间，而且系统难以调试，理解起来也很困难。Thompson 想利用高级语言的一些优点，但又不想像 PL/I[1]那样效率低下，也不想碰见在 Multics 中曾遇到过的复杂问题。在用 Fortran 进行了一番简短而又不成功的尝试之后，Thompson 创建了 B 语言，他把用于研究的语言 BCPL[2]作了简化，使 B 的解释器能常驻于 PDP-7 只有 8KB 大小的内存中。B 语言从来不曾真正成功过，因为硬件系统的内存限制，它只允许放置解释器，而不是编译器，由此产生的低效阻碍了使用 B 语言进行 UNIX 自身的系统编程。

1　学习、使用和实现 PL/I 的困难使一位程序员写了这样一首打油诗：“IBM 有个 PL/I，语法比 JOSS 还糟糕，到处都见它踪影，实实在在是垃圾。JOSS 是个老古董，它可不是因简单而闻名。”

2　“BCPL：A Tool for Compiler Writing and System Programming”（BCPL，编译器编写和系统编程的工具），Martin Richards, Proc. *AFIPS Spring Joint Computer Conference*, 34(1969), pp.557-566。BCPL 并非“Before C Programming Language”（C 前身编程语言）的首字母缩写，尽管这是个有趣的巧合。它的确切意思是“Basic Combined Programming Language”（基本组合编程语言）。basic 的意思是“不花哨”。BCPL 是由英国伦敦大学和剑桥大学的研究人员合作开发的。Multics 实现了一种 BCPL 编译器。

软件信条

编译器设计者的金科玉律：效率（几乎）就是一切

在编译器中，效率几乎就是一切。当然还有一些其他需要关心的东西，如有意义的错误信息、良好的文档和产品支持。但与用户需要的速度相比，这些因素就黯然失色了。编译器的效率包括两个方面：运行效率（代码的运行速度）和编译效率（产生可执行代码的速度）。除了一些开发和学习环境之外，运行效率起决定性作用。

有很多编译优化措施会延长编译时间，但能缩短运行时间。还有一些优化措施（如清除无用代码和忽略运行时检查等）既能缩短编译时间，又能减少运行时间，同时还能减少内存的使用量。这些优化措施的不利之处在于可能无法发现程序中无效的运行结果。优化措施本身在转换代码时是非常谨慎的，但如果程序员编写了无效的代码（如越过数组边界引用对象，因为他们“知道”附近有需要的变量）就可能引发错误的结果。

这就是为什么说“效率几乎就是一切”并不是绝对的。如果得到的结果是不正确的，那么效率再高又有什么意义呢？编译器设计者通常会提供一些编译器选项。这样，每个程序员可以选择自己想要的优化措施。B 语言不算成功，而 Dennis Ritchie 所创造的注重效率的“New B”却获得了成功，这充分证明了编译器设计者的这条金科玉律。

B 语言通过省略一些特性（如嵌套过程和一些循环结构）对 BCPL 语言作了简化，并发扬了“引用数组元素相当于对指针加上偏移量的引用”这个想法。B 语言同时保持了 BCPL 语言无类型的特点，它仅有的操作数就是机器的字。Thomposon 发明了++和--操作符，并把它加入到 PDP-7 的 B 编译器中。它们在 C 语言中依然存在，很多人天真地以为这是由于 PDP-11 存在对应的自动增/减地址模型。这种想法是错误的！自动增/减机制的出现早于 PDP-11 硬件系统的出现。尽管在 C 语言中，拷贝字符串中的一个字符的语句：

```
*p++ = *s++;
```

可以极其有效地被编译为 PDP-11 代码：

```
moveb (r0)+, (r1)+
```

这使得许多人错误地以为前者的语句形式是根据后者特意设计的。

当 1970 年开发平台转移到 PDP-11 以后，无类型语言很快就显得不合时宜了。这种处理器以硬件支持几种不同长度的数据类型为特色，而 B 语言无法表达不同的数据类型。效率也是一个问题，这也迫使 Thompson 在 PDP-11 上重新用汇编语言实现了 UNIX。Dennis Ritchie 利用 PDP-11 的强大性能，创立了能够同时解决多种数据类型和效率的“New B”（这个名字很快变成了“C”）语言，它采用了编译模式而不是解释模式，引入了类型系统，并且每个变量在使用前必须先声明。

1.2　C 语言的早期体验

增加类型系统的主要目的是帮助编译器设计者区分新型 PDP-11 机器所拥有的不同数据类型，如单精度浮点数、双精度浮点数和字符等。这与其他一些语言（如 Pascal）形成了鲜明的对比。在 Pascal 中，类型系统的目的是保护程序员，防止他们在数据上进行无效的操作。由于设计哲学不同，C 语言排斥强类型，它允许程序员在需要时可以在不同类型的对象间赋值。类型系统的加入可以说是事后诸葛，从未在可用性方面进行过认真的评估和严格的测试。时至今日，许多 C 程序员仍然认为“强类型”只不过是增加了敲击键盘的无用功。

除了类型系统之外，C 语言的许多其他特性是为了方便编译器设计者而建立的（为什么不呢？开始几年 C 语言的主要客户就是那些编译器设计者）。根据编译器设计者的思路而发展形成的语言特性如下所示。

- **数组下标从 0 而不是 1 开始**。绝大多数人习惯从 1 而不是 0 开始计数。编译器设计者则选择从 0 开始，因为偏移量的概念在他们心中已是根深蒂固。但这种设计让一般人感觉很别扭。尽管我们定义了一个数组 a[100]，但千万别往 a[100]里存储数据，因为这个数组的合法范围是从 a[0]到 a[99]。
- **C 语言的基本数据类型直接与底层硬件相对应**。例如，不像 Fortran，C 语言中不存在内置的复数类型。某种语言要素如果没有得到底层硬件的直接支持，那么编译器设计者就不会在它上面浪费任何精力。C 语言一开始并不支持浮点类型，直到硬件系统能够直接支持浮点数之后才增加了对它的支持。
- **auto 关键字显然是摆设**。这个关键字只对创建符号表入口的编译器设计者有意义。它的意思是“在进入程序块时自动进行内存分配”（与全局静态分配或在堆上动态分配相反）。其他程序员不必操心 auto 关键字，它是缺省的变量内存分配模式。
- **表达式中的数组名可以看作是指针**。把数组当作指针简化了很多东西。我们不再需要一种复杂的机制区分它们，把它们传递到一个函数时不必忍受必须复制所有数组内容的低效率。不过，数组和指针并不是在任何情况下都是等效的，更详细的讨论参见第 4 章。
- **float 被自动扩展为 double**。尽管在 ANSI C 中情况不再如此，但最初浮点数常量的精度都是 double 型的，所有表达式中的 float 变量总被自动转换成 double。这样做的理由从未公诸于众，但它与 PDP-11 中浮点数的硬件表示方式有关。首先，在 PDP-11 或 VAX 中，从 float 转换到 double 的代价非常小，只要在后面增加一个每个位均为 0 的字即可。如果要转换回来，去掉第二个字就可以了。其次，要知道在某些 PDP-11 的浮点数硬件表示形式中有一个运算模式位（mode bit），你既可以只进行 float 的运算，也可以只进行 double 的运算，但如果想在这两种方式间进行切换，就必须修改这个位来改变运算模式。在早期的 UNIX 程序中，float 用得不是太多，所以把运算模式固定为 double 是比较方便的，省得编译器设计者去跟踪它的变化。

- **不允许嵌套函数（函数内部包含另一个函数的定义）**。这简化了编译器，并稍微提高了 C 程序的运行时组织结构。具体的机理在第 6 章中详细描述。
- **register 关键字**。这个关键字能给编译器设计者提供线索，即程序中的哪些变量属于热门（经常被使用），就可以把它们存放到寄存器中。这个设计可以说是一个失误。如果让编译器在使用各个变量时自动处理寄存器的分配工作，显然比一经声明就把这类变量在生命期内始终保留在寄存器里要好。尽管使用 register 关键字简化了编译器，但却把包袱丢给了程序员。

为了 C 编译器设计者的方便而建立的其他语言特性还有很多。这本身不是一件坏事，它大大简化了 C 语言本身，而且通过回避一些复杂的语言要素（如 Ada 中的泛型和任务，PL/I 中的字符串处理，C++中的模板和多重继承），C 语言更容易学习和实现，而且效率非常高。

和其他大多数语言不同，C 语言有一个漫长的进化过程。在目前这个形式之前，它经历了许多中间状态。它历经多年，从一个实用工具进化为一种经过大量试验和测试的语言。第一个 C 编译器大约出现在 1970 年。时光荏苒，作为它的根基的 UNIX 系统得到了广泛使用，C 语言也随之茁壮成长。它对直接由硬件支持的底层操作的强调，带来了极高的效率和移植性，反过来也帮助 UNIX 获得了巨大的成功。

1.3 标准 I/O 库和 C 预处理器

C 编译器不曾实现的一些功能必须通过其他途径实现。在 C 语言中，它们在运行时进行处理，既可以出现在应用程序代码中，也可以出现在运行时函数库（runtime library）中。在许多其他语言中，编译器会植入一些代码，隐式地调用运行时支持工具，这样程序员就无须操心它们了。但在 C 语言中，绝大多数库函数或辅助程序都需要显式调用。例如，在 C 语言中（必要时），程序员必须管理动态内存的使用，创建各种大小的数组，测试数组边界，并自己进行范围检测。

与此类似，C 语言原先并没有定义 I/O，而是由库函数提供。后来，这实际上成了标准机制。可移植的 I/O 由 Mike Lesk 编写，最初出现在 1972 年左右，可在当时存在的 3 个平台上通用。实践经验表明，它的性能低于预期值。所以，人们对它又进行了优化和裁剪，后来成为标准 I/O 函数库。

C 预处理器大约也是在这个时候被加入的，倡议者是 Alan Snyder。它所实现的 3 个主要功能如下。

- 字符串替换。形式类似于“把所有的 foo 替换为 baz”，通常用于为常量提供一个符号名。
- 头文件包含（这是在 BCPL 中首创的）。一般性的声明可以被分离到头文件中，并且可以被许多源文件使用。虽然约定采用“.h”作为头文件的扩展名，但在头文件和包含实现代码的对象库之间在命名上却没有相应的约定，这多少令人不快。

- 通用代码模板的扩展。与函数不同，宏（marco）在连续几个调用中所接收的参数的类型可以不同（宏的实际参数只是按照原样输出）。这个特性的加入比前两个稍晚，而且多少显得有些笨拙。在宏的扩展中，空格会对扩展的结果造成很大的影响。

```
#define a(y)  a_expanded(y)
a(x);
```

被扩展为

```
a_expanded(x);
```

而

```
#define a (y)   a_expanded (y)
a(x);
```

则被扩展为

```
(y)    a_expanded (y)(x)
```

它们所表示的意思风马牛不相及。你可能会以为在宏里面使用花括号就像在 C 语言的其他部分一样，能把多条语句组合成一条复合语句，但实际上并非如此。

这里对 C 语言的预处理器并不做太多的讨论。这反映了这样一个观点：对于宏这样的预处理器，只应该适量使用，所以无须深入讨论。C++在这方面引入了一些新的方法，使得预处理器几乎无用武之地。

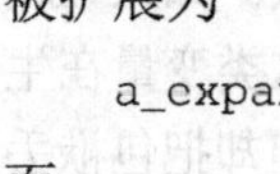

软件信条

C 并非 Algol

20 世纪 70 年代后期，Steve Bourne 在贝尔实验室编写 UNIX 第 7 版的 Shell（命令解释器）时，决定采用 C 预处理器以使 C 语言看上去更像 Algol-68。早年在英国剑桥大学时，Steve 曾编写过一个 Algol-68 编译器。他发现如果代码中有显式的“结束语句”提示，诸如 if ... fi 或者 case ... esac 等，调试起来会更容易。Steve 认为仅仅一个“}”是不够的，因此他建立了许多预处理定义：

```
#define STRING char *
#define IF if(
#define THEN ){
#define ELSE }else{
#define FI ;}
#define WHILE while(
#define DO ){
#define OD ;}
```

```
#define INT int
#define BEGIN {
#define END }
```

这样，就可以像下面这样编写代码：

```
INT compare(s1, s2)
    STRING s1;
    STRING s2;
BEGIN
   WHILE *s1++ == *s2
   DO IF *s2++ == 0
      THEN return(0);
      FI
   OD
     return(*--s1 - *s2);
END
```

再看一下相应的C代码：

```
int compare(s1, s2)
   char *s1, *s2;
{
   while(*s1++ == *s2){
         if(*s2++ == 0) return(0);
   }
   return (*--s1 - *s2);
}
```

Bourne Shell的影响远远超出了贝尔实验室的范围，这也使得这种类似Algol-68的C语言变体名声大噪。但是，有些C程序员对此感到不满。他们抱怨这种记法使别人难以维护代码。时至今日，BSD 4.3 Bourne Shell（保存于/bin/sh）依然是采用这种记法写的。

我有一个特别的理由反对Bourne Shell：在我的书桌上堆满了针对它的Bug报告！我把它们发给Sam，我们都发现了这样的Bug：这个Shell不使用malloc，而是使用sbrk自行负责堆存储的管理。在维护这类软件时，每解决两个问题通常又会引入一个新问题。Steve解释说，他之所以采用这种特制的内存分配器，是为了提高字符串处理的效率，他从来不曾想到其他人会阅读他的代码。

Bourne创立的这种C语言变体事实上促成了异想天开的国际C语言混乱代码大赛（The International Obfuscated C Code Competition），比赛要求参赛的程序员尽可能地编写神秘而混乱的程序来赢得对手（关于这个比赛，以后还有更详尽的说明）。

宏最好只用于命名常量，并为一些适当的结构提供简捷的记法。宏名应该大写，这样便很容易与函数调用区分开来。千万不要使用C预处理器来修改语言的基础结构，因为这样一来C语言就不再是C语言了。

1.4　K&R C

到了 20 世纪 70 年代中期，C 语言已经很接近目前这种我们所知道和喜爱的形式了。更多的改进仍然存在，但大部分都只是一些细节的变化（比如允许函数返回结构值）和一些对基本类型进行扩展以适应新硬件变化的改进（比如增加关键字 unsigned 和 long）。1978 年，Steve Johnson 编写了 pcc 这个可移植的 C 编译器。它的源代码对贝尔实验室之外开放，并被广泛移植，形成了整整一代 C 编译器的基础。C 语言的演化之路如图 1-2 所示。

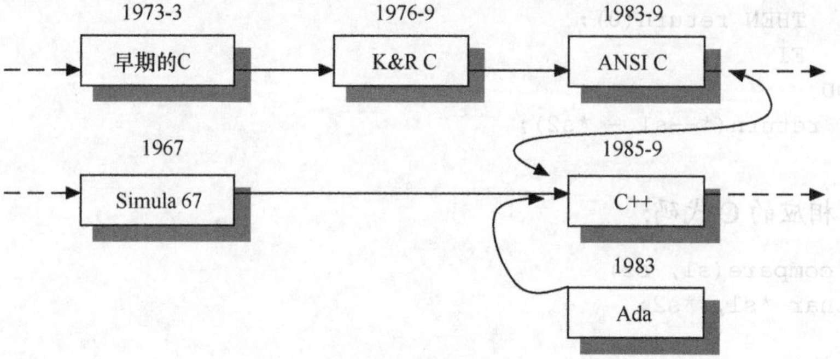

图 1-2　后期的 C

软件信条

一个非比寻常的 Bug

C 语言从 Algol-68 中继承了一个特性，就是复合赋值符。它允许对一个重复出现的操作数只写一次而不是两次，并给代码生成器一个提示，即操作数寻址也可以这么紧凑。这方面的一个例子是用 b+=3 作为 b=b+3 的缩写。复合赋值符最初的写法是先写赋值符，再写操作符，就像 b=+3。在 B 语言的词法分析器里有一个技巧，使实现=op 这种形式要比实现目前所使用的 op=形式更简单一些。但这种形式会引起混淆，它很容易把

```
b=-3;  /* 从 b 中减去 3 */
```

和

```
b= -3;   /* 把-3 赋给 b */
```

搞混淆。

因此，这个特性被修改为目前所使用的这种形式。作为修改的一部分，代码格式器程序 indent 也作了相应修改，用于确定复合赋值符的过时形式，并交换两者的位置，把它转换为对

应的标准形式。这是个非常糟糕的决定，任何格式器都不应该修改程序中除空白之外的任何东西。令人不快的是，这种做法会引入一个 Bug，就是几乎任何东西（只要不是变量），如果它出现在赋值符后面，就会与赋值符交换位置。

如果你运气好，这个 Bug 可能会引起语法错误，如：

```
epsilon=.0001;
```

会被交换成

```
epsilon.=0001;
```

这条语句将无法通过编译器，你马上就能发现错误。但一条源语句也可能是这样的：

```
valve=!open;    /*valve 被设置为 open 的逻辑反*/
```

会悄无声息地交换成

```
valve!=open;  /*valve 与 open 进行不相等比较*/
```

这条语句同样能够通过编译，但它的作用与源语句明显不同，它并不改变 valve 的值。

在后面这种情况下，这个 Bug 会潜伏下来，并不会被马上检测到。在赋值后面加个空格是很自然的事，所以随着复合赋值符的过时形式越来越罕见，人们也逐渐忘记了 indent 程序曾经被用于“改进”这种过时的形式。这个由 indent 程序引起的 Bug 直到 20 世纪 80 年代中期才在各种 C 编译器中销声匿迹。这是一个应被坚决摒弃的东西！

1978 年，C 语言经典名著 *The C Programming Language* 出版了。这本书受到了广泛的赞誉，其作者 Brian Kernighan 和 Dennis Ritchie 也因此名声大噪，所以这个版本的 C 语言就被称为“K&R C”。出版商最初估计这本书将售出 1000 册左右。截至 1994 年，这本书大约售出了 150 万册。C 语言成为最近 20 年最成功的编程语言之一（见图 1-3），可能就是最成功的。但随着 C 语言的广泛流行，许多人试图从 C 语言中产生其他变体。

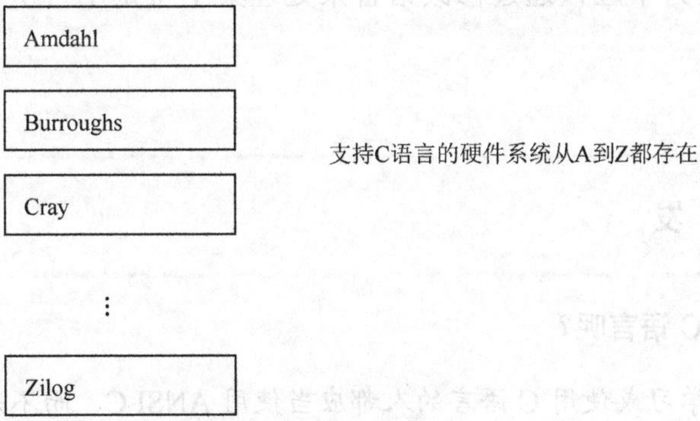

图 1-3　C 语言无处不在

1.5　今日之 ANSI C

到了 20 世纪 80 年代初，C 语言被业界广泛使用，但存在许多不同的实现和差别。C 语言在 PC 上的实现让人们发现了 C 语言优于 BASIC 的诸多长处，这一发现更是掀起了 C 语言的高潮。Mirosoft 为 IBM PC 制作了一个 C 编译器，引入了几个新的关键字（far、near 等）帮助指针处理 Intel 80x86 芯片不规则的架构。随着其他更多并非基于 pcc 的编译器的兴起，C 语言受到了“重复 BASIC 老路”的威胁，也就是可能变成一种多个变体松散相关的语言。

形势渐渐明了，一个正式的语言标准是必需的。幸运的是，在这个领域已经有了相当多的先行者——所有成功的编程语言最终都作了标准化。然而，编写标准手册所存在的问题是，只有当你明白它们讲的是什么时，才是可行的。如果人们用日常语言来编写它们，则越想把它们写得精确，就越可能使它们变得冗长、乏味且晦涩。如果用数学概念来定义语言，那么标准手册对于大多数人而言不啻于天书。

多年以来，用于定义编程语言标准的手册变得越来越长，但也越来越容易理解。Algol-60 就语言复杂性而言，与 C 语言不相上下，但它的标准手册——*Algol-60 Reference Definition*——只有 18 页。Pascal 用了 35 页来描述。Kernighan 和 Ritchie 最初所作的 C 语言报告用了 40 页，尽管漏掉了一些东西，但对于许多编译器设计者而言，这些已经足够了。定义 ANSI C 的手册超过了 200 页。它对 C 语言的实际应用作了部分描述，是对标准文档中晦涩文字的补充和说明。

1983 年，美国国家标准化组织（ANSI）成立了 C 语言工作小组，开始了 C 语言的标准化工作。小组所处理的主要事务是确认 C 语言的常用特性，但对语言本身也作了一些修改，并引入了一些有意义的新特性。对于是否要接受 near 和 far 关键字，小组内部进行了旷日持久的争论。最终，它们还是没有被纳入以 UNIX 为中心的相对谨慎的 ANSI C 标准。尽管当时世界上大约有 5000 万台 PC，而且它是当时应用范围最广的 C 语言实现平台，但标准仍然认为不应该通过修改语言来处理某个特定平台所存在的限制（我们认为这是对的）。

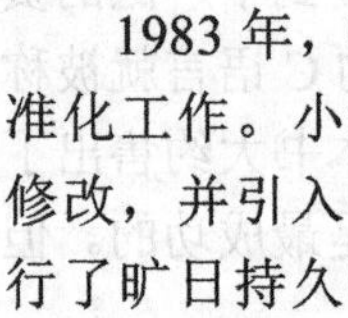

小启发

该用哪个版本的 C 语言呢？

就此而论，任何学习或使用 C 语言的人都应当使用 ANSI C，而不是 K&R C。

1989 年 12 月，C 语言标准草案最终被 ANSI 委员会接纳。随后，国际标准化组织（ISO）也接纳了 ANSI C 标准（令人不快的是，它删除了非常有用的“Rationale”一节，并作了个虽然很小却让人很恼火的修改，就是把文档的格式和段落编码作了改动）。ISO 是一个国际性组织，从技术上讲它更权威一些。所以在 1990 年年初，ANSI 重新采纳了 ISO C（同样删除了 Rationale），取代了原先的版本。因此从原则上说，ANSI 所采纳的 C 语言标准是 ISO C，我们日常所说的标准 C 也应该是 ISO C。Rationale 这一节是非常有用的，能极大地帮助人们理解标准，它后来作为独立的文档出版。

小 启 发

哪里能得到 C 语言标准的一份副本

C 语言标准的官方名称是 ISO/IEC 9899:1990。ISO/IEC 是指国际标准化组织和国际电工委员会。标准组织将 C 语言标准的价格定为 130 美元。在美国，你可以通过给下面的地址写信来获取一份标准的副本：

American National Standards Institute
11 West 42nd Street
New York, NY 10036
Tel.(212)642-4900

在美国以外的地区，可以向下面的地址写信求购（要指明自己想要的是英语版本）：

ISO Sales
Case postale 56
CH-1211 Genève 20
Switzerland

另一个办法是购买 Herbert Schildt 所著的 *The Annotated ANSI C Standard*。这本书包含一个版面压缩但内容完整的 C 语言标准。Herbert Schildt 的书有两个优势：首先是价格，39.95 美元的定价不到标准定价的 1/3，其次，不像 ANSI 或 ISO，它可能在你当地的书店里就有售，你可以通过电话订购和信用卡支付。

实际上，在 ISO 成立第 14 工作小组（WG14）制定 C 标准之前，“ANSI C”这个称呼就已被广泛使用。这并没有什么不妥，因为 ISO 工作小组把最初标准的技术性完善工作留给了 ANSI X3J11 委员会。在工作接近尾声时，ISO WG14 和 X3J11 一起通力协作，敲定技术细节并确保最终的标准能被两个组织共同接受。事实上，标准的最终形成又推迟了一年，主要是为了修改标准草案以覆盖一些国际化的问题（如宽字符和国际区域问题）。

这就使得几年来一直关心 C 语言标准的所有人将新的标准当成是 ANSI C 标准。当语言标准最终形成后，所有人都想支持 C 语言标准。ANSI C 同时是一个欧洲标准（CEN 29899）和 X/Open 标准。ANSI C 被采纳为 Federal Information Processing Standard（联邦信息处理标准），取名为 FIPS160，由美国国家标准和技术局于 1991 年 3 月发布，并于 1992 年 8 月 24 日更新。针对 C 语言的工作仍在继续——据说有可能在 C 语言中增加复数类型。

1.6　它很棒，但它符合标准吗

不要添乱——立即解散 ISO 工作小组。

——匿名人士

ANSI C 标准可以说是非常独特的，我们可以从好几个有趣的方面来说明这一点。它定义了下面一些术语，用于描述某种编译器的特点。如果你对这些术语有一个比较好的了解，就能理解什么东西能被语言接受，什么东西不能被语言接受。前两个术语涉及不可移植的代码（unportable code），接下来的两个术语跟坏代码（bad code）有关，而最后两个术语则跟可移植的代码（portable code）有关。

不可移植的代码

由编译器定义的（implementation-defined）：由编译器设计者决定采取何种行动（就是说，在不同的编译器中所采取的行为可能并不相同，但它们都是正确的），并做好文档记录。

例如，当整型数向右移位时，要不要扩展符号位。

未确定的（unspecified）：在某些正确情况下的做法，标准并未明确规定应该怎样做。

例如，参数求值的顺序。

坏代码

未定义的（undefined）：在某些不正确情况下的做法，但标准并未规定应该怎样做。你既可以采取任何行动，也可以什么也不做，还可以发出一条警告信息，或者可以终止程序以及让 CPU 陷入瘫痪，甚至可以发射核导弹（只要你安装了能发射核弹的硬件系统）。

例如，当一个有符号整数溢出时该采取什么行动。

约束条件（a constraint）：这是一个必须遵守的限制或要求。如果不遵守，那么你的程序的行为就会变成上面所说的属于“未定义的”。这就出现了一种很有意思的情况：分辨某种东西是否是一个约束条件是很容易的，因为标准的每个主题都附有一个“约束”（constraint）小节，列出了所有的约束条件。现在又出现了一个更为有趣的情况：标准规定[1]编译器只有在违反语法规则和约束条件的情况下才能产生错误信息！这意味着所有不属于约束条件的语义规则都可以不遵循，而且由于这种行为属于未定义行为，编译器可以采取任何行动，甚至不必通知你！

例如，%操作符的操作数必须属于整型。所以，在非整数数据上使用%操作符肯定会引发一条错误信息。

不属于约束条件规则的例子：所有在 C 语言标准头文件中声明的标识符均保留，所以不能声明一个名为 malloc()的函数，因为在标准头文件里已经有一个函数以此为名。但这个规定不是约束条件，因此可以违反它，而且编译器甚至可以不警告你！关于“interpositioning”这一小节的更多内容，参见第 5 章。

软件信条

未定义的行为在 IBM PC 中引起 CPU 瘫痪！

未定义的软件行为引起 CPU 瘫痪的说法并不像它乍听上去那样牵强。

IBM PC 的显示器以显示控制芯片所提供的水平扫描速率进行工作。回扫变压器（flyback transformer，一种产生高电压的装置，用于加速电子以点亮显示器上的荧光物质）需要保持一个合理的频率。

然而在软件中，程序员有可能把视频芯片的扫描速率设置成零，这样就会产生一个恒定的电压输出到回归变压器的输入端。这就使它起了电阻器的作用，只是把电能转换成热能，而不是传送到屏幕。这会在数秒之内就把显示器烧毁，这就是未定义的软件行为会导致系统瘫痪的理由。

可移植的代码

严格遵循标准的（strictly-conforming）：一个严格遵循标准的程序应该具有如下特点。

- 只使用已确定的特性。
- 不突破任何由编译器实现的限制。
- 不产生任何依赖由编译器定义的或**未确定的**或**未定义的**特性的输出。

这样规定的主要目的就是最大限度地保证可移植性。这样，不论在什么平台上运行严格

[1] 如果你想刨根问底，它位于第 5.1.1.3 段，“Diagnostics”（诊断）。作为一个语言标准，它不会简单地说“在一个不正确的程序里，你必须为每个错误准备一个标志”。作为标准，其用词必然骈四骊六，仿佛是由靠玩弄文字吃饭的律师所撰写的。它的正式用词如下：“一个遵循标准的实现应该[*]至少为每个翻译单元产生一条诊断信息，其中包含了所有违反语法规则或约束的行为。在其他情况下不必产生诊断信息。”

[*]Brian Scearce[+] 所总结的有用规律——如果你听到一个程序员说“应该”（shall），那么他一定在引用标准里的说法。

[+]嵌套脚注（nested footnote）的发明者。

遵循标准的程序，都会产生相同的输出。事实上，在所有遵循标准的程序中，属于这一类的程序并不多。例如，下面这个程序就不是严格遵循标准的：

```
#include <limits.h>
#include <stdio.h>
int main() { (void)printf("biggest int is %d", INT_MAX); return 0;}

/*并不严格遵循标准，其输出结果是由编译器定义的*/
```

在本书的剩余部分，我们通常并不强求例子程序严格遵循标准。因为如果这样做会使文本看上去比较乱，而且不利于理解所讨论的要点。程序的可移植性是非常重要的，所以在现实编码中，应该始终保证加上必要的类型转换、返回值等。

遵循标准的（conforming）：一个遵循标准的程序可以依赖某种编译器特有的不可移植的特性。所以，一个程序有可能在一个特定的编译器里是遵循标准的，但在另一个编译器里却是不遵循标准的。它可以进行扩展，但这些扩展不能修改严格遵循标准的程序的行为。但是，这个规则并不是一个约束条件，所以对于程序中不遵循标准的地方，你不要指望编译器会给出一条警告信息指出你违反了规定！

上面所举的几个程序实例都是遵循标准的。

1.7　编译限制

事实上，ANSI C 标准对一个能够成功编译的程序的最小长度作了限制，这是在标准的第 5.2.4.1 节规定的。绝大多数语言都有类似的规定，如一个数据名称（dataname）最多可以有多少个字符，一个多维数组的维数最多能够达到多少。但对语言的某种特性的最小值作出规定，如果不是独此一家，至少也是非比寻常的。标准委员会的成员评论说，这是为了指导编译器选择程序最小能够接受的长度。

每一个 ANSI C 编译器必须能够支持：

- 在函数定义中形参数量的上限至少可以达到 31 个；
- 在函数调用时实参数量的上限至少可以达到 31 个；
- 在一条源代码行里至少可以有 509 个字符；
- 在表达式中至少可以支持 32 层嵌套的括号；
- long int 的最大值不得小于 2147483647（就是说，long 型整数不得低于 32 位），等等。

进而，一个遵循标准的编译器必须能够编译并执行一个满足上面这些限制的程序。令人惊异的是，上面这些“必须”的限制实际上并不是约束条件，所以当编译器发现违反上述规定的情况时并不一定产生错误信息。

编译器限制通常是一个“编译器质量”的话题。在 ANSI C 标准中包含它们，就是默认如果所有的编译器都设置一些容量上的限制，将会更加有利于代码的移植。当然，一个真正优秀的编译器不应该有预设的限制，而应该只受一些外部因素的限制，如可用的内存或硬盘空间等。这可以通过使用链表或在必要时动态扩展表的大小（这个技巧将在第 10 章解释）来实现。

1.8 ANSI C 标准的结构

如果我们岔开话题，快速浏览一下 ANSI C 标准的出处和内容，对读者应该是有帮助的。ANSI C 标准分成如下 4 个主要的部分。

第 4 节：介绍（共 5 页）。对术语进行介绍和定义。

第 5 节：环境（共 13 页）。描述了围绕和支持 C 语言的系统，包括在程序启动时发生什么，程序中止时发生什么，以及一些信号和浮点数运算。编译器的最低限制和字符集信息也在这一节介绍。

第 6 节：C 语言（共 78 页）。标准的这一节是基于 Dennis Ritchie 数次出版的经典之作 *The C Reference Manual*，也包括了 *The C Programming Language* 的附录 A。如果对比标准和附录，就会发现大多数标题都是一样的，顺序也相同。标准中的主题用词生硬，看上去像表 1-1 那样（空白的子段落被省略）。

表 1-1　　ANSIC 标准段落形式一览

ANSI C 标准中段落的一般形式	ANSI C 标准中段落举例
段落号 主题	**6.4 常量表达式**
语法 　语法图	语法 　常量表达式： 　　条件表达式：
描述 　语言特性的一般描述	描述 　常量表达式可以在编译时而不是运行时计算，因而可以出现在任何常量可以出现的地方
约束条件 　这里所列的任何规则如果被破坏，编译器应该给出一条错误信息	约束条件 　常量表达式不应该包含赋值、增值、减值、函数调用和逗号操作符，除非它们包含在 sizeof 的操作数内。每个常量表达式应该计算成一个常量，该常量应该在其类型可以表示的范围之内
语义 　该特性的意思是什么，起什么作用	语义 　计算结果是一个常量的常量表达式为一些上下文环境所需要。如果一个浮点表达式在翻译环境中被计算，计算的精度和……
实例 　一段展示语言特性的代码	……

最初的附录只有 40 页，但在 ANSI C 标准中，足足多了一倍。

第 7 节：C 运行库（共 81 页）。提供了一个遵循标准的编译器必须提供的库函数列表，它们是标准所规定的辅助和实用函数，用于提供基本的或有用的功能。ANSI C 标准第 7 节所描述的 C 运行库是基于/usr/group 1984 年的标准，去除了一些 UNIX 特有的部分。/usr/group 是一个于 1984 年成立的 UNIX 国际用户小组。1989 年，它更名为 UniForum，现在是一个非盈利性行业协会，其宗旨是完善 UNIX 操作系统。

UniForum 从行为的角度对 UNIX 进行了成功的定义，这激励了许多有创造性的想法，包括 X/Open 的可移植性指导方针（第 4 版，XPG/4 出现于 1992 年 12 月）、IEEE 的 POSIX 1003、System V Interface Definition（系统 5 接口定义）以及 ANSI C 标准函数库。每个人都与 ANSI C 工作小组协作，确保他们所有的标准草案相互之间保持一致。

ANSI C 标准同时附有一些很有用的附录。

附录 F：一般警告信息。在许多常见的情况下，诊断信息并非是标准强制要求的，但如果有这方面的信息，肯定对程序员有帮助作用。

附录 G：可移植性话题。有一些关于可移植性的一般性建议，把遍布标准各处的所有这方面的建议集中在一个地方。它包括未确定的、未定义的和由编译器定义的行为等方面的信息。

软件信条

标准设立后轻易不作变动，即使是修改错误

并不能因为标准是由国际标准组织所撰写的就认定它必然完整、一致乃至正确。IEEE POSIX 1003.1-1998 标准（它是一个操作系统标准，定义类似 UNIX 的行为）就存在一个非常有趣的自相矛盾的地方：

“[一个路径名]……最多由 PATH_MAX 个字节所组成，包括最后面的'\0'字符”——摘自第 2.3 节。

“PATH_MAX 是一个路径名中最多能出现的字节个数（并不是字符串的长度；不包括最后面的'\0'字符”——摘自第 2.9.5 节）。

所以，PATH-MAX 个字节既包括最后面的'\0'，又不包括最后面的'\0'!

看来需要加以解释。答案（IEEE Std 1003.1-1988/INT，1992 版，解释编号：15，第 36 页）认为标准出现了不一致，不过两个结果可以认为都是正确的（这令人感到很奇怪，因为一般的观点认为不可能两个都是正确的）。

之所以出现这个问题，是由于在修改草案时，所有出现这个词的地方并未得到全部更新。标准化过程非常重视形式，显得僵化。如果要更新，只有投票小组批准后才允许对问题进行修改。

这样的错误也曾出现在 C 标准最早期的脚注里，也就是所附的 Rationale 文档。事实上，Rationale 现在已不属于 C 标准的一部分，当标准的所有权移交到 ISO 时，它就被删掉了。

小启发

K&R C 和 ANSI C 之间的区别

阅读本节内容时，我假定你已经完全明白 K&R C，对 ANSI C 也已知道了 90%。ANSI C 和 K&R C 的区别分成 4 大类，按其重要性分别列举如下。

1. 第一类区别是指一些新的、非常不同并且很重要的东西。唯一属于这类区别的特性是原型——把形参的类型作为函数声明的一部分。原型使得编译器很容易根据函数的定义来检查函数的用法。
2. 第二类区别是一些新的关键字。ANSIC 正式增加了一些关键字：enum 代表枚举类型（最初出现于 pcc 的后期版本）；const、volatile、signed、void 也有各自相关的语义。另外，原先可能由于疏忽而加入到 C 中的关键字 entry 则弃之不用。
3. 第三类区别被称作“安静的改变”——原先的某些语言特性仍然合法，但意思有了一些轻微的改变。这方面的例子很多，但都不是很重要，几乎可以被忽略。在你偶尔漫步于它们之上时，可能由于不注意而被其中一个绊了个趔趄。例如，现在的预处理规则定义得更加严格，有一条新规则，就是相邻的字符串字面值会被自动连接在一起。
4. 最后一类区别就是除上面 3 类之外的所有区别，包括那些在语言的标准化过程中长期争论的东西。这些区别在现实中几乎不可能碰到，如符号粘贴（token-pasting）和三字母词（trigraph）。三字母词就是用 3 个字符表示一个单独的字符，如果该字符不存在于某种计算机的字符集中，就可以用这 3 个字符来表示。比如两字母词（digraph）\t 表示“tab”，而三字母词??< 则表示“开放的花括号”。

ANSI C 中最重要的新特性就是“原型”，这种特性取自 C++。原型是函数声明的扩展，这样不仅函数名和返回类型已知，而且所有的形参类型也是已知的。这就允许编译器在参数的使用和声明之间检查一致性。把“原型”称作是“带有所有参数的函数名”是不够充分的，它应该称作“函数签名”（function signiture），或者像 Ada 那样称作“函数说明”（function specification）。

软件信条

原型的形成

原型的目的是当我们对函数作前向声明（forward declaration）时，在形参类型中增加一些信息（而不仅仅是函数名和返回类型）。这样，编译器就能够在编译时对函数调用中的实参和函数声明中的形参进行一致性检查。在 K&R C 中，这种检查被推迟到链接时，或者干脆不作检查。使用原型以后，原先的

```
char * strcpy();
```

现在在头文件中的形式如下：

```
char * strcpy(char *dst, const char *src);
```

可以省略参数名称，只保留参数类型：

```
char * strcpy(char *, const char *);
```

但最好不要省略形参名。尽管编译器并不理睬形参的名称，但它们经常能向程序员传递一些有用的信息。类似地，函数的定义也从

```
char * strcpy(dst, src)
    char *dst, *src;
{ ... }
```

变成了

```
char * strcpy(char *dst, const char *src)   /* 注意没有分号 */
{ ... }
```

函数头不再以一个分号结尾，而是在后面紧接一个组成函数体的复合语句。

每次编写新函数时都应该使用原型，并确保它在每次调用时都可见。不要使用 K&R C 老式的函数声明方法，除非需要使用缺省的类型升级（这个话题将在第 8 章详细讨论）。

把同一种东西用几个不同的术语来称呼，确实有点神秘。就好像药品至少有 3 种名称一样：化学名、商品名和常用名。

1.9　阅读 ANSI C 标准，寻找乐趣和裨益

有时候必须非常专注地阅读 ANSI C 标准才能找到某个问题的答案。一位销售工程师把下面这段代码作为测试例发给 Sun 公司的编译器小组。

```
1 foo(const char **p) { }
2
3 main(int argc, char **argv)
4 {
5           foo(arvg);
6 }
```

如果编译这段代码，编译器会发出一条警告信息：

```
line 5: warning: argument is incompatible with prototype
```

（第 5 行：警告：参数与原型不匹配。）

提交代码的工程师既想知道为什么会产生这条警告信息，也想知道 ANSI C 标准的哪一部分讲述了这方面的内容。他认为，实参 char *s 与形参 const char *p 应该是相容的，标准库中所有的字符串处理函数都是这样的。那么，为什么实参 char **argv 与形参 const char **p 实际上不能相容呢？

答案是肯定的，它们并不相容。要回答这个问题颇费心机，如果研究一下获得这个答案的整个过程，会比仅仅知道结论更有意义。对这个问题的分析是由 Sun 公司的其中一位“语言律师”[1]进行的，其过程如下。

在 ANSI C 标准第 6.3.2.2 节讲述约束条件的小节中有这么一句话：

> 每个实参都应该具有自己的类型，这样它的值就可以赋值给与它所对应的形参类型的对象（该对象的类型不能含有限定符）。

这就是说参数传递过程类似于赋值。

所以，除非一个类型为 char **的值可以赋值给一个 const char **类型的对象，否则肯定会产生一条诊断信息。要想知道这个赋值是否合法，就请回顾标准中有关简单赋值的部分，它位于第 6.3.16.1 节，描述了下列约束条件：

> 要使上述的赋值形式合法，必须满足下列条件之一：
> 两个操作数都是指向有限定符或无限定符的相容类型的指针，左边指针所指向的类型必须具有右边指针所指向类型的全部限定符。

正是这个条件使得函数调用中实参 char *能够与形参 const char *匹配（在 C 标准库中，所有的字符串处理函数就是这样的）。它之所以合法，是因为在下面的代码中：

```
char *cp;
const char *ccp;
ccp = cp;
```

- 左操作数是一个指向有 const 限定符的 char 的指针；

1 *The New Hacker's Dictionary* 把语言律师定义为“能从 200 多页的手册中提取 5 句话，拼起来放到你面前，你只要一看就能明白自己问题的答案的人”，嘿！在这个例子中正是如此。

- 右操作数是一个指向没有限定符的 char 的指针；
- char 类型与 char 类型是相容的，左操作数所指向的类型具有右操作数所指向类型的限定符（无），再加上自身的限定符（const）。

注意，反过来就不能进行赋值。如果不信，试试下面的代码：

```
cp = ccp;          /* 结果产生编译警告 */
```

标准第 6.3.16.1 节有没有说 char **实参与 const char **形参是相容的？没有。

标准第 6.1.2.5 节中讲述实例的部分声称：

> const float *类型并不是一个有限定符的类型——它的类型是“指向一个具有 const 限定符的 float 类型的指针”，也就是说 const 限定符是修饰指针所指向的类型，而不是指针本身。

类似地，const char **也是一个没有限定符的指针类型。它的类型是“指向有 const 限定符的 char 类型的指针的指针”。

由于 char **和 const char **都是没有限定符的指针类型，但它们所指向的类型不一样（前者指向 char *，后者指向 const char *），所以它们是不相容的。因此，类型为 char **的实参与类型为 const char **的形参是不相容的，违反了标准第 6.3.2.2 节所规定的约束条件，编译器必然会产生一条诊断信息。

用这种方式理解这个要点有一定困难。可以用下面这个方法进行理解：

- 左操作数的类型是 FOO2，它是一个指向 FOO 的指针，而 FOO 是一个没有限定符的指针，它指向一个带有 const 限定符的 char 类型；
- 右操作数的类型是 BAZ2，它是一个指向 BAZ 的指针，而 BAZ 是一个没有限定符的指针，它指向一个没有限定符的字符类型。

FOO 和 BAZ 所指向的类型是相容的，而且它们本身都没有限定符，所以符合标准的约束条件，两者之间进行赋值是合法的。但 FOO2 和 BAZ2 之间的关系又有不同，由于相容性是不能传递的，FOO 和 BAZ 所指向的类型相容并不表示 FOO2 和 BAZ2 所指向的类型也相容，所以虽然 FOO2 和 BAZ2 都没有限定符，但它们之间不能进行赋值。也就是说，它们都是不带限定符的指针，但它们所指向的对象是不同的，所以它们之间不能进行赋值，也就不能分别作为函数的形参和实参。但是，这个约束条件很令人恼火，也很容易让用户混淆。所以，这种赋值方法目前在基于 Cfront 的 C++翻译器中是合法的（虽然这在将来可能会改变）。

小 启 发

容易混淆的 const

关键字 const 并不能把变量变成常量！在一个符号前加上 const 限定符只是表示这个符号

不能被赋值。也就是它的值对于这个符号来说是只读的，但它并不能防止通过程序的内部（甚至是外部）的方法来修改这个值。const 最有用之处就是用它来限定函数的形参，这样该函数将不会修改实参指针所指的数据，但其他的函数却可能会修改它。这也许就是C和C++中const最一般的用法。

const可以用在数据上，如：

```
const int limit = 10;
```

这和其他语言差不多，但当你在等式两边加上指针，就有一定难度了：

```
const int * limitp = &limit;
int i = 27;
limitp = &i;
```

这段代码表示limitp是一个指向常量整型的指针。这个指针不能用于修改这个整型数，但是在任何时候，这个指针本身的值却可以改变。这样，它就指向了不同的地址，对它进行解除引用（dereference）操作时会得到一个不同的值！

const和*的组合通常只用于在数组形式的参数中模拟传值调用。它声称“我给你一个指向它的指针，但你不能修改它”。这个约定类似于极为常见的void *的用法，尽管在理论上它可以用于任何情形，但通常被限制于把指针从一种类型转换为另一种类型。

类似地，你可以取一个const变量的地址，并且可以……（唔，我最好不要往大家的脑袋里灌输这种思想）。正如Ken Thompson所指出的那样，“const关键字可能引发一些罕见的错误，只会混淆函数库的接口”。回首往事，const关键字原先如果命名为readonly就好多了。

确实，整个标准好像是由一位蹩脚的翻译把它从乌尔都语转译成丹麦语，再转译成英语而来。标准委员会似乎自我感觉良好，所以虽然人们希望语言的规则更简单一些，更清楚一些，但他们觉得这样做会破坏他们的良好感觉，所以拒不采纳。

我感觉，将来还会有许多人产生类似的疑问，而且他们中的每一个人并不会都仔细揣摩前面详述的推理过程。所以，我们修改了Sun的ANSI C编译器，当它发现不相容的情况时，会打印出更多的警告信息。原先那个例子将会产生的完整信息如下：

```
Line 6: warning : argument #1 is imcompatible with prototype:
 prototype: pointer to pointer to const char: "barf.c", line 1
 argument: pointer to pointer to char
(第6行: 警告: #1实参与原型不相容:
    原型: 指向const char的指针的指针。"barf.c", 第1行
    实参: 指向char的指针的指针。)
```

即使程序员不明白为什么会这样，他至少应该明白什么是不相容。

1.10 "安静的改变"究竟有多少安静

标准所做的修改并非都如原型那样引人注目。ANSI C 做了其他一些修改，目的是使 C 语言更加可靠。例如，"寻常算术转换"（usual arithmetic conversion）在旧式的 K&R C 和 ANSI C 中的意思就有所不同。Kernighan 和 Ritchie 当初是这样写的：

第 6.6 节：算术转换

许多运算符都会引发转换，以类似的方式产生结果类型。这个模式称为"寻常算术转换"。

首先，任何类型为 char 或 short 的操作数被转换为 int，任何类型为 float 的操作数被转换为 double。其次，如果其中一个操作数的类型是 double，那么另一个操作数就被转换成 double，计算结果的类型也是 double。最后，如果其中一个操作数的类型是 long，那么另一个操作数就被转换成 long，计算结果的类型也是 long。或者，如果其中一个操作数的类型是 unsigned，那么另一个操作数就被转换成 unsigned，计算结果的类型也是 unsigned。如果不符合上面几种情况，那么两个操作数的类型都为 int，计算结果的类型也是 int。

ANSI C 手册重新编写了有关内容，填补了其中的漏洞：

第 6.2.1.1 节 字符和整型（整型升级）

char、short int 或者 int 型位段（bit-field），包括它们的有符号或无符号变体，以及枚举类型，可以使用在需要 int 或 unsigned int 的表达式中。如果 int 可以完整表示源类型的所有值[1]，那么该源类型的值就转换为 int，否则转换为 unsigned int。这称为整型升级。

第 6.2.1.5 节 寻常算术转换

许多操作数类型为算术类型的双目运算符会引发转换，并以类似的方式产生结果类型。它的目的是产生一个普通类型，同时也是运算结果的类型。这个模式称为"寻常算术转换"。

首先，如果其中一个操作数的类型是 long double，那么另一个操作数也被转换为 long double。其次，如果其中一个操作数的类型是 double，那么另一个操作数也被转换为 double。最后，如果其中一个操作数的类型是 float，那么另一个操作数也被转换为 float。否则，两个操作数进行整型升级（第 6.2.1.1 节描述整型升级），并执行下面的规则。

如果其中一个操作数的类型是 unsigned long int，那么另一个操作数也被转换为 unsigned long int。其次，如果其中一个操作数的类型是 long int，而另一个操作数的类型是 unsigned int，如果 long int 能够完整表示 unsigned int 的所有值[2]，那么 unsigned int 类型操作数被转换为 long int；如果 long int 不能完整表示 unsigned int 的所有值[3]，那么两个操作数都被转换为 unsigned long int。再次，如果其中一个操作数的类型是 long int，那么另一个操作数被转换为 long int。

---

1 即 int 是 32 位。——译者注

2 即 long 是 32 位而 int 是 16 位。——译者注

3 即 long 和 int 均为 32 位。——译者注

最后，如果其中一个操作数的类型是 unsigned int，那么另一个操作数被转换为 unsigned int。如果所有以上情况都不属于，那么两个操作数都为 int。

浮点操作数和浮点表达式的值可以用比类型本身所要求的更大的精度和更广的范围来表示，而它的类型并不因此改变。

采用通俗语言来说（当然存有漏洞，而且不够精确），ANSI C 标准所表示的意思大致如下：

当执行算术运算时，操作数的类型如果不同，就会发生转换。数据类型一般朝着浮点精度更高、长度更长的方向转换。整型数如果转换为 signed 不会丢失信息，就转换为 signed，否则转换为 unsigned。

K&R C 采用无符号保留（unsigned preserving）原则，就是当一个无符号类型与 int 或更小的整型混合使用时，结果类型是无符号类型。这是个简单的规则，与硬件无关。但是，正如下面的例子所展示的那样，它有时会使一个负数丢失符号位。

ANSI C 标准则采用值保留（value preserving）原则，就是当把几个整型操作数混合使用时（如下面的程序所示），结果类型既有可能是有符号数，也可能是无符号数，具体取决于操作数的类型的相对大小。

下面的程序段分别在 ANSI C 和 K&R C 编译器中运行时，将打印出不同的信息：

```
main(){
  if(-1 < (unsigned char)1
    printf("-1 is less than (unsigned char)1: ANSI semantics ");
  else
    printf("-1 NOT less than (unsigned char)1: K&R semantics");
}
```

程序中的表达式在两种编译器下的编译结果不同。−1 的位模式是一样的，但一个编译器（ANSI C）将它解释为负数，另一个编译器（K&R C）却将它解释为无符号数，也就是变成了正数。

软件信条

一个微妙的 Bug

虽然规则做了修改，但微妙的 Bug 依然存在。在下面这个例子里，变量 d 比程序所需的下标值小 1，这段代码的目的就是处理这种情况。但 if 表达式的值却不是真。为什么？是不是有 Bug:

```
int array[] = { 23, 34, 12, 17, 204, 99, 16 };
#define TOTAL_ELEMENTS (sizeof(array)/sizeof(array[0]))
```

```
main( )
{
    int d = -1, x;
    /* ... */

    if(d <= TOTAL_ELEMENTS - 2)
        x = array[d+1];
    /* ... */
}
```

TOTAL_ELEMENTS 所定义的值是 unsigned int 类型（因为 sizeof()的返回类型是无符号数）。if 语句在 signed int 和 unsigned int 之间测试相等性，所以 d 被升级为 unsigned int 类型，−1 转换成 unsigned int 的结果将是一个非常巨大的正整数，导致表达式的值为假。这个 Bug 在 ANSI C 中存在，而如果 K&R C 的某种编译器的 sizeof()的返回值是无符号数，那么这个 Bug 也存在。要修正这个问题，只要对 TOTAL_ELEMENTS 进行强制类型转换即可：

```
if(d <= (int)TOTAL_ELEMENTS - 2)
```

小 启 发

对无符号类型的建议

尽量不要在代码中使用无符号类型，以免增加不必要的复杂性。尤其是不要仅仅因为无符号数不存在负值（如年龄、国债）就用它来表示数量。

尽量使用像 int 那样的有符号类型，这样在涉及升级混合类型的复杂细节时，不必担心边界情况（如−1 被翻译为非常大的正数）。

只有在使用位段和二进制掩码时，才可以用无符号数。应该在表达式中使用强制类型转换，使操作数均为有符号数或者无符号数，这样就不必由编译器来选择结果的类型。

这听起来是不是有点诡异，是不是令人吃惊？确实如此！用前文所说的规则完成上面这个例子。

最后，为了不让 *The Elements of Programming Style*[1]未来的版本把这段代码作为不良风格的实例，我最好解释一下其中的一些代码。我使用了下面这条语句：

```
#define TOTAL_ELEMENTS  (sizeof(array) / sizeof(array[0]))
```

[1] *The Elements of Programming Style* 是一本文字流畅、细节真实的优秀作品——非常值得购买，你能从中获益良多。

而不是：

```
#define TOTAL_ELEMENTS  (sizeof(array) / sizeof(int))
```

因为前者可以在不修改#define 语句的情况下改变数组的基本类型（比如，把 int 变成 char）。

Sun 公司的 ANSI C 编译器小组认为从“无符号保留”转到“值保留”对于 C 语言的语义而言完全没有必要，只会让偶尔遇到这方面问题的人感到吃惊和沮丧。因此，在“尽量不让人误会”的原则下，Sun 编译器认可并编译 ANSI C 的特性，除非该特性在 K&R C 里另有解释。如果碰到后面这种情况，编译器在缺省情况下使用 K&R C 的标准，并给出一条警告信息。如果碰到上面这个例子，程序员应该使用强制类型转换告诉编译器最终所希望的类型。在 Sun 公司运行 Solaris 2.x 的工作站上只要打开编译器的-Xc 开关，就可以使编译器严格遵循 ANSI C 标准的语义。

在 K&R C 的许多特性中，有许多在 ANSI C 中进行了更新，包括许多所谓“安静的转变”。在这种情况下，代码在两种编译器里都能通过编译，但具体含义稍有差别。当程序员发现这种情况时，他们的反应可想而知。因此，这种转变事实上应该称作“讨厌的转变”。总体来说，ANSI 委员会试图进行尽可能少的改动，与原先存在但确实需要改进的特性保持一致。

对于 ANSI C 族系背景知识的讨论已经够多了。因此，在 1.11 节过后，让我们学习第 2 章，进入本书的中心内容。

1.11 轻松一下——由编译器定义的 Pragmas 效果

自由软件基金会（Free Software Foundation，FSF）是一个独特的组织，它由 MIT 顶级黑客 Richard Stallman 所创立。顺便提一下，我们所说的“黑客”，它的原先意思是“天才程序员”。后来这个称呼被媒体所贬损，致使它在局外人眼中成了“邪恶的天才”的代名词。与形容词“bad”一样，“黑客”现在也有两个相反的意思，必须通过上下文才能明白它的确切意思。

Stallman 成立自由软件基金会的初衷是：软件应该是免费的，所有人都可以自由使用。FSF 的宗旨是“消除在计算机程序复制、重发布、理解和修改方面的限制”，它想雄心勃勃地建立一个 UNIX 的自由软件实现方案，称为 GNU（代表 GNU’s Not UNIX）。

许多计算机科学专业的研究生和其他人赞同 GNU 的哲学，他们设计软件产品，由 FSF 进行打包并免费发布。这些甘心奉献的有天赋的程序员的辛勤劳动，产生了一些优秀的软件作品。FSF 最好的作品之一就是 GNU C 编译器系列。gcc 是一个在代码优化方面具有创造性的健壮的编译器，可以在很多硬件平台使用，有时甚至比编译器厂商的产品更为优秀。gcc 并不适合所有的项目，它在维护性和未来版本连续性方面仍存在一些问题。在现实的开发中，除了编译器之外，还需要很多工具。曾有很长一段时间，GNU 的调试器无法在共享库中工作。而且在开发时，GNU C 偶尔会让人感到眼花缭乱。

在制订 ANSI C 标准时，引入了 pragma 指示符，这个指示符来源于 Ada。#pragma 用于向编译器提示一些信息，诸如希望把某个特定函数扩展为内联函数，或者取消边界的检查。由于它并非 C 语言所固有，pragma 遭到了一个 gcc 编译器设计者的积极抵制，他把这个“由编译器定义的”的效果做得很搞笑——在 gcc 1.34 版本中，如果使用 pragma 将会导致编译器停止编译，而且运行一个计算机游戏！在 gcc 手册中有如下说明：

> 在 ANSI C 标准中，“#pragma”指令会产生一个由编译器定义的任意效果。在 GNU C 预处理器中，一旦遇见“#pragma”指令，它首先试图运行 rogue 游戏；如果失败，尝试运行 hack 游戏；如果还是失败，它会尝试运行 GNU Emacs，显示汉诺塔（Tower of Hanoi）。如果仍然失败，它就报告一个致命错误。总之，预处理过程不会继续下去。
>
> —— *GNU C 编译器 1.34 版手册*

GNU C 编译器中关于预处理器的部分源代码如下：

```
/ *
  * #pragma 指示符的行为是由编译器定义的
  * 在 GNU C 编译器中，它的定义如下：
  * /
do_pragma()
  {
    close(0);
    if(open("/dev/tty", O_RDONLY, 0666) != 0)
                           goto nope;
    close(1);
    if(open("/dev/tty", O_WRONLY, 0666) != 1)
                           goto nope;
    exel("/usr/games/hack", "#pragma", 0);
    exel("/usr/games/rogue", "#pragma", 0);
    exel("/usr/new/emacs", "-f", "hanoi", "9", "-kill", 0);
    exel("/usr/local/emacs", "-f", "hanoi", "9", "-kill", 0);
nope:
   fatal("you are in a maze of twisty compiler features, all different");
  }
```

特别好笑的是，用户手册中的描述是错误的，它把 hack 和 rogue 的次序搞反了。

第 2 章

这不是 Bug，而是语言特性

Bug 是迄今为止地球上最庞大、最成功的实体类型，有近百万种已知的品种。在这个方面，它比其他任何已知的生物种类的总和还要多，而且至少多出 4 倍。

——摘自 *Snope 教授的 Encyclopedia of Animal Life*

2.1 这关语言特性何事，在 Fortran 里这就是 Bug 呀

这确实与编程语言的细节有关。语言的细节决定了一种语言到底是可靠的还是容易滋生错误的。1961 年夏天，NASA（美国航空航天局）的一名程序员戏剧性地向世人展示了这一点。他测试一个用于计算环绕地球轨道的 Fortran 子程序[1]。这个子程序已经数次用于简短的 Mercury[2]飞行，但它的计算结果总是达不到预期的精度，无法满足更外层的太空飞行和登月计划。计算结果尽管非常接近，但与预期的精度相比还是有一定的距离。

经过对算法、数据和预期结果的漫长检查之后，这名工程师最终注意到了下面这行代码：

```
Do 10 I = 1.10
```

显然，程序员的原意是想编写下面这样的循环：

```
Do 10 I = 1,10
```

[1] 这个故事被广泛误传，在许多程序设计语言的教材中有各种不同的不正确版本。事实上，它已经成了程序员中的一个经典都市传奇。比较权威的说法出自 Fred Webb，他当时在 NASA 工作并看到了实际的源代码。具体内容见“Fortran Story——The Real Scoop”，摘自 *Forum on risks to the Public in Computers and Related Systems*，第 9 卷，第 54 号，ACM 计算机和公共政策委员会，1989 年 12 月 12 日。

[2] Mercury 是 NASA 登月计划 3 个阶段中的第一个，另外两个是 Gemini 和 Apollo。——译者注

在 Fortran 中，空白字符没有什么意义，它们甚至可以在标识符的内部出现。Fortran 设计者的初衷是这样可以避免因打卡机的振动而产生的错误，提高程序的可靠性。所以，可以使用像 MAX Y 这样的标识符。但不幸的是，编译器自作聪明地把上面这条语句理解成：

```
Do10I = 1.10
```

在 Fortran 中，变量无须声明即可使用。在上面这条语句中，1.10 被赋值给隐式声明的浮点型变量 Do10I。这条语句位于一个循环结构中，但它只执行了 1 次而不是预期的 10 次。它只是在第一次给出一个近似值，而不是通过迭代法逐步求精。把句号改成逗号后，计算结果的精度就与预期的相符了。

这个 Bug 发现得早，因此并不像许多人声称的那样曾经导致 Mercury 太空飞行失败（本章最后所描述的 Mariner 飞行项目中的另一个 Bug，确实导致了这个后果），但它确实生动地说明了语言设计的重要性。在 C 语言中，也存在太多类似的含糊之处或近似含糊之处。本章描述了其中一个最容易出错的典型例子，并且说明了为什么它们通常被作为 Bug 看待。当然，在 C 语言中也可能出现其他问题。例如，无论在什么时候，如果遇见了这样一条语句 malloc(strlen(str));，几乎可以断定它是错误的，而 malloc(strlen(str)+1)才是正确的。这是因为其他的字符串处理库函数几乎都包含一个额外空间，用于容纳字符串结尾的‘\0’字符。所以，人们很容易忽略 strlen 这个特殊情况。在程序员的脑海里，上面这个 malloc 错误是库函数的问题。但是，本章的重点是 C 语言本身存在的问题，而不是程序员在使用中存在的问题。

分析编程语言缺陷的一种方法就是把所有的缺陷归于 3 类：不该做的做了；该做的没做；该做但做得不合适。为了方便起见，我们分别把它们称作“多做之过”“少做之过”和“误做之过”。接下来的几个小节我们就按照这种分类方法探讨 C 语言的特性。

本章并不是想对 C 语言进行致命打击。C 是一门神奇的编程语言，具有许多优点。它是一种非常流行的实现语言，被许多平台所选用，而它确实也值得人们如此看重。但是，正如我的祖母曾说过的那样，当在超导条件下进行超级碰撞时不可能连一个原子也不撞碎。所以在欣赏 C 语言的优点时也不要忘了分析一下它的缺陷。综上，进步是计算机软件工程和编程语言设计艺术逐步发展的重要动因。这也是为什么 C++语言令人失望的原因：它对 C 语言中存在的一些最基本的问题没有什么改进，而它对 C 语言最重要的扩展（类）却是建立在脆弱的 C 类型模型上。所以，本着改进未来编程语言的探索精神，让我们对 C 语言进行望闻问切，详细记录病历。

小 启 发

一个“L”的 NUL 和两个“L”的 NULL

牢记下面的话，它有助于回忆指针和 ASCII 码“零”的正确术语：

一个“L”的NUL用于结束一个ACSII字符串；

两个“L”的NULL用于表示什么也不指向（空指针）。

当然，如果出现了3个“L”的NULLL，那就要检查一下有没有拼写错误了。ACSII字符中零的位模式被称为“NUL”。表示哪里也不指向的特殊的指针值则是“NULL”。这两个术语不可互换。

2.2 多做之过

“多做之过”就是语言中存在某些不应该存在的特性。这些特性包括容易出错的switch语句、相邻字符串常量的自动连接和缺省全局作用域。

2.2.1 由于存在fall through，switch语句会带来麻烦

switch语句的一般形式如下：

```
switch (表达式) {
  case 常量表达式: 零条或多条语句
      default: 零条或多条语句
  case 常量表达式: 零条或多条语句
      }
```

每个case结构由3个部分组成：关键字case；紧随其后的常量值或常量表达式；再紧接一个冒号。当表达式的值与case中的常量匹配时，该case后面的语句就会执行。default（如果有的话）可以出现在case列表的任何位置，它在其他的case均无法匹配时被选中执行。如果没有default，而且所有的case均不匹配，则整条switch语句便什么都不做。许多人可能觉得如果所有的case均不匹配，应该给出一个运行时错误信息，提示“无匹配”，Pascal语言就是这样做的。在C语言中，几乎从来不进行运行时错误检查——对进行解除引用操作的指针进行有效性检查大概是唯一的例外，而且在MS-DOS系统里甚至连这点很有限的检查都无法保证。

小启发

MS-DOS的运行时检查

无效的指针可能会成为程序员的噩梦。人们很容易用一个无效的指针来引用内存。在所有的虚拟内存体系结构里，一旦一个指针进行解除引用操作时所引用的内存地址超出了虚拟

内存的地址空间，操作系统就会中止这个进程。但 MS-DOS 并不支持虚拟内存，即使内存访问失败，它也无法立即捕捉到这种情况。

然而，在 MS-DOS 中可以动点小脑筋，在程序结束之后检测解除引用空指针的情况。在 Microsoft 和 Borland C 中都采用了这方面的办法。具体方法是在进入程序前，保存内存地址为零时存储的内容。在程序结束时，系统检查这个地址的值与原先的是否相同。如果不同，基本可以肯定你的程序使用了空指针来访问内存，运行时系统会打印出一条 “null pointer assignment”（空指针赋值）信息。

关于这方面的内容，第 7 章有进一步的描述。

运行时检查与 C 语言的设计理念相违背。按照 C 语言的理念，程序员应该知道自己正在干什么，而且保证自己的所作所为是正确的。

各个 case 和 default 的顺序可以是任意的，但习惯上总是把 default 放在最后。一个遵循标准的 C 编译器至少允许一条 switch 语句中有 257 个 case 标签（ANSI C 标准，第 5.2.4.1 节）。这是为了允许 switch 满足一个 8 比特字符的所有情况（256 个可能的值加上 EOF）。

switch 存在一些问题，其中之一就是它对 case 可能出现的值太过于放纵了。例如，可以在 switch 的左花括号之后声明一些变量，从而进行一些局部存储的分配。在最初的编译器里，这是一个技巧——绝大多数用于处理任何复合语句的代码都可以被复用，可以用于处理 switch 语句中由花括号包住的那部分代码。所以在这个位置上声明一些变量会被编译器很自然地接受，尽管在 switch 语句中为这些变量加上初始值没有什么用处，因为它绝不会被执行——语句从匹配表达式的 case 开始执行。

小启发

需要一些临时变量吗？把它放在块的开始处！

在 C 语言中，当建立一个块时，一般总是这样开始的：

```
{
    语句
```

你总是可以在两者之间增加一些声明，如：

```
{
    声明
    语句
```

当分配动态内存代价较高时，你可能会采用这种局部存储的方法，但有可能的话要尽量避免。编译器可以自由地忽略它，它可以通过函数调用来分配所有局部块需要的内存空间。

另一种用法是声明一些完全局部于当前块的变量。

```
if(a > b)
   /* 交换 a, b */
   {
      int temp = a;
      a = b; b = temp;
   }
```

C++在这方面又进了一步，允许语句和声明以任意的顺序交叉出现，甚至允许变量的声明出现在 for 表达式的内部。

```
for(int i = 0; i < 100; i++) { ...
```

如果不加限制地使用，可能会带来一些混乱。

switch 的另一个问题是它内部的任何语句都可以加上标签，并在执行时跳转到那里，这就有可能破坏程序流的结构化：

```
switch(i) {
  case 5 + 3: do_again:
  case 2: printf("I loop unremittingly\n"); goto do_again;
  default: i++;
  case 3: ;
}
```

所有的 case 都是可选的，任何形式的语句——包括带标签的语句都是允许的。这就意味着有些错误甚至连 lint 程序也可能无法检测出来。有一次，我的一位同事打错了字，把 default 打成了 defau1t（误把字母“l”打成数字“1”）。要查出这个错误实在是太困难了，它的实际效果相当于 default 子句根本不存在于 switch 语句中。但是，它能顺利通过编译，不会显示错误信息，即使仔仔细细地把源代码看一遍，也找不出任何蹊跷。绝大多数 lint 程序都无法检测到这个错误。

顺便提一句，在 C 语言中，const 关键字并不真正表示常量，如：

```
const int two = 2;

switch(i) {
  case 1: printf("case 1\n");
  case two: printf("case 2\n");
**error**  ^^^ integral constant expression expected
  case 3: printf("case 3\n");
  default: ;
}
```

上面的代码将产生一个如上所示的编译错误。这并不是 switch 语句本身的过错，但这条

switch 语句展示了 const 其实并不是真正的常量。

也许 switch 语句最大的缺点是它不会在每个 case 标签后面的语句执行完毕后自动中止。一旦执行某个 case 语句，程序将会依次执行后面所有的 case，除非遇到 break 语句。执行下述代码：

```
switch(2) {
  case 1: printf("case 1\n");
  case 2: printf("case 2\n");
  case 3: printf("case 3\n");
  case 4: printf("case 4\n");
  default: printf("default \n");
}
```

输出结果将是：

```
case 2
case 3
case 4
default
```

这称之为“fall through”，意思是：如果 case 语句后面不加 break，就依次执行下去，以满足某些特殊情况的要求。但实际上，这是一个非常不好的特性，因为几乎所有的 case 都需要以 break 结尾。大部分 lint 程序在发现“fall through”情况时会发出警告信息。

软件信条

缺省采用“fall through”，在 97%的情况下都是错误的

我们分析了 Sun 的 C 编译器，想看看缺省的“fall through”的使用频率。Sun ANSI C 编译器的前端共有 244 条 switch 语句，平均每条含有 7 个 case。在所有的 case 中，采用“fall through”的只占 3%。

换句话说，switch 语句的缺省行为在 97%的情况下都是错误的。并不仅仅在编译器中如此，事实上，在编译器的 switch 语句里使用“fall through”的概率要大于其他的软件。例如，在编译可能具有一个或两个操作数的操作符时：

```
switch(operator->num_of_operands) {
   case 2: process_operand(operator->operand_2);
           /* fall through */
   case 1: process_operand(operator0>operand_1);
   break;
}
```

由于 case 的“fall through”被如此广泛地认为是一个缺陷，由此甚至出现了一个特殊的注释约定，如上所示。它告诉 lint 程序，现在的“fall through”是处于 3%正确的时候。这种缺省的“fall through”所带来的不便被许多程序所证实。

我们认为，C 语言的设计中把“fall through”作为 switch 的缺省行为是一个失误。在绝大多数的情况下，你不希望这个缺省的行为，而不得不加上一条额外的 break 语句来改变它。正如 *Through the Looking Glass* 中 Red Queen 对 Alice 所说的，即使两个都用到了，也不能说明它就是正确的。

switch 的另一个问题——break 中断了什么

下面这段代码是从 AT&T 的电话服务程序中摘录下来的，这段代码曾在美国全国范围内造成 AT&T 电话服务的停顿。从 1990 年 1 月 15 日下午起，大约有 9 小时，AT&T 电话网络的大部分处于瘫痪状态。当时的电话交换（行业用语是 switch system [交换系统]）都采用了计算机系统，而这段代码运行于 4ESS 型 Central Office Switching System（中央办公交换系统）。它证明了在 C 语言中，人们太容易低估 break 语句对控制结构的影响。

```
network code()
{
  switch(line){
     case THING1:
     doit1();

  break;
     case THING2:
        if(x == STUFF) {
           do_first_stuff();

           if(y == OTHER_STUFF)
              break;
           do_later_stuff();
        } /*代码的意图是跳到这里……*/
        initialize_modes_pointer();
        break;

   default:
        processing();
  } /* …… 但事实上跳到了这里。*/
 use_modes_pointer(); /* 致使 modes_pointer 未初始化 */
}
```

我对代码做了一些简化，用于说明这个 Bug 已经足够了。那个程序员希望从 if 语句跳出，但他忘了 break 语句事实上跳出的是最近的那层循环语句或 switch 语句。现在，它跳出了 switch 语句，然后执行 use_modes_pointer();这条语句。但是，必要的初始化工作并未完成，这为将来程序的失败埋下了伏笔。

这段代码最终导致了 AT&T 114 年的历史上第一次重大的网络故障。这次事件的详细报道刊登于 1990 年 1 月 22 日 *Telephony* 杂志的第 11 页。事实上，网络信号系统的这个设计失误引起了一连串的反应，最终导致了整个长话网络的瘫痪。而这一切，都归因于 C 语言中的一条 switch 语句。

2.2.2　粉笔也成了可用的硬件

ANSI C 引入的另一个新特性是"相邻的字符串常量将被自动合并成一个字符串"的约定。这就省掉了过去在书写多行信息时必须在行末加"\"的做法，后续的字符串可以出现于每行的开头。

旧风格：

```
printf( "A favorite children's book \
is 'muffy Gets It: the hilarious tale of a cat,\
a boy, and his machine gun'");
```

现在可以用一连串相邻的字符串常量来代替它，它们会在编译时自动合并。除了最后一个字符串外，其余每个字符串末尾的'\0'字符会被自动删除。

新风格：

```
printf("A second favorite children's book"
"is 'Thoms the tank engine and the Naughty Enginedriver who"
"tied down Thomas's boiler safety valve'");
```

然而，这种自动合并意味着字符串数组在初始化时，如果不小心漏掉了一个逗号，编译器将不会发出错误信息，而是悄无声息地把两个字符串合并在一起。这在下面的例子里将引起可怕的后果：

```
char *available_resouces[] = {
  "color monitor",
  "big disk",

  "Cray"      /*哇！少了个逗号。*/
  "on-line drawing routhines",

  "mouse",
  "keyboard",
  "power cables",     /*这个多余的逗号会引起什么问题吗？*/
};
```

这样，available_resource[2]就成了“Crayon-line drawing routines”。这跟原先的意思大相径庭，粉笔（Crayon）竟也成了硬件资源！

字符串的数目比预期的少了一个。这样，如果在程序中修改了 available_resouce[6]，就等于修改了其他的变量。顺便提一句，最后那个字符串末尾的逗号并不是打字错误，而是从最早的 C 语法中继承下来的东西，不管存在与否都没有什么意义。ANSI C Rationale 对它进行了辩护，称它使 C 语言在自动生成（automated generation）时更加容易一些。我想，这种拖尾巴逗号如果在其他由逗号分隔的列表（如枚举声明、单行多变量声明等）中也允许使用，那还说得过去，可惜事实并非如此。

小启发

第一次执行

这里展示了一种简单的方法，使一段代码在第一次执行时的行为与以后执行时不同。下面的函数在第一次执行时，其行为与它以后执行时的行为不同。要达到这个目的，还有其他几种方法，但这种方法能使分支和条件测试减少到最小程度。

```
generate_initializer(char * string)
{
    static char separator = ' ';
    printf( "%c %s \n", separator, string);
    separator = ',';
}
```

在第一次执行时，函数首先打印一个空格，然后打印一个初始化字符串。所有后续的初始化字符串（如果有的话）的前面将加上一个逗号。“第一次执行的前面加个空格”相比“最后一次执行，省略逗号后缀”对程序而言更简单了。

这个辩护理由很难让人相信，因为对于自动化程序，可以声明静态变量，初始为空格，然后变为逗号（如上面的“小启发”栏目所示），这样就能控制逗号的输出与否了。这种拖尾逗号将会抑制正确的行为，对程序也没有好处。在 C 语言中另外还有一些由逗号分隔的项目例子，它们并不用逗号来结束列表。这种画蛇添足的拖尾逗号在大部分情况下只会使代码的可读性变差。

2.2.3 太多的缺省可见性

定义 C 函数时，在缺省情况下函数的名字是全局可见的。可以在函数的名字前加个冗余的 extern 关键字，也可以不加，效果是一样的。这个函数对于链接到它所在的目标文件的任何东西都是可见的。如果想限制对这个函数的访问，就必须加 static 关键字。

```
function apple() {  /* 在任何地方均可见 */ }
extern function pear()  {  /* 在任何地方均可见 */ }

static function turnip() {  /* 在这个文件之外不可见 */}
```

事实上，几乎所有人都没有在函数名前添加存储类型说明符的习惯，所以绝大多数函数都是全局可见的。

根据实际经验，这种缺省的全局可见性多次被证明是个错误，这已是盖棺定论。软件对象在大多数情况下应该缺省地采用有限可见性。当程序员需要让它全局可见时，应该采用显式的手段。

这种太大范围的全局可见性会与 C 语言的另一个特性相互产生影响，那就是 interpositioning。interpositioning 就是用户编写和库函数同名的函数并取而代之的行为。许多 C 程序员完全没有注意过这个特性，关于这方面的细节将在第 5 章讨论链接时详述。现在，你的脑子里只要这样想："关于 interpositioning，我还需要学习很多东西。"

作用域过宽的问题常见于库中：一个库需要让一个对象在另一个库中可见。唯一的方法是让它变得全局可见。但这样一来，它对于链接到该库的所有对象都是可见的了。这就是 all-or-nothing—— 一个符号要么全局可见，要么对其他文件都不可见。在 C 语言中，对信息可见性的选择就是这么有限。

由于你无法像在 Pascal 中那样在一个函数内部嵌套另一个函数的定义，因此这个问题变得更加糟糕。一个大型函数的一群"内部"函数不得不在该函数的外部进行定义。没有人会记得在它们之前加上 static 限定符，所以它们在缺省情况下是全局可见的。Ada 和 Modula-2 语言使用一种易于处理的方法来解决这个问题，就是在各个程序单元中明确说明哪些符号是引入的，哪些是引出的。

2.3　误做之过

C 语言中属于"误做之过"的特性，就是语言中有误导性质或是不适当的特性。这些特性有些跟 C 语言的简洁有关（部分与符号的过度复用有关），有些则与操作符的优先级有关。

2.3.1　骆驼背上的重载

C 语言存在的一个问题就是它太简洁了，仅增加、修改或删除一个字符就会使原先的程序变成另外一个仍然有效却全然不同的程序。更糟的是，许多符号是被"重载"的——在不同的上下文环境里有不同的意义。甚至有些关键字也因重载而具有好几种意义，这也是 C 语言的作用域规则对程序员不那么清晰的主要原因。表 2-1 展示了 C 语言中类似的符号是如何具有多种不同意义的。

表 2-1　　　　C 语言中的符号重载

符　号	意　义
static	在函数内部，表示该变量的值在各个调用间一直保持延续性 在函数这一级，表示该函数只对本文件可见[1]
extern	用于函数定义，表示全局可见（属于冗余的） 用于变量，表示它在其他地方定义
void	作为函数的返回类型，表示不返回任何值 在指针声明中，表示通用指针的类型 位于参数列表中，表示没有参数
*	乘法运算符 用于指针，间接引用 在声明中，表示指针
&	位的 AND 操作符 取地址操作符
=	赋值符
==	比较运算符
<=	小于等于运算符
<<=	左移复合赋值运算符
<	小于运算符 #include 指令的左定界符
( )	在函数定义中，包围形式参数表 调用一个函数 改变表达式的运算次序 将值转换为其他类型（强制类型转换） 定义带参数的宏 包围 sizeof 操作符的操作数（如果它是类型名）

除此之外，还有一些符号具有多个容易混淆的意思。有一位心里没底的程序员在面对 if(x>>4)这样的语句曾经感到困惑，问道："这是什么意思？它是不是表示 x 远远大于 4？"

重载存在问题之处如下面的语句所示：

```
p = N * sizeof * q;
```

[1] 你可能会奇怪 static 的意义会相差如此之大，如果你知道原因，也请告诉我一声。

你能不能马上推断出，这里是一个乘号还是两个？提示：接下去的一条语句是：

```
r = malloc(p);
```

答案是这里只有一个乘号，因为 sizeof 操作符把指针 q 指向的东西（即*q）作为操作数，它返回 q 所指向对象的类型的字节数，便于 malloc 函数分配内存。当 sizeof 的操作数是一个类型名时，两边必须加上括号（这常常使人误以为它是个函数），但操作数如果是变量则不必加括号。

这里有一个更为复杂的例子：

```
apple = sizeof(int) * p;
```

这代表什么意思？是 int 的长度乘以 p？或者是把未知类型的指针 p 强制转换为 int，然后进行 sizeof 操作？或者还有其他更奇怪的解释？这里没有给出答案，要想成为一位熟练的程序员，必须要自己编写测试程序探索这类问题。请试试吧！看看是什么结果。

一个符号所表达的意思越多，编译器就越难检测到这个符号在你的使用中所存在的异常情况。这并不像那些有烦恼的人那样，在迪斯尼乐园与奇异鸟一起歌唱就可解除烦恼。C 语言似乎比其他语言更靠近标记歧义性的曲折边缘。

2.3.2 "有些运算符的优先级是错误的"

当 C 语言最初文献的作者告诉你"有些运算符的优先级是错误的"的时候，就像 Kernighan 和 Ritchie 在 *The C Programming Language* 第 3 页中所说的那样，你肯定会觉得确实存在问题。尽管如此，ANSI C 在修改运算符优先级方面并没有采取什么动作，这也毫不奇怪，因为如果对运算符的优先级作了修改，那么大量现有的代码就会出现问题。

但是，到底是哪些 C 运算符存在错误的优先级呢？答案是"当按照常规方式使用时，可能引起误会的任何运算符"。有些常常会给不注意的人带来麻烦的运算符见表 2-2。

表 2-2　　C 语言运算符优先级存在的问题

优先级问题	表 达 式	人们可能误以为的结果	实 际 结 果
.的优先级高于* ->操作符用于消除这个问题	*p.f	p 所指对象的字段 f (*p).f	对 p 取 f 偏移，作为指针，然后进行解除引用操作 *(p.f)
[]高于*	int *ap[]	ap 是个指向 int 数组的指针 int(*ap)[]	ap 是个元素为 int 指针的数组 int *(ap[])
函数()高于*	int *fp()	fp 是个函数指针，所指函数返回 int int(*fp)()	fp 是个函数，返回 int* int *(fp())
==和!=高于位操作符	(val & mask != 0)	(val & mask) != 0	val & (mask != 0)
==和!=高于赋值符	c = getchar() != EOF	(c = getchar()) != EOF	c = (getchar() != EOF)

续表

优先级问题	表 达 式	人们可能误以为的结果	实 际 结 果
算术运算高于移位运算符	msb << 4 + lsb	(msb << 4) + lsb	msb << (4 + lsb)
逗号运算符在所有运算符中优先级最低	i = 1 , 2	i = (1 , 2)	(i = 1) , 2

如果坐下来好好想一下，这些运算符中的大部分就会变得明了。尽管有些涉及逗号的情况有时会让程序员歇斯底里。例如，当下面代码执行时：

```
i = 1, 2;
```

i 的最终结果将是什么？对，我们知道逗号运算符的值就是最右边操作数的值。但在这里，赋值符的优先级更高，所以实际情况应该是：

```
(i = 1), 2;  /* i 的值为 1 */
```

i 赋值为 1，接着执行常量 2 的运算，计算结果丢弃。最终，i 的结果是 1 而不是 2。

在多年前 Usenet 的一个公告中，Dennis Ritchie 解释了这些不正常的情况是如何由于历史的偶然而产生的。

软件信条

"And" 和 "AND"，"Or" 或 "OR"

来源：decvax!harpo!npoiv!alice!research!dmr

日期：Fri Oct 22 01:04:10 1982

主题：操作符的优先级

新闻组：net.lang.c

&&、||操作符与==操作符的优先级关系问题是这样产生的。在 C 的早期，&和&&合用同一个操作符，|和||也是如此。（明白吗？）它继承了 B 和 BCPL 中的概念"真值上下文"。就是在 if 和 while 等后面需要一个布尔值的时候，&和|就被翻译成现在的&&和||。如果它们在一般的表达式里，就被解释成位操作符，也就是现在的样子。这个机制操作起来没有问题，但理解起来很困难（在真值上下文里，存在"顶层运算符"的概念）。

&和|的优先级跟现在一样。最初，在 Alan Snyder 的催促下，我在 C 语言中加入了&&和||操作符，这就成功地把位运算的概念和布尔运算的概念分了开来。然而，我心怀不安，因为我意识

到了优先级的问题。例如，在现存的大量程序中，存在诸如这样的表达式：if(a == b & c == d)。

事后回想，如果我们一开始就改变优先级，让&的优先级高于==，在逻辑上可能更清晰一些。但是，从安全的角度出度，只能把&和&&分开到这个程度，无法在两者的优先级之间再插入其他的操作符（否则的话，现有的大量代码都有可能出问题）。

Dennis Ritchie

小启发

计算的次序

我之所以开这个栏目讨论这个问题，就是想告诉你，在表达式中如果有布尔操作、算术运算、位操作等混合计算，始终应该在适当的地方加上括号，使之清楚明了。

记住，在优先级和结合性规则告诉你哪些符号组成一个意群的同时，这些意群内部进行计算的次序始终是未定义的。在下面的表达式里：

```
x = f() + g() * h();
```

g()和 h()的返回值先组成一个意群，执行乘法运算，但 g()和 h()的调用可能以任何顺序出现（g()的调用不一定早于 h()）。类似，f()可能在乘法之前也可能在乘法之后调用，还可能在 g()和 h()之间调用。唯一可以确定的就是乘法会在加法之前执行（因为乘法的结果是加法运算的操作数之一）。如果编写程序时要依赖这些意群计算的先后次序，那就是不好的编程风格。大部分编程语言并未明确规定操作数计算的顺序。之所以未作定义，是想让编译器充分利用自身架构的特点，或者充分利用存储于寄存器中的值。

Pascal 在使用布尔操作和算术操作进行混合计算时，要求在表达式里加上显式的括号，从而避免了这方面的种种问题。有些专家建议在 C 语言中记牢两个优先级就够了：乘法和除法先于加法和减法，在涉及其他的操作符时一律加上括号。我认为这是一条很好的建议。

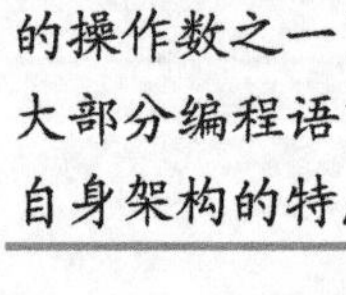

小启发

“结合性”是什么意思？

操作（运算）符的优先级已经够让人心烦的了，许多人对操作符的结合性同样感到困惑。在标准 C 语言的文档里，对操作符的结合性并没有作出非常清楚的解释。本栏目将向你解释它到底是什么以及你什么时候需要知道它。可以获得满分的回答是：它是仲裁者，在几个操作符具有相同的优先级时决定先执行哪一个。

每个操作符拥有某一级别的优先级，同时也拥有左结合性或右结合性。在一个不含括号的表达式中，优先级决定了操作数之间的"紧密"程度。例如，在表达式 a * b + c 中，乘法运算符的优先级高于加法运算符的优先级，所以先执行乘法 a*b，而不是加法 b + c。

但是，许多操作符的优先级是相同的。这时，操作符的结合性就开始发挥作用了。在表达式中如果有几个优先级相同的操作符，结合性就起仲裁的作用，由它决定哪个操作符先执行。像下面这个表达式：

```
int a, b = 1, c = 2;
a = b = c;
```

我们发现，这个表达式只有赋值符，这样优先级就无法帮助我们决定先执行哪个操作。是先执行 b = c，还是先执行 a = b？如果按前者，a 的结果为 2；如果按后者，a 的结果为 1。

所有的赋值符（包括复合赋值符）都具有右结合性，就是说表达式中最右边的操作最先执行，然后从右到左依次执行。这样，c 先赋值给 b，然后 b 再赋值给 a，最终 a 的值是 2。类似地，具有左结合性的操作符（如位操作符"&"和"|"）则是从左至右依次执行。

结合性只用于表达式中出现两个以上相同优先级的操作符的情况，用于消除歧义。事实上，你会注意到所有优先级相同的操作符，它们的结合性也相同。这是必须如此的，否则结合性依然无法消除歧义。如果在计算表达式的值时需要考虑结合性，那么最好把这个表达式一分为二或者使用括号。

在 C 语言中，与顺序有关的问题，有些定义得很好，如优先级和结合性；有些则定义得很含糊，如大部分表达式里各个操作数计算的顺序（前面一节已经讲述）就是不确定的，它的目的是为了让编译器设计者选取最合适的方法来产生最快的代码。我们之所以说"大部分"是因为某些操作符如&&和||等，其操作数的计算有规定的顺序。这两个操作符严格按照从左到右的顺序依次计算两个操作数，当结果提前得知时便忽略剩余的计算。但是，在函数调用中，各个参数的计算顺序是不确定的。

2.3.3 早期 gets()函数中的 Bug 导致了 Internet 蠕虫

C 语言的问题并不局限于语言本身。标准库中的有些程序也具有不安全的语义。1988 年 11 月，蠕虫程序入侵了数千台接入 Internet 的计算机，戏剧性地证明了这一点。当清除蠕虫并完成调查后，人们发现蠕虫繁殖的途径之一就是脆弱的 finger 防护进程。这个程序对于当前哪些用户已经登录的询问也照实回答。这个称为 in.fingerd 的 finger 防护进程，使用了标准 I/O 库函数 gets()。

gets()函数正式的任务是从流中读入一个字符串。它的调用者会告诉它把读入的字符放在什么地方。但是，gets()函数并不检查缓冲区的空间，事实上它也无法检查缓冲区的空间。如果函数的调用者提供了一个指向堆栈的指针，并且 get()函数读入的字符数量超过了缓冲区的空间，gets()函数愉快地将多出来的字符继续写入到堆栈中，这就覆盖了堆栈原先的内容。finger 防护进程包含下列代码：

```
main(argc, argv)
   char *argv[];
{
   char line[512];
          ...
   gets(line);
```

这里，line 是个能容纳 512 字符的数组，它是在堆栈上自动分配的。当用户的输入超过了 finger 防护进程规定的 512 字符时，gets()函数将会继续把多出来的字符压到堆栈中。

如果黑客想通过这些多余的字符来改写堆栈中某个项目的内容（并波及附近的项目），绝大部分计算机架构对此都没有什么好的办法来预防。如果在每次访问椎栈之前都要检查其大小和访问权限，对于软件来说代价太大了，根本不可行。如果你深知其中奥妙，可以在字符串实参中设置正确的二进制模式来修改堆栈中的过程活动记录，改变函数的返回地址。结果，程序的执行流就不会返回到函数调用点的位置，而是跳转到一个特殊的指令序列（也是精心布置在堆栈中的），它将调用 execv()函数用一个 Shell 替换正在运行的映像程序。这样，现在就是与远程机器上的 Shell 对话，而不是 finger 防护进程。你可以发布命令，把一份病毒的副本传播到其他的机器上。你可以不断地传播病毒，直到被人发现并投入监狱。图 2-1 展示了这个过程。

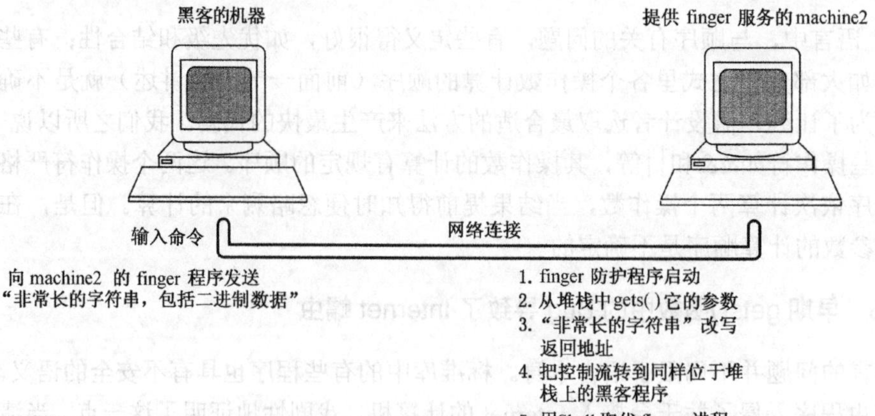

图 2-1 Internet 蠕虫如何获得远程机器的控制特权

具有讽刺意味的是，gets()函数是个过时的函数，用于和最初版本的可移植的 I/O 函数库保持兼容，并已在十多年前被标准 I/O 库函数所取代。在 C 语言的官方手册中，强烈建议用 fgets()函数彻底取代 gets()函数。fgets()函数对读入的字符数设置了一个限制，这样就不会超出

缓冲区范围。应该把

```
gets(line);
```

替换成：

```
if(fgets(line, sizeof(line), stdin) == NULL)
  exit(1);
```

现在，函数只能接受有限数量的字符，而不会超出缓冲区的范围。这样就不会由于其他人运行程序而覆盖堆栈中的重要区域。然而，ANSI C 标准并没有将 gets()函数从标准中拿掉。所以，尽管对于这个特定的程序来说是安全了，但隐藏在 C 语言中的问题根源却没有真正消除。

2.4 少做之过

属于“少做之过”的特性就是语言应该提供但未能提供的特性，如标准参数处理以及把 lint 程序错误地从编译器中分离出来。

2.4.1 用户名中若有字母 f，便不能收到邮件

这个 Bug 报告非常令人困惑。它声称“如果用户名的第二个字母是 f，该用户就无法收到邮件”，听起来真是难以置信。不能收到邮件跟用户名中的某个字母又有什么关系呢？无论如何，用户名中的字母与邮件传送过程并没有什么联系啊！然而，这个问题出现在许多地方。

经过一番紧张的测试后，我们发现如果用户名的第二个字母是 f，邮件确实无法发送到他们那里！就是说，Fred 和 Muffy 可以收到邮件，但 Effie 却无法收到。对源代码进行检查后，我们迅速发现了问题所在。

许多人对 ANSI C 采用 argc、argv 的约定向 C 程序传递参数感到惊奇，但事实就是如此。UNIX 的约定又有所提升，达到了一个标准的层次，但此时却成了这个邮件 Bug 的原因之一。这个 mail 程序在先前的版本中被修改成以下形式：

```
if(argv[argc-1][0] == '-' || (argv[argc-2][1] == 'f' ))
  readmail(argc, argv);
else
  sendmail(argc, argv);
```

运行 mail 程序时，它既可以发送邮件，也可以读取到达的邮件。让一个程序负责两项截然不同的任务有何意义，我们暂时不必细究。这段代码的目的是：查看参数，根据它的内容决定到底是读取邮件还是发送邮件。它的分析方法有点像试探法：先寻找能确定读取或发送的选项开关。在这里，如果最后一个参数是选项开关（也就是以一个连字符开头），就可以确定是读取邮件。如果最后一个参数并不是选项开关而是文件名，并且倒数第二个参数是-f，程序也是执行读取邮件的操作。

这就是程序员步入歧路的开始，C 语言中支持的匮乏又推了他一把。那个程序员只是看了一下倒数第二个选项的第二个字符，如果它是一个 f，他就是认为 mail 程序是被类似下面的命令所调用：

```
mail -h -d -f /usr/linden/mymailbox
```

在绝大多数情况下这是正确的，邮件可以从 mymailbox 中读取。但也有可能发生下面这种情况：

```
mail effie Robert
```

在这种情况下，mail 程序的参数处理过程便认为应该读取邮件而不是发送。瞧！发送到第二个字母为 f 的用户的邮件不见了！要修正这个 Bug 非常简单：当查看倒数第二个参数寻找可能出现的 f 时，确定在它前面的是一个连字符：

```
if( argv[argc-1][0] == '-' ||
argv[argc-2][0] == '-' && (argv[argc-2][1] == 'f' ))
        readmail(argc, argv);
```

这个问题是由于对参数的糟糕解析所引起的，但选项开关和文件名之间分类不清也是原因之一。许多操作系统（如 VAX/VMS）能够在程序中区分运行时选项和其他参数（如文件名），但 UNIX 却不能，ANSI C 也不能。

软件信条

Shell 参数解析

不充分的参数解析问题出现在 UNIX 的许多地方。要找出目录中的哪些文件是链接文件，你可能会输入下面的命令：

```
ls -l | grep ->
```

这会产生一条错误信息“缺少重定向的名字”，绝大多数人很快就能明白最右边的那个符号被 Shell 翻译成重定向符，而不是作为 grep 程序的参数。于是，他们使用引号把它括起来，使之在 Shell 中不可见，如下：

```
ls -l | grep "->"
```

还是不行！grep 程序先看到减号，然后把整个参数翻译为大于号的一种未知组合形式，然后退出。要解决问题，必须放弃使用 ls 命令，改用：

```
file -h * | grep link
```

许多人都有以下的痛苦经历：创建一个文件，文件名以连字符开头，然后却发现无法用

rm 命令把连字符去掉。一种解决方法是给出文件的完整路径名，这样 rm 就不会把连字符当作选项开关并依此翻译文件名了。

有些 C 程序员采用了一种约定，即带“--”的参数表示“从这里开始，没有参数是选项开关，即使它是以连字符开头”。一种更好的解决方法是把包袱扔给系统而不是用户，使用参数处理器把参数分成选项开关和非选项开关两种。目前这种简单的 argv 机制由于使用得太广，因而不可能对它作任何修改。所以，请记得不要在 1990 年以前的 Berleley UNIX 上向 Effie 发送邮件哦！

2.4.2 空格——最后的领域

许多人会告诉你空格在 C 语言中没有什么意义，只要你喜欢，随便多输入几个或者少输入几个都没有关系。但事实并非如此！这里有几个例子，空格从根本上改变了程序的意思或程序的有效性。

- “\”字符可用于对一些字符进行“转义”，包括 newline（这里指回车键）。被转义的 newline 在逻辑上把下一行当作当前行的延续，它可用于连接长字符串。如果在“\”和回车键之间不小心留上一两个空格就会出现问题，\ newline 和\newline 就不一样。这个错误很难被发现，因为你是在寻找某种无形的东西（在应该是 newline 的地方出现了一个空格，注意 newline 并不是一个有形的字符，所以“\”后面有没有空格在实际代码中根本看不出来）。newline 在典型情况下用于转义连续多行的宏定义。如果你的编译器不具备出类拔萃的错误处理能力，最好还是放弃这种用法。转义 newline 的另一种用处是延续一个字符串常量，如下：

```
    char a[] = "Hi! How are you? I am quite a \
long string, folded onto 2 lines";
```

  这种多行字符串常量的问题被 ANSI C 通过引入相邻字符串常量自动连接的约定得以解决。但正如我在本章的其他地方所指出的那样，这个方法在解决一个问题的同时又引入了一个新问题。

- 如果将所有的空格都弃之不用，也会陷入麻烦。例如，你明白下面的代码是什么意思吗？

```
    z = y+++x
```

  程序员的意图可能是 z = y + ++x，但也可能是 z = y++ + x。ANSI C 规定了一种逐渐为人所熟知的“maximal munch strategy”（最大一口策略）。这种策略表示，如果下一个标记有超过一种的解释方案，编译器将选取能组成最长字符序列的方案。以上面这个例子为例，它将被解析为 z = y++ + x。但这还是有可能陷入麻烦，比如下面的代码：

```
    z = y+++++x;
```

  按照前面的策略将被解析为 z = y++ ++ + x，这将引起一个编译错误，错误信息是“++操作符迷失于空格间”。即使编译器能够推断（从理论上说）唯一有效的编排方式是 z = y++ + ++x，它还是会出现编译错误。

- 第三个跟空格有关的问题出现在当程序员有两个指向 int 的指针并想对两个 int 数据执行除法运算时。代码如下：

```
ratio = *x/*y;
```

  但编译器会给出一条错误信息，抱怨出现了语法错误。问题出在除法运算符“/”与“*”操作符之间缺少空格。当它们紧贴在一起时被编译器理解成注释的开始部分，并把它与下一个“*/”之间的所有代码都变成注释的内容。

与错误地编写了一个注释符号相关的情况是：打算结束注释时却由于意外未能结束。有一种 ANSI C 编译器的某个发行版本有一个有趣的 Bug。符号表由一个散列函数访问，该函数计算一个进行一系列搜索的大致起始位置。计算过程用注释的形式在代码中出现，注释内容非常详尽，甚至提到了提供算法的书名。不幸的是，该程序员忘了结束注释，导致整个散列初始值计算过程也成了注释的一部分，结果就成了下面的代码。你应该马上能发现问题所在，并知道这样会发生什么。

```
int hashval = 0;
/* PJW hash function from "Compilers: Principles, Techniques, and Tools"
 * by Aho, Sethi, and Ullman, Second Edition.
while(cp < bound)
{
unsigned long overflow;

hashval = (hashval << 4) + *cp++;
if((overflow = hashval & (((unsigned long) 0xF) << 28)) != 0)
hashval ^= overflow | (overflow >>24);
}
hashval %= ST_HASHSIZE;              /*选择起始桶*/
/* 搜索每个表，这次搜索名字。如果失败，保存该字符串
 *进入字符串的指针，然后返回它
 */
for(hp = &st_ihash; ;hp = hp->st_hnext) {
    int probeval = hashval;       /* 下一个探测值 */
```

初始散列值的整个计算过程被省略掉了，这样当程序对符号表进行搜索时，每次总是从第 0 个元素开始进行！结果符号表搜索（编译器中极为常见的操作）比它预期的要慢得多。这个问题在测试过程中从未被发现过，因为它只影响搜索的速度而不影响结果。这就是有些编译器在注释字符串中间发现“/*”会发出警告信息的原因。这个错误最终在寻找另一个 Bug 的过程中被发现，在适当位置插入“*/”后，立刻使编译速度提高了 15%！

2.4.3　C++的另一种注释形式

C++并未对 C 的绝大多数缺陷予以修正，但它还是采用了一种方法来避免这种容易发生意外的注释形式。和 BCPL 一样，C++引入了//注释符，把该符号以后直至行末的内容均作为

注释内容。

人们最初以为"//"注释符不会改变任何语法正确的C代码。令人悲哀的是，事实并非如此。

```
a //*
//*/ b
```

上面的代码在C语言中表示a/b，但在C++语言中表示a。C风格的注释在C++语言中依然有效。

2.4.4 编译器日期被破坏

在C语言中，很容易写出一些能够轻松通过编译，但在运行时却产生一堆垃圾的代码。本节所描述的Bug就是一个非常好的例子。在任何语言中，都可能出现这样情况（比如除数为零），但很少有语言能像C语言那样提供如此丰富而意外的机会。

Sun的Pascal编译器最近进行了"国际化"，也就是说进行了改进，使之能够按照当地的日期格式在源代码列表中打印日期（改进的成果之一）。比如在法国，日期可能以Lundi 6 Avril 1992这样的形式出现。该编译器的工作过程如下：编译器首先调用stat()得到UNIX格式的源文件修正时间，然后调用localtime()将其转换为tm结构，最后调用strftime()函数，把tm结构转换为以当地日期格式表示的ASCII字符串。

令人不快的是，这里存在一个Bug，症状就是表示日期的字符串被破坏。按照预想，打印出的日期应该如下：

```
lundi 6 Avril 1992
```

但结果却成了这么一种损坏了的形式：

```
Lui*7&' Y sxxdj @ ^F
```

这个函数仅有4条语句，而且在所有情况下传递给函数的参数都是正确的。下面是源代码，看看你能不能找出字符串破坏的问题所在。

```
/*  将源文件的timestamp转换为表示当地格式日期的字符串 */
char * localized_time(char * filename)
{
struct tm  *tm_ptr;
struct stat  stat_block;
char  buffer[120];

/* 获得源文件的timestamp，格式为time_t */
stat(filename, &stat_block);

/* 把UNIX的time_t转换为tm结构，里面保存当地时间 */
tm_ptr = localtime(&stat_block.st_mtime);

/* 把tm结构转换成以当地日期格式表示的字符串  */
```

```
strftime(buffer, sizeof(buffer), "%a %b %e %T %Y", tm_ptr);
return buffer;
}
```

时间到！看出来了吗？问题就出现在函数的最后一行，也就是返回 buffer 的那行。buffer 是一个自动分配内存的数组，是该函数的局部变量。当控制流离开声明自动变量（即局部变量）的范围时，自动变量便自动失效。这就意味着即使返回一个指向局部变量的指针（比如此例），当函数结束时，由于该变量已被销毁，谁也不知道这个指针所指向的地址的内容是什么。

在 C 语言中，自动变量在堆栈中分配内存。第 6 章会详细讲述这方面的内容。当包含自动变量的函数或代码块退出时，它们所占用的内存便被回收，它们的内容肯定会被下一个所调用的函数覆盖。这一切取决于堆栈中先前的自动变量位于何处、活动函数声明了什么变量，以及写入了什么内容等。原先自动变量地址的内容既可能被立即覆盖，也可能稍后才被覆盖，这就是日期破坏问题难以被发现的原因。

解决这个问题有几种方案。

1. 返回一个指向字符串常量的指针。例如：

```
char * func() { return "Only works for simple strings"; }
                                        /* 只适用于简单的字符串*/
```

这是最简单的解决方案，但如果你需要计算字符串的内容，它就无能为力了，在本例中就是如此。如果字符串常量存储于只读内存区但以后需要改写它时，你也会有麻烦。

2. 使用全局声明的数组。例如：

```
char *func() {
    ...
my_global_array[i] =
    ...
return my_golbal_array;
}
```

这适用于自己创建字符串的情况，也很简单易用。它的缺点在于任何人都有可能在任何时候修改这个全局数组，而且该函数的下一次调用也会覆盖该数组的内容。

3. 使用静态数组。例如：

```
char * func() {
static char buffer[20];
    ...
return buffer;
}
```

这就可以防止任何人修改这个数组。只有拥有指向该数组的指针的函数（通过参数传递给它）才能修改这个静态数组。但是，该函数的下一次调用将覆盖这个数组的内容，所以调用者必须在此之前使用或备份数组的内容。与全局数组一样，大型缓冲区如果闲置不用，是非常浪费内存空间的。

4. 显式分配一些内存，保存返回的值。例如：

```
char * func() {
char * s = malloc(120);
...
return s;
}
```

这个方法具有静态数组的优点，而且在每次调用时都创建一个新的缓冲区，所以该函数以后的调用不会覆盖以前的返回值。它适用于多线程的代码（在某一时刻具有一个以上的活动线程的程序）。它的缺点在于程序员必须承担内存管理的责任。根据程序的复杂程度，这项任务可能很容易，也可能很复杂。如果内存尚在使用就释放或者出现“内存泄漏”（不再使用的内存未回收），就会产生令人难以置信的 Bug。人们非常容易忘记释放已分配的内存。

5. 也许最好的解决方案就是要求调用者分配内存来保存函数的返回值。为了提高安全性，调用者应该同时指定缓冲区的大小（就像标准库中 fgets()函数所要求的那样）。

```
void func( char * result, int size) {
   ...
strncpy(result, "That'd be in the data segment, Bob", size);
}

buffer = malloc(size);
func(buffer, size);
   ...
free(buffer);
```

如果程序员可以在同一代码块中同时进行 malloc 和 free 操作，内存管理是最为轻松的。这个解决方案就可以实现这一点。

为了避免“日期破坏”问题，注意 lint 程序会对下面这种最简单的例子发出警告：

```
return local_array;
```

警告信息是“function returns pointer to antomatic”（函数返回一个指向自动变量的指针）。然而，无论是编译器还是 lint 程序，都无法检测到局部数组返回的所有情况（它有可能通过某一层间接形式躲过检查）。

2.4.5 lint 程序绝不应该被分离出来

你会注意到前面所提到的许多程序都回荡着一个主题：lint 程序能够检测到问题，并向你发出警告。在编码时必须极为小心翼翼才有可能不被 lint 程序所警告。如果 lint 程序的警告信息能由编译器自动产生，那就可以省掉很多麻烦。

在 UNIX 早期的 C 语言中，语言设计者做出了一个明确的决定，即把编译器中所有的语义检查措施都分离出来。错误检查由一个单独的程序完成，这个程序被称为 lint。在省掉了全面的错误检查后，编译器可以做得更小、更快而且更简单。不管怎样，编译器对于程序员的所作所为都应该信任，只要按照他的指示去做就是了。对不对？错！

小启发

早用 lint 程序，勤用 lint 程序

lint 程序是软件的道德准则。当你做错事时，它会告诉你哪里不对。应该始终使用 lint 程序，按照它的道德准则办事。

把 lint 程序从编译器中分离出来作为一个独立的程序是一个严重的失误，人们直到现在才意识到这个问题。确实，把 lint 程序分离出来以后，编译器变得更小，目标也更为专一。但是，它所付出的巨大代价是，代码中悄悄混进了大量的 Bug 和不可靠的编码风格。许多（也许是绝大多数）程序员缺省情况下在每次编译时并不使用 lint 程序。让充满 Bug 的代码快速通过编译实在是很不划算。现在，许多 lint 程序中的检查措施又重新出现在编译器中。

然而，有一项工作在 lint 程序中经常进行，但在当前绝大多数的 C 编译器中并不进行。这就是检查各个文件中函数使用的一致性。许多人认为这是编译器的缺陷所造成的，并不是让 lint 程序独立存在的理由。所有的 Ada 编译器都能够进行这种多文件间的一致性检查。在 C 编译器中这也是一种趋势，或许它最终能够成为 C 语言的一项正常功能。

SunOS 的 lint party

SunOS 开发小组有理由为拥有的 lint_clean（能顺利通过 lint 程序的检查）操作系统内核而感到自豪。我们费了许多心血才使 4.x 内核通过 lint 程序的检查而未出现任何警告信息，而且继续保持着这方面的成就。1991 年，当把源代码基础（source base）从 BSD UNIX 改成 SVR4 时继承了一个新内核，我们不知道新内核中是否经过 lint 程序的检查。结果，我们决定用 lint 程序对整个 SVR4 内核进行仔细的检查。

这个活动持续了几个星期，并被称为 lint party。它的成果是 12000 条独特的 lint 程序警告信息，我们对每一条信息都认真加以研究，并手工修正与之对应的代码问题。最后，我们大约对 750 个源文件进行了修改，因此这个任务又被称为“the lint merge from hell”（地狱般的 lint 考验）。绝大多数 lint 程序的错误信息只是需要一个显式的类型转换或 lint 注释。但在整个过程中，我们还是发现了几个真正严重的 Bug：

- 实参的类型在函数和调用之间发生了转变；

- 一个期望接受 3 个参数的函数实际上只传递给它一个参数，该函数将从堆栈中再抓两个参数。找出这个 Bug 后解决了 stream 子系统中断断续续的数据破坏问题；
- 变量在设置（初始化或赋值）前使用。

用 lint 程序彻查内核的价值不仅仅在于去除现存的 Bug，而且能防止新的 Bug 污染 source base。我们现在要求对源代码的所有修改或增加必须能通过 lint 和 cstyle 程序检查，这样就能保持内核的 lint-clean 状态。采用这种方法，不仅去除了现存的 Bug，而且减少了将来出现 Bug 的可能性。

有些程序员坚决反对将 lint 程序重新整合到编译器中，他们认为这会使编译器的速度变慢，并且会产生太多的虚假警告。不幸的是，经验不断证明，把 lint 程序作为一个独立的工具通常意味着把 lint 程序束之高阁。

软件的经济规律显示，越是在开发周期的早期发现 Bug，修复它所付出的代价就越小。所以让 lint 程序（如果是编译器就更好了）取代调试器来执行寻找 Bug 的额外工作是一笔很合算的投资。但通过调试器发现问题又比内部测试小组发现问题强。最坏的结果就是由客户发现问题。

2.5　轻松一下——有些特性确实就是 Bug

如果不讲完太空任务和软件的故事，本章就不能说是完整的。这个 Fortran Do 循环的故事（在本章开始部分讲述，就是 Mercury 子轨道飞行系统出现的问题）被频繁地与 Mariner 1 任务错误地联系在一起。

巧合的是，Mariner 1 也跟一个戏剧性的软件失败有关，但它的行为大不相同，而且跟语言的选择也毫无关系。Mariner 1 于 1962 年 7 月发射，它的任务是将一个探测器放在金星上。但在发射后几分钟，地面控制中心就不得不将它摧毁，因为发射它的 Atlas 火箭开始偏离轨道。

经过几个星期的分析，问题被确定出现在软件中，但它是一个算法上的抄写错误而不是一个程序 Bug。换句话说，程序严格按照程序员的设想执行，但在说明书上，指令本身却存在错误！按照原先的设计，这个跟踪程序应该对平滑（平均）速度进行操作。在数学中，在变量符号上面加个水平的“¯”（bar）符号表示求平均，在提供给程序员的手写制导方程式中，这个“¯”号不小心被漏掉了。

那个程序员正确地按照算法编写了程序，并使用了从雷达指引的原始速度而不是平均速度。结果，程序觉察到了火箭速度的微小波动，在经典的负反馈循环中，它试图调整火箭的速度，但在这个过程中却出现了真正的不稳定行为。这个有缺陷的程序曾用于以前的几个任务中，但这个程序却是第一次执行。在以前的几次飞行中，火箭的飞行是由地面控制的，但在这一次，由于天线故障，它无法接收到无线电指令，因此使用了飞船上的控制软件。

深刻教训：即使可以保证你的编程语言 100%可靠，你仍然可能成为算法中灾难性 Bug 的牺牲品。

长期以来，我们一直感觉工作于实时控制系统的程序员应该具有首先测试操作原型的特权。换句话说，如果你的代码实现了飞船的生命支持系统，那么你应该能够进入太空亲自调试最后的小故障。这显然会使产品的质量得到更高的保障。表 2-3 显示了一些机会。

表 2-3　两个著名的太空软件失败的真相

时　间	任　务	错　误	后　果	原　因
1961 年夏天	Mercury	把“,”误写成“.”	无，错误在飞行之前被发现	Fortran 语言中的缺陷
1962 年 7 月 22 日	Mariner 1	在说明书中，把“$\bar{R}$”误写成“R”	1200 万美元的火箭和探测器被毁	在软件说明书上存在一个错误

让我们以一个更加现代的太空软件的不幸故事来结束本章，这个故事听上去几乎让人怀疑是假的。在每个飞船任务执行前，都要按照货物清单对起飞前需要载入到飞船上的货物进行检查。清单上列出了每个货物的重量，这对计算燃料和平衡机舱非常重要。在飞船进行首次飞行之前，一位船坞长正在核查装到飞船里的物品。他核查了计算机系统，然后看了看清单中的软件条目。他发现了一个问题，软件的重量是零，这引起了一阵小慌乱——无论如何，任何东西总归有份量啊！

在问题解决之前，装运处和计算机中心有过一番激烈的争论。最后这个零重量的软件（内存中的位模式）被允许入舱！当然，任何人都知道从相对论的角度讲，信息也是有质量的，不过我们还是不要卖弄学问来破坏这个有趣的故事吧。

第 3 章

分析 C 语言的声明

"这首歌的名字叫作《哈道克的眼睛》(Haddocks'Eyes)。"

"哦，歌的名字是这样，真的？"爱丽丝说道，想表现出一点兴趣。

"不，你并不明白，"骑士说道，看上去有些愠怒，"这是人们对它的名字的称呼，它真正的名字是'很老很老的男人'(The Aged Aged Man)。"

"那么我是不是该说'那首歌是这样称呼的'？"爱丽丝纠正自己的说法。

"不，不是这样，这是另外一码事！这首歌被称作《手段和方法》(Ways and Means)，但这只是它被称作那样而已，你明白吗？"

"好了，那么这首歌到底是什么？"爱丽丝说道，此时她已经被完全搞糊涂了。

"我正要说到它，"骑士说道，"这首歌实际上是'围坐门边'(A-sitting On A Gate)，调子是我自己创作的。"

——*Lewis Carroll, Through the Looking Glass*

传说，维多利亚女王对《爱丽丝漫游奇境记》极为着迷，于是她要求得到 Lewis Carroll 的其他著作。女王并不知道 Lewis Carroll 是牛津大学数学教授 Charles Dodgson 的笔名。当献媚的宫廷侍臣为她献上几本大部头书后（包括 *The Condensation(Factoring)of Determinants*），女王陛下未能从书中寻找到乐趣。这个故事在维多利亚时期流传很广，Dodgson 竭力对此进行否认：

我想借这个机会，面对我所能接触的公众，对这个愚蠢的故事进行驳斥。许多媒体都盛传这个故事，说我将几本书呈献给了尊贵的女王陛下。这个纯属子虚乌有的故事已经被重复了太多次。我想我应该只此一次地郑重声明，这个故事从头到尾都是假的，即使与传说相似的情况也不曾发生过。

——*Charles Dodgson, Symbolic Logic*, Second Edition

我想，从他过度敏感的反应来看，我们可以合理地推断这个故事在历史上确有其事。无论如何，Dodgson 如果想掌握 C 语言应该是很容易的，而女王陛下则要困难一些。我把本章引语部分的一些关键词列于表中，如下所示：

	被 称 作	是
歌的名字	Haddocks'Eyes	The Aged Aged Man
歌	Ways and Means	A-sitting On A Gate

确实，Dodgson 如果研究计算机科学肯定能成为个中高手，而且他肯定特别擅长于编程语言中的类型模型（type model）。例如，下面的 C 语言声明：

```
typedef char * string;
string punchline = "I'm a frayed knot";
```

按照骑士的思维方式，他会这样进行理解：

	被 称 作	是
变量的类型	string	char *
变量	punchline	I'm a frayed knot

你是不是觉得他的直觉非常惊人？好了，事实上这里涉及好多知识。当阅读完本章之后，一切都会变得明了。

3.1　只有编译器才会喜欢的语法

Kernighan 和 Ritchie 承认，"C 语言声明的语法有时会带来严重的问题"（K&R[1]，第二版，第 122 页）。C 语言声明的语法对于编译器（或编译器设计者）的处理来说并不是什么大不了的事。但对于一般的程序员却会成为障碍。语言的设计者也是人，他们也会犯错误。例如，Ada 的语言参考手册在最后的附录所附的 Ada 语法手册中，有一处存在歧义。对于编程语言的语法来说，歧义是非常忌讳的，因为它使编译器设计者的工作严重复杂化。但 C 语言声明的语法确实非常可怕，渗透于整个语言使用的方方面面。毫不夸张地说，正是由于在组合类型方面的笨拙行为，C 语言被显著且毫无必要地复杂化了。

C 语言的声明模型之所以如此晦涩，这里有几个原因。20 世纪 60 年代晚期，人们在设计 C 语言的这部分内容时，"类型模型"（type model）这个概念对于当时的编程语言理论而言尚属陌生。BCPL 语言（C 语言的祖先）几乎没有类型，它把二进制字作为唯一的数据类型，所以 C 语言先天有缺。然后出现了一种 C 语言设计哲学，要求对象的声明形式与它的使用形式尽

[1] 即 *The C Programming Language.* ——译者注

可能相似。一个 int 类型的指针数组被声明为 int *p[3]; 并以*p[i]这样的表达式引用或使用指针所指向的 int 数据，所以它的声明形式和使用形式非常相似。这种做法的好处是各种不同操作符的优先级在“声明”和“使用”时是一样的。它的缺点在于操作符的优先级（有15 级或更多，取决于你怎么算）是 C 语言中另外一个设计不当、过于复杂之处。程序员需要记住特殊的规则才能推断出 int *p[3]到底是一个 int 类型的指针数组，还是一个指向 int 数组的指针。

“声明的形式和使用的形式相似”这种用法可能是 C 语言的独创，其他语言并没有采取这种方法。而且，“声明的形式和使用的形式相似”即使在当时也不像是一个特别好的主意。把两种截然不同的东西做成同一个样子真的有什么重要意义吗？贝尔实验室的学究们也承认此批评有理，但他们坚决死扛原来的决定，至今依然。一个比较好的声明指针的方法是：

```
int &p;
```

它至少能提示 p 是一个整型数的地址。这种语法现已被 C++采纳，用于表示参数的传址调用。

C 语言的声明所存在的最大问题是，你无法以一种人们所习惯的自然方式从左向右阅读一个声明，在 ANSI C 引入 volatile 和 const 关键字后，情况就更糟糕了。由于这些关键字只能出现在声明中（而不是使用中），这就使得现今声明形式和使用形式能完全对得上号的例子越来越少了。那些从风格上看像是声明，但却没有标识符的东西（如形式参数声明和强制类型转换）看上去显得滑稽。如果想要把什么东西的类型强制转换为指向数组的指针，就不得不使用下面的语句来表示这个强制类型转换：

```
char (*j)[20];  /* j是一个指向数组的指针，数组内有 20 个 char 元素*/
j = (char (*)[20]) malloc(20);
```

如果把星号两边看上去明显多余的括号拿掉，代码会变成非法的。

涉及指针和 const 的声明可能会出现几种不同的顺序：

```
const int * grape;
int const * grape;
int * const grape_jelly;
```

在最后一种情况下，指针是只读的；而在另外两种情况下，指针所指向的对象是只读的。当然，对象和指针有可能都是只读的，下面两种声明方法都能做到这一点：

```
const int * const grape_jam;
int const * const grape_jam;
```

ANSI C 提到，typedef 说明符之所以被称为“存储类型说明符”，只是为了语法上的方便而已，它也不否认其中存在一些另外的问题。即使是经验丰富的 C 程序员也都觉得这里麻烦多多。如果像“指向数组的指针”这样概念清晰的语法，它的声明形式也是如此晦涩难懂，那么对于更复杂的语法形式又将如何。例如，你明白下面的声明（取自 telnet 程序）的确切意思吗？

```
char * const *(*next)();
```

我将在本章的后面把这个声明作为实例讨论时再给出它的答案。多年来，程序员、学生和教师都在努力寻找一种更好的记忆方法和法则来搞清楚 C 语言声明的语法。本章提供了一种方法，它采用一种循序渐进的方式来解决这个问题。用它操纵几个实例后，就不会再被 C 语言的声明所困扰了。

3.2　声明是如何形成的

让我们先来看一些 C 语言的术语以及一些能组合成一个声明的单独语法成分。其中一个非常重要的成分就是声明器（declarator）——它是所有声明的核心。简单地说，声明器就是标识符以及与它组合在一起的任何指针、函数括号、数组下标等，如表 3-1 所示。方便起见，我们把初始化内容（initializer）也放到里面，并分类表示。

表 3-1　　C 语言中的声明器（declarator）

数　量	C 语言中的名字	C 语言中出现的形式
零个或多个	指针	下列形式之一： * const volatile * volatile * * const * volatile const
有且只有一个	直接声明器	标识符 或：标识符[下标] 或：标识符（参数） 或：（声明器）
零个或一个	初始化内容	= 初始值

一个声明由表 3-2 所示的各个部分组成（并非所有的组合形式都是合法的，但这个表描述了我们进一步讨论所要用到的词汇）。声明确定了变量的基本类型以及初始值（如果有的话）。

表 3-2 C 语言中的声明

数　量	C 语言中的名字	C 语言中出现的形式
至少一个类型说明符（并非所有组合都合法）	类型说明符（type-specifier）	void char short int long signed unsigned float double 结构说明符（struct_specifier） 枚举说明符（enum_specifier） 联合说明符（union_specifier）
	存储类型（storage-class）	extern static register auto typedef
	类型限定符（type-qualifier）	const volatile
有且只有一个	声明器（declarator）	参见上面的定义
零个或更多	更多的声明器	,声明器
一个	分号	;

让我们看一下如果你使用这些部件来构造一个声明，情况能够复杂到什么程度。同时要记住，在合法的声明中存在限制条件。你不可以像下面这样做：

- 函数的返回值不能是一个函数，所以像 foo()()这样是非法的；
- 函数的返回值不能是一个数组，所以像 foo()[]这样是非法的；
- 数组里面不能有函数，所以像 foo[]()这样是非法的。

但像下面这样则是合法的：

- 函数的返回值允许是一个函数指针，如 int(* fun())();
- 函数的返回值允许是一个指向数组的指针，如 int(* foo())[];
- 数组里面允许有函数指针，如 int (* foo[])();
- 数组里面允许有其他数组，所以你经常能看到 int foo[][]。

在处理组合类型之前，让我们先讨论一下在结构（struct）和联合（union）中怎样对变量进行组合，借此刷新一下自己的记忆，同时回顾一下枚举（enum）。

3.2.1 关于结构

结构就是一种把一些数据项组合在一起的数据结构。其他编程语言把它称为记录（record）。结构的语法很容易记忆。在 C 语言中，进行组合的通常方法就是把需要组合的东西放在花括号里面：{内容...}。关键字 struct 放在左花括号前面，以便编译器能够从程序块中认出它：

```
struct { 内容... }
```

结构的内容可以是任何其他数据声明：单个数据项、数组、其他结构、指针等。我们可以在结构的定义后面跟一些变量名，表示这些变量的类型是这个结构。例如：

```
struct { 内容... } plum, pomegranate, pear;
```

另外还需要注意的一点是，可以在 struct 关键字后面加一个可选的“结构标签”：

```
struct fruit_tag { 内容... } plum, pomegranate, pear;
```

这样，我们就可以在将来的声明中用 struct fruit_tag 作为 struct { 内容... }的简写形式了。

因此，结构的通常形式是：

```
struct 结构标签（可选）{
                类型 1   标识符 1;
                类型 2   标识符 2;
                ...
                类型 N   标识符 N;
                }变量定义（可选）;
```

所以，在下面的声明中：

```
struct date_tag{ short dd, mm, yy; }my_birthday,xmas;
struct date_tag  easter, groundhog_day;
```

变量 my_birthday、xmas、easter 和 groundhog_day 属于相同的数据类型。结构中也允许存在位段、无名字段以及字对齐所需的填充字段。这些都是通过在字段的声明后面加一个冒号以及一个表示字段位长的整数来实现的。

```
/* 处理 ID 信息 */

struct pid_tag {
    unsigned int inactive  : 1;
    unsigned int           : 1;     /* 1 个位的填充 */
    unsigned int refcount  : 6;
    unsigned int           : 0;     /* 填充到下一个字边界 */
    short pid_id;
    struct pid_tag *link;
};
```

这种用法通常被称作“深入逻辑元件的编程”，你可以在系统编程中看到它们。它也能用于把一个布尔标志以位而不是字符来表示。位段的类型必须是 int、unsigned int 或 signed int（或加上限定符）。至于 int 位段的值是否可以取负值则取决于编译器。

我不喜欢把结构的声明和变量的定义混合在一起。我更喜欢采用：

```
struct veg { int weight, price_per_lb; };
struct veg  onion, radish, turnip;
```

而不是：

```
struct veg { int weight, price_per_lb; } onion, radish, turnip;
```

确实，后面一种方法可以少打几个字，但我们应该更关心代码是否容易阅读，而不是是否容易书写。我们只编写一次代码，但在以后的程序维护过程中将多次阅读这些代码。如果一行代码只做一件事，看上去会更简单一些。基于这个理由，变量的声明应该与类型的声明分开。

最后，还有两个跟结构有关的参数传递问题。有些 C 语言图书声称“在调用函数时，参数按照从右到左的次序压到椎栈里”。这种说法过于简单了。如果你有一本这样的书，把那一页撕下烧掉。如果你有一个这样的编译器，把该编译器源代码的那几行删掉。参数在传递时首先尽可能地存放到寄存器中（追求速度）。注意，int 型变量 i 跟只包含一个 int 型成员的结构变量 s 在参数传递时的方式可能完全不同。一个 int 型参数一般会被传递到寄存器中，而结构参数则很可能被传递到堆栈中。需要注意的第二点是，在结构中放置数组，如：

```
/* 数组位于结构内部 */
struct s_tag { int a[100]; };
```

现在，你可以把数组当作第一等级的类型，用赋值语句复制整个数组，以传值调用的方式把它传递到函数，或者把它作为函数的返回类型。

```
struct s_tag { int a[100]; };
struct s_tag  orange, lime, lemon;
struct s_tag  twofold(struct s_tag s) {
    int j;
    for( j = 0; j < 100; j++)  s.a[j] *= 2;
    return s;
}

main() {
    int i;
    for(i = 0; i < 100; i++) lime.a[i] = 1;
    lemon = twofold(lime);
    orange = lemon; /*给整个结构赋值 */
}
```

在典型情况下，并不会频繁地对整个数组进行赋值操作。但是如果需要这样做，可以通过把它放入结构中来实现。本小节的最后将展示在结构中包含一个指向结构本身的指针，这种方法常用于列表（list）、树（tree）以及许多其他动态数据结构。

```
/* 结构内部有一个指向结构自身的指针 */
struct node_tag{ int datum;
                 struct node_tag  *next;
               };
struct node_tag  a, b;
```

```
a.next = &b;                    /* a,b 链接在一起 */
a.next->next = NULL;
```

3.2.2　关于联合

联合（union）在许多其他语言中被称作变体记录（variant record）。它的外表与结构相似，但在内存布局上存在关键性的区别。在结构中，每个成员依次存储；而在联合中，所有的成员都从偏移地址零开始存储。这样，每个成员的位置都重叠在一起：在某一时刻，只有一个成员真正存储于该地址。

联合既有一些优点，也有一些缺点。它的缺点就是那些所谓的优点其实并不怎么出色。联合的优点是它的外观同结构一样，只是用关键字 union 取代了关键字 struct。所以，如果你对结构的一切都已了如指掌，基本上也就掌握了联合。联合的一般形式如下：

```
union 可选的标签{
              类型 1   标识符 1;
              类型 2   标识符 2;
              ...
              类型 N   标识符 N;
             }可选的变量定义;
```

联合一般是作为大型结构的一部分存在的。在有些大型结构中，存在一些与实际表示的数据类型有关的隐式或显式的信息。如果存储数据时是一种类型，但在提取该数据时却成了另外一种类型，这显然存在着明显的类型不安全性。在 Ada 中，所有不同类型的字段都显式地存储于记录中，这就避免了这个问题。C 语言则含糊得多，让程序员自己去回忆放在那儿的究竟是什么东西。

联合一般被用来节省空间，因为有些数据项是不可能同时出现的。如果同时存储它们，显然颇为浪费。例如，如果我们要存储一些关于动物种类的信息，首先想到的方法可能是：

```
struct creature{
char  has_backbone;
char  has_fur;
short  num_of_legs_in_excess_of_4;
};
```

但是，我们知道，所有的动物要么是脊椎动物，要么是无脊椎动物。进而，我们还知道只有脊椎动物才可能有毛皮，只有无脊椎动物才可能有 4 条以上的腿。没有一种动物既有毛皮又有 4 条以上的腿。这样，可以通过把两个相互排斥的字段存储于一个联合中来节省空间：

```
union secondary_characteristics{
char  has_fur;
short  num_of_legs_in_excess_of_4;
};
struct creature {
```

```
    char has_backbone;
    union secondary_characteristics  form;
    };
```

我们通常采取这种方式来节省备用的存储空间。如果我们有一个数据文件，里面存储了 20000000 个动物，使用这种方法，可以节省大约 20MB 的磁盘空间。

然而，联合还有其他用途。联合也可以把同一个数据解释成两种不同的东西，而不是把两个不同的数据解释为同一种东西。非常有意思的是，这种功能跟 COBOL 中的 REDEFINES 子句一模一样。该用法的例子如下：

```
union bits32_tag{
        int whole;                                  /* 一个32位的值 */
        struct { char c0, c1, c2, c3; } byte;       /* 4个8位的字节 */
} value;
```

这个联合允许程序员既可以提取整个 32 位值（作为 int），也可以提取单独的字节字段，如 value.byte.c0 等。采用其他的方法也能达到这个目的，但联合不需要额外的赋值或强制类型转换。为了找乐，我查看了 150000 行与机器无关的操作系统源代码。结果显示，结构出现的次数大约是联合的 100 倍。这说明在实际工作中，你遇见结构的次数将远远多于联合。

3.2.3 关于枚举

枚举（enum）通过一种简单的途径，把一串名字与一串整型值联系在一起。对于像 C 这样的弱类型语言而言，很少有什么事只能靠枚举来完成而不能用#define 来解决。所以，在大多数早期的 K&R C 编译器中，都省掉了枚举。但是枚举在其他大多数语言中都存在，所以 C 语言最终也实现了它。现在，对于枚举的一般形式，你应当已经相当熟悉了：

```
enum 可选标签{ 内容...}可选变量定义;
```

其中的“内容...”是一些标识符的列表，可能有一些整型值赋给它们。下面是一个枚举实例：

```
enum sizes { small = 7, medium, large = 10, humungous };
```

缺省情况下，整型值从零开始。如果对列表中的某个标识符进行了赋值，那么紧接其后的那个标识符的值就比所赋的值大 1，然后类推。枚举具有一个优点：#define 定义的名字一般在编译时被丢弃，而枚举名字则通常一直在调试器中可见，可以在调试代码时使用它们。

3.3 优先级规则

到现在为止，我们已经回顾了声明的各个组成部分。本节描述了一种方法，用通俗的语言把声明分解开来，分别解释各个组成部分。要理解一个声明，必须要懂得其中的优先级规则。语言律师最喜欢这种形式，它高度简洁，可惜极不直观。

理解 C 语言声明的优先级规则

A　声明从它的名字开始读取，然后按照优先级顺序依次读取。

B　优先级从高到低依次如下。

B.1　声明中被括号括起来的那部分。

B.2　后缀操作符：

括号（）表示这是一个函数，而

方括号[]表示这是一个数组。

B.3　前缀操作符：星号*表示“指向……的指针”。

C　如果 const 和（或）volatile 关键字的后面紧跟类型说明符（如 int、long 等），那么它作用于类型说明符。在其他情况下，const 和（或）volatile 关键字作用于它左边紧邻的指针星号。

用优先级规则分析 C 语言声明的一个例子：

```
char * const *(*next)();
```

表 3-3　用优先级规则解决一个声明

适用规则	解　释
A	首先，看变量名 next，并注意到它直接被括号所括住
B.1	所以先把括号里的东西作为一个整体，得出“next 是一个指向……的指针”
B	然后考虑括号外面的内容，在星号前缀和括号后缀之间作出选择
B.2	B.2 规则告诉我们优先级较高的是右边的函数括号，所以得出“next 是一个函数指针，指向一个返回……的函数”
B.3	再次，处理前缀“*”，得出指针所指的内容
C	最后，把 char * const 解释为指向字符的常量指针

把上述分析结果加以概括，这个声明表示“next 是一个指针，它指向一个函数，该函数返回另一个指针，该指针指向一个类型为 char 的常量指针”，大功告成。优先级规则浓缩了所有的规则。如果你更喜欢看上去直观一些的方法，请看图 3-1。

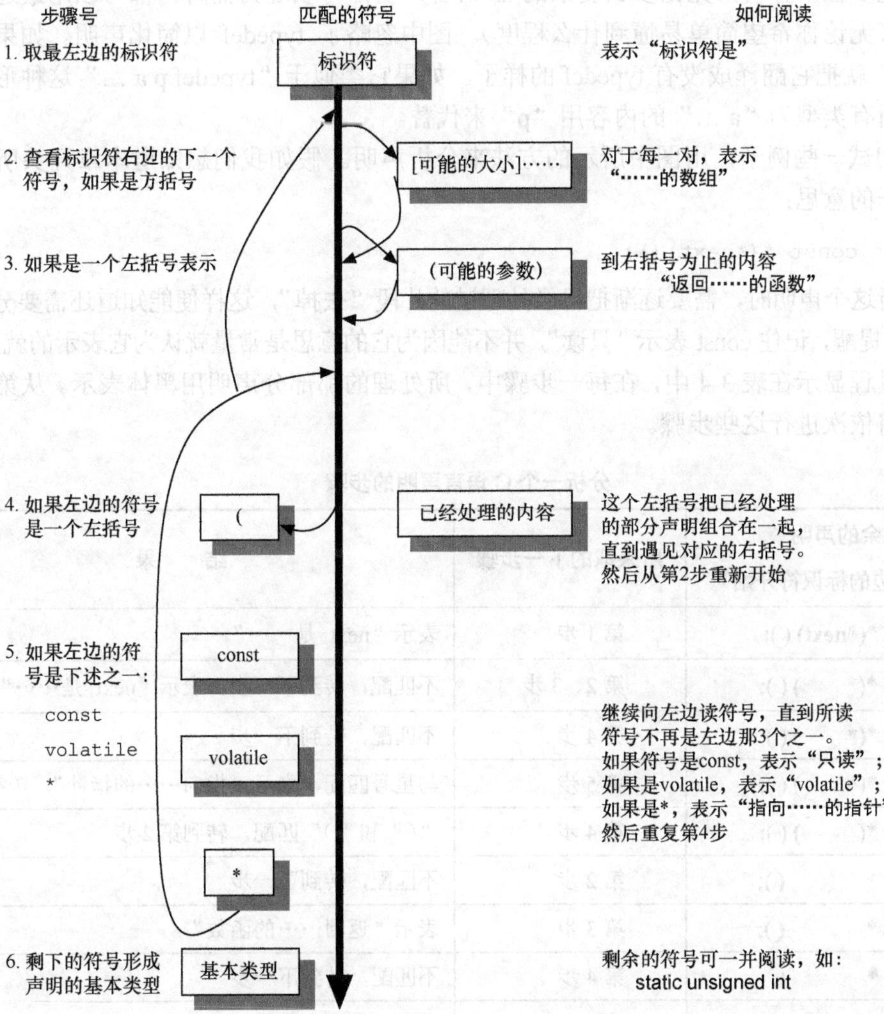

图 3-1 如何解析 C 语言的声明

C 语言声明的神奇解码环

C 语言中的声明读起来并没有固定的方向，一会儿从左读到右，一会儿又从右读到左，真不知该用一个怎样的词来描述这个情况。一开始，我们从左边开始向右寻找，直到找到第一个标识符。当声明中的某个符号与图中所示匹配时，便把它从声明中处理掉，以后不再考虑。在具体的每一步骤上，我们首先查看右边的符号，然后再看左边。当所有的符号都被处理完毕后，便宣告大功告成。

3.4 通过图表分析 C 语言的声明

本章展示了一张里面标明了分析步骤的图（见图 3-1）。如果你按图索骥，从第一步开始，顺着箭头逐步往下分析，无论多么复杂的 C 语言声明都可以迎刃而解，都可以用最通俗的语言来解释（无论你希望简单易懂到什么程度）。图中忽略了 typedef 以简化声明。如果声明中有 typedef，就把它翻译成没有 typedef 的样子。如果它类似于“typedef p a …”这种形式，就把声明中所有类型为“a …”的内容用“p”来代替。

让我们试一些例子，用图中所示的方法来分析声明。假如我们想知道本章开头所举的那个代码例子的意思：

```
char * const *(*next)();
```

在分析这个声明时，需要逐渐把已经处理过的片段“去掉”，这样便能知道还需要分析多少内容。再次提醒，记住 const 表示“只读”，并不能因为它的意思是常量就认为它表示的就是常量。

处理过程显示在表 3-4 中，在每一步骤中，所处理的那部分声明用黑体表示。从第一步开始，我们将依次进行这些步骤。

表 3-4　　分析一个 C 语言声明的步骤

剩余的声明（从最左边的标识符开始）	所采取的下一步骤	结　果
char * const *(***next**) ();	第 1 步	表示“next 是……”
char * const *(*　　) ();	第 2、3 步	不匹配，转到下一步，表示“next 是……”
char * const *(*　　) ();	第 4 步	不匹配，转到下一步
char * const *(*****　　) ();	第 5 步	与星号匹配，表示“指向……的指针”，转第 4 步
char * const *(　　) ();	第 4 步	“(”和“)”匹配，转到第 2 步
char * const *　　();	第 2 步	不匹配，转到下一步
char * const *　　();	第 3 步	表示“返回……的函数”
char * const *　　;	第 4 步	不匹配，转到下一步
char * const *****　　;	第 5 步	表示“指向……的指针”
char * **const**　　;	第 5 步	表示“只读的……”
char *****　　;	第 5 步	表示“指向……的指针”
char　　;	第 6 步	表示“char”

拼在一起，读作：

“next 是一个指向函数的指针，该函数返回另一个指针，该指针指向一个只读的指向 char 的指针”，大功告成。

现在让我们试一个更复杂的例子。

```
char *(* c[10])(int **p);
```

请按照上面那个例子的步骤进行分析。具体步骤在本章的最后给出，可以自己先试一下，然后对照一下答案。

3.5 typedef 可以成为你的朋友

typedef 是一种有趣的声明形式：它为一种类型引入新的名字，而不是为变量分配空间。在某些方面，typedef 类似于宏文本替换——它并没有引入新类型，而是为现有类型取个新名字，但它们之间存在一个关键性的区别，容我稍后解释。

如果现在回过头去看看 3.2 节，会发现 typedef 关键字可以是一个常规声明的一部分，可以出现在靠近声明开始部分的任何地方。事实上，typedef 的格式与变量声明完全一样，只是多了这个关键字，用来说明它的实质。

由于 typedef 看上去跟变量声明完全一样，它们读起来也是一样的。前面一节描述的分析技巧也同样适用于 typedef。普通的声明表示"这个名字是一个指定类型的变量"，而 typedef 关键字并不创建一个变量，而是宣称"这个名字是指定类型的同义词"。

一般情况下，typedef 用于简洁地表示指向其他东西的指针。典型的例子是 signal()原型的声明。signal()是一种系统调用，用于通知运行时系统，当某种特定的"软件中断"发生时调用特定的程序。它的真正名称应该是"Call_that_routine_when_this_interrupt_ comes_in"（当该中断发生时调用那个程序）。你调用 signal()，并通过参数传递告诉它中断的类型以及用于处理中断的程序。在 ANSI C 标准中，signal()的声明如下：

```
void (*signal(int sig, void(*func)(int)))(int);
```

让我们运用刚刚掌握的技巧来分析这个声明，会发现它的意思如下：

```
void(*signal(             ))(int);
```

signal 是一个函数（具有一些令人胆战心惊的参数），它返回一个函数指针，后者所指向的函数接受一个 int 参数并返回 void。其中一个参数是其本身：

```
void(*func)(int);
```

它表示一个函数指针，所指向的函数接受一个 int 参数，返回值是 void。现在，让我们看一下怎样用 typedef 来"代表"通用部分，从而进行简化。

```
typedef  void(*ptr_to_func) (int);
/*  它表示 ptr_to_func 是一个函数指针，该函数
 *  接受一个 int 参数，返回值为 void
 */

ptr_to_func signal(int, ptr_to_func);
/*  它表示 signal 是一个函数，它接受两个参数，
 *  其中一个是 int，另一个是 ptr_to_func，返回
```

```
 *  值是 ptr_to_func
 */
```

然而，说到 typedef 就不能不说一下它的缺点。它同样具有与其他声明一样的混乱语法，同样可以把几个声明器塞到一个声明中。对于结构，除了可以在书写时省掉 struct 关键字之外，typedef 并不能提供显著的好处，而少写一个 struct 其实并没有多大帮助。在任何 typedef 声明中，甚至不必把 typedef 放在声明的开始位置。

小启发

操作声明器的一些提示

不要在一个 typedef 中放入几个声明器，如下所示：

```
typedef int *ptr, (*fun)(), arr[5];
/*  ptr 是“指向 int 的指针”类型
 *  fun 是“指向返回值为 int 的函数的指针”类型
 *  arr 是“长度为 5 的 int 型数组”类型
 */
```

千万不要把 typedef 嵌到声明的中间部分，如下所示：

```
unsigned const long typedef int volatile *kumquat;
```

typedef 为数据类型创建别名，而不是创建新的数据类型。可以对任何类型进行 typedef 声明。

```
typedef int (*array_ptr)[100];
```

应该只对所希望的变量类型进行 typedef 声明，为变量类型取一个你喜欢的别名。关键字 typedef 应该如前所述出现在声明的开始位置。在同一个代码块中，typedef 引入的名字不能与其他标识符同名。

3.6　typedef int x[10]和#define x int[10]的区别

前面已经提到，在 typedef 和宏文本替换之间存在一个关键性的区别。正确思考这个问题的方法就是把 typedef 看成是一种彻底的“封装”类型——在声明它之后不能再往里面增加别的内容。它和宏的区别体现在两个方面。

首先，可以用其他类型说明符对宏类型名进行扩展，但对 typedef 所定义的类型名却不能这样做。例如：

```
#define  peach  int
unsigned peach  i;  /* 没问题 */

typedef  int  banana;
unsigned banana i;  /* 错误！ 非法 */
```

其次，在连续几个变量的声明中，用 typedef 定义的类型能够保证声明中所有的变量均为同一种类型，而用#define 定义的类型则无法保证。例如：

```
#define  int_ptr  int *
int_ptr  chalk, cheese;
```

经过宏扩展，第二行变为：

```
int * chalk, cheese;
```

这使得 chalk 和 cheese 成为不同的类型，就好象是辣椒酱与细香葱的区别：chalk 是一个指向 int 的指针，而 cheese 则是一个 int。相反，下面的代码中：

```
typedef  char * char_ptr;
char_ptr  Bentley, Rolls_Royce;
```

Bentley 和 Rolls_Royce 的类型依然相同。虽然前面的类型名变了，但它们的类型相同，都是指向 char 的指针。

3.7 typedef struct foo{ ... foo; }的含义

C 语言存在多种名字空间：

- 标签名（label name）；
- 标签（tag）——这个名字空间用于所有的结构、枚举和联合；
- 成员名——每个结构或联合都有自身的名字空间；
- 其他。

在同一个名字空间里，任何名字必须具有唯一性，但在不同的名字空间里可以存在相同的名字。由于每个结构或联合具有自己的名字空间，所以同一个名字可以出现在许多不同的结构内。有些很老式的编译器尚无法保证这一点，在 BSD4.2 核心代码中，人们在字段名前加一个唯一的首字母，在一定程度上就是出于这个原因。例如：

```
struct vnode {
      long                v_flag;
      long                v_usecount;
      struct vnode        *v_freef;
      struct vnodeops     *v_op;
};
```

由于在不同的名字空间内使用同一个名字是合法的，所以有时可以看到这样的代码：

```
struct foo{ int foo;}foo;
```

这显然会让将来维护这段代码的程序员感到困惑和沮丧。你说 sizeof(foo)是表示哪一个 foo 呢？

有些东西更加稀罕，像下面这样的声明竟然也是合法的：

```
typedef struct baz { int baz;} baz;
        struct baz variable_1;
               baz variable_2;
```

太多的 baz 了！让我们换一些清楚的名字，再试一试：

```
typedef  struct  my_tag { int i;} my_type;
          struct my_tag  variable_1;
my_type variable_2;
```

这个 typedef 声明引入了 my_type 这个名字作为 struct my_tag{ int i; }的简写形式。但它同时也引入了结构标签 my_tag，在它前面加个关键字 struct 可以表示同样的意思。如果你用同一个标识符表示结构类型和 typedef 声明引入的标签，那么以后使用这个标识符时前面就不必加上关键字 struct 了，但这个方法向人们灌输了一种完全错误的思维方式。令人不快的是，这种与结构有关的 typedef 声明的语法确切地反映了组合结构类型与变量声明的语法。所以，尽管下面两个声明具有相似的形式：

```
typedef struct fruit{ int weight, price_per_lb; }fruit; /* 语句 1 */
        struct  veg{ int weight, price_per_lb; }veg;    /* 语句 2 */
```

但它们代表的意思却完全不一样，语句 1 声明了结构标签 fruit 和由 typedef 声明的结构类型 fruit，其实际效果如下：

```
struct fruit  mandarin;    /* 使用结构标签"fruit" */
       fruit  mandarin;    /* 使用结构类型"fruit" */
```

语句 2 声明了结构标签 veg 和变量 veg。只有结构标签能够在以后的声明中使用，如：

```
struct veg  potato;
```

如果试图使用 veg cabbage 这样的声明，将是一个错误。这有点类似下面的写法：

```
int i;
i j;
```

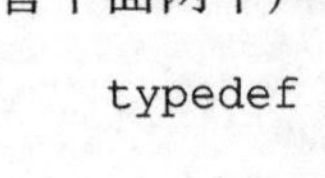

小启发

操作 typedef 的提示

不要为了方便起见而对结构使用 typedef。

这样做的唯一好处是你不必书写 struct 关键字，但这个关键字可以向你提示一些信息，不应该把它省掉。

typedef 应该用在以下几个方面。

- 数组、结构、指针以及函数的组合类型。
- 可移植类型。比如当你需要一种至少 20 比特的类型时，可以让它成为 typedef 的类型。这样，当把代码移植到不同的平台时，要选择正确的类型，如 short、int、long 时，只要在 typedef 中进行修改就可以了，无须对每个声明都加以修改。
- typedef 也可以为后面的强制类型转换提供一个简单的名字，如：

```
typedef int (*ptr_to_int_fun)(void);
  char * p;   ...
              = (ptr_to_int_fun) p;
```

应该始终在结构的定义中使用结构标签，即使它并非必需的。这种做法可以使代码更为清晰。

当你有两个不同的东西时，在计算机科学中一个比较好的原则就是用不同的名字来称呼它们。这样做减少了混淆的危险（这始终是软件的一个重要准则），如果有可能搞不清哪个名字是结构标签，就为它取一个以_tag 结尾的名字，这使得辨认一个特定的名字变得简单。这样，将来维护你的代码的程序员不仅不会埋怨你，相反会很感激你。

3.8 理解所有分析过程的代码段

你可以轻松地编写一个能够分析 C 语言的声明并把它们翻译成通俗语言的程序。事实上，为什么不呢？C 语言声明的基本形式已经描述清楚了。我们所需要的只是编写一段能够理解声明的形式并能够以图 3-3 的方式对声明进行分析的代码。为了简单起见，暂且忽略错误处理，而且在处理结构、枚举和联合时只简单地用 struct、enum 和 union 来代表它们的具体内容。最后，这个程序假定函数的括号内没有参数列表。

编程挑战

编写一个程序，把 C 语言的声明翻译成通俗语言

这里有一个设计方案。主要的数据结构是一个堆栈，我们从左向右读取，把各个标记依次压入堆栈，直到读到标识符为止。然后我们继续向右读入一个标记，也就是标识符右边的那个标记。接着，观察标识符左边的那个标记（需要从堆栈中弹出）。数据结构大致如下：

```
struct token { char type;
               char string[MAXTOKENLEN]; };

/* 保存第一个标识之前的所有标记 */
struct token stack[MAXTOKENS];

/* 保存刚读入的那个标记 */
struct token this;
```

伪码如下：

```
实用程序----------
classify_string（字符串分类）
    查看当前的标记，
    通过this.type返回一个值，内容为"type"（类型）、"qualifier"（限定符）或
  "indentifier"（标识符）
gettoken（取标记）
把下一个标记读入this.string
    如果是字母数字组合，调用classify_string
    否则，它必是一个单字符标记，this.type = 该标记；用一个nul结束this.string
read_to_first_identifier（读至第一个标识符）
    调用gettoken，并把标记压入到堆栈中，直到遇见第一个标识符。
    Print"identifier is"（标识符是），  this.string
    继续调用gettoken


解析程序----------
deal_with_function_args（处理函数参数）
      当读取越过右括号')'后，打印“函数返回”
deal_with_arrays（处理函数数组）
      当你读取"[size]"后，将其打印并继续向右读取。
deal_with_any_pointers（处理任何指针）
      当你从堆栈中读取"*"时，打印"指向...的指针"并将其弹出堆栈。
deal_with_declarator（处理声明器）
    if this.type is '['  deal_with_arrays
    if this.type is '('  deal_with_function_args
    deal_with_any_pointers
    while 堆栈里还有东西
    if 它是一个左括号'('
    将其弹出堆栈，并调用gettoken；应该获得右括号‘(’
    deal_with_declarator
    else 将其弹出堆栈并打印它
```

```
主程序----------
  main
    read_to_first_identifier
    deal_with_declarator
```

这是一个小型程序，在过去的几年中已被编写过无数次，通常取名为“cdecl[1]”。*The C Programming Language* 有一个 cdecl 的不完整版本，本书的 cdecl 程序则更为详尽。它支持类型限定符 const 和 volatile，同时它还涉及结构、枚举和联合，尽管在这方面做了简化。你可以很轻松地用这个版本的程序来处理函数中的参数声明。这个程序可以用大约 150 行 C 代码实现。如果加入错误处理，并使程序能够处理的声明范围更广一些，程序就会更长。无论如何，当编制这个解析器时，相当于正在实现编译器中主要的子系统之一。这是一个相当了不起的编程成就，能够帮助你获得对这个领域的深刻理解。

更多阅读材料

在精通了在 C 语言中创建数据结构的方法后，你可能会对那些讲述通用目的的数据结构图书感兴趣。其中一本是 *Data Structures with Abstract Data Types*，这本书覆盖了范围很广的数据结构，包括字符串、列表、堆栈、队列、树、堆、集合和图。推荐大家阅读此书。

3.9 轻松一下——驱动物理实体的软件

计算机编程最大的乐趣之一就是编写软件来控制一些物理实体（如机器人的手臂和磁盘的磁头）的运动。只要启动一个程序，现实世界中的物体便在程序的控制下发生移动，此时心中便会油然生起一股得意之情。MIT 人工智能实验室的研究生正是出于这方面的热情，才把系里的计算机连接到 9 楼的电梯按钮上。这样，只要在你的 LISP 机器上输入一条命令，就能控制电梯的升降！这个程序在运行时要经过仔细核查，确信运行程序的终端确实位于实验室内部时，它才对电梯的升降进行控制。这是为了防止黑客使用这个程序故意卡住实验室的电梯。

计算机编程的另一个巨大乐趣就是利用非常手段从食物残渣里再嚼出点味道来，所谓“变废为宝”嘛。当然，把这两样刺激的事合而为一的想法也是极为自然的。卡耐基·梅隆大学计算机科学系的一些研究生开发了一种计算机接口，重新利用了一项原有的已经远离人们关注范围的技术成果，解决了一个长期困扰他们的问题：计算机科学系的可口可乐机位于 3 楼，离这些研究生的办公室很远。这些学生已经厌倦了跑这么远的路到了那里后，却发现可乐机已经空了，或更糟的是可乐机刚刚填满，这时拿到的可乐还不够凉！John Zsarney 和 Lawrence Butcher 发现可乐机把所有的可乐储存在 6 个冰柜里，每个冰柜都有一盏“空”灯，当它向外

[1] 不要把它跟 PC 上的 C/C++编译器所缺省使用的函数调用约定 cdecl 混为一谈。

发送一瓶可乐时，灯便闪烁。如果冰柜中所有的可乐都售完了，灯就一直亮着。把这些灯接到串行口，把“正在发放可乐”信息传送到系里的 PDP-10 大型机应该不是件困难的事。这样，可乐机的接口看上去就像是一个 Telnet 连接！Mike Kazar 和 Dave Nichols 编写了软件，它能够对查询作出回应，并能够查到哪个冰柜里的可乐最冰。

自然，Mike 和 Dave 并没有就此止步。他们又设计了一个网络协议，当地以太网上的任何一台机器在查询可乐机的状态时，大型机都能给予回答。最后，甚至是来自 Internet 的查询也能得到回答。Ivor Durham 实现了这个软件来完成这项工作，能够从其他机器上检查可乐机的状态。凭借其令人称道的经济头脑，Ivor 复用了标准的 finger 程序——这个通常用于在一台机器上检查一位确定的用户是否在另一台机器上登录的程序。他修改了 finger 的服务器端，每当有人使用不存在的用户名 coke 执行 finger 程序时，它便会运行可乐机状态查询程序。由于 finger 请求是 Internet 标准协议的一部分，所以人们可以从任何卡耐基·梅隆大学计算机上查询可乐机的状态。事实上，通过运行下面的命令：

```
finger coke@g.gp.cmu.edu
```

可以从 Internet 的任何一个机器上查询到该可乐机的状态，即使是远在千里之外。

参与这项工程的人还有 Steve Berman、Eddie Caplan、Mark Wilkins 和 Mark Zaremsky[1]。这个可乐机查询程序的使用时间超过了 10 年。当 20 世纪 80 年代早期 PDP-10 被淘汰时，他们甚至又为 UNIX Vaxen 重新编写了程序。直到几年前，这个程序才结束其历史使命。因为当地的可乐瓶装商停止使用这种可以回收的、可乐瓶形状的瓶子。由于原来的旧可乐机无法使用新形状的可乐瓶，于是它被一台新的售货机所取代，而新机器需要新的接口才能实现查询。一时间，没人接手这事。但咖啡因的诱惑最终驱使 Greg Nelson 为新机器重新设计了查询程序。卡耐基·梅隆大学的研究生同时把糖果机也接到计算机上，其他学校也纷纷效仿类似的项目。

西澳大利亚大学的计算机俱乐部把一台可乐机连接到一台 68000 CPU、内存 80KB、具有以太网接口的机器（在 20 世纪 80 年代中期，这个配置比一般的 PC 要强很多）上。位于纽约罗切斯特的罗切斯特理工学院（Rochester Institute of Technology）的计算机科学所也把一台可乐机连上了 Internet，并对功能作了扩展，允许用户使用信用卡或计算机账户支付。有个学生整个暑假都喜欢从家里登录到几百英里远的可乐机上，有时兴之所至，为下一位登录者免费提供饮料。一时间，可乐机似乎很快将成为 Internet 上常见的硬件系统。

为什么只局限于可乐机呢？有年圣诞节，Cygnus Support 的程序员把他们的圣诞树装饰物连到以太网上。这样，他们便可以通过工作站控制灯火的闪灭，从中体验快感。人们担心日本在技术方面会领先美国！在 Sun 公司内部，有一个邮件地址可以自动转换到一个带有传真功能的调制解调器上。当你用这个地址发送邮件时，它会进行解析，取得电话号码的细节，并作为传真发送。顶级程序员 Don Hopkins 编写了 pizzatool 程序，充分利用了这个功能。pizzatool

---

1 Craig Everhart, Eddie Caplan 和 Robert Frederking, “Serious Coke Addiction,” *25th Anniversary Symposium, Computer Science at CMU: A Commemorative Review*, 1990, p.70. Reed and Witting Company.

使用了 GUI 界面，让你自己选择浇在比萨饼上的奶油（绝大多数用户都自行指定附加的 GUI 奶酪），并用传真把定单发到附近的 Tony & Alba's 比萨餐厅，那里可以受理传真订单，他们会把比萨饼送过来。

正当这种服务的用途不断扩展之时，SUN 公司的 SPARC 服务器 600MP 系列计算机正在实验室里紧锣密鼓地开发着。我想我透露这个信息还不致于有泄露商业机密之嫌。

解决方案

理解所有分析过程的代码段

```
#include <stdio.h>
#include <string.h>
#include <ctype.h>
#include <stdlib.h>
#define MAXTOKENS 100
#define MAXTOKENLEN 64

enum  type_tag { IDENTIFIER, QUALIFIER, TYPE };

struct token {
    char  type;
    char  string[MAXTOKENLEN];
};

int  top = -1;
struct token  stack[MAXTOKENS];
struct token  this;

#define  pop  stack[top--]
#define  push(s)  stack[++top] = s

enum type_tag  classify_string(void)
/* 推断标识符的类型 */
{
    char *s = this.string;
    if(!strcmp(s, "const")){
        strcpy(s, "read-only");
        return QUALIFIER;
    }
```

```
    if(!strcmp(s, "volatile")) return  QUALIFIER;
    if(!strcmp(s, "void"))  return TYPE;
    if(!strcmp(s, "char"))  return TYPE;
    if(!strcmp(s, "signed"))  return TYPE;
    if(!strcmp(s, "unsigned")) retun TYPE;
    if(!strcmp(s, "short"))  return TYPE;
    if(!strcmp(s, "int"))  return TYPE;
    if(!strcmp(s, "long"))  return TYPE;
    if(!strcmp(s, "float")) retun TYPE;
    if(!strcmp(s, "double"))  return TYPE;
    if(!strcmp(s, "struct"))  return TYPE;
    if(!strcmp(s, "union"))  return TYPE;
    if(!strcmp(s, "enum")) retun TYPE;
    return  INDENTIFIER;
}

void gettoken(void)  /* 读取下一个标记到 this */
{
     char *p = this.string;

    /* 略过空白字符 */
    while((*p = getchar()) == ' ');

    if(isalnum(*p)){
       /* 读入的标识符以 A-Z 或 0-9 开头 */
       while(isalnum(*++p = getchar()));
       ungetc(*p, stdin);
       *p = '\0';
       this.type = classify_string();
       return;
    }

    if(*p == '*') {
       strcpy(this.string, "pointer to");
       this.type = '*';
       return;
    }
    this.string[1] = '\0';
    this.type = *p;
    return;
}
  /* 理解所有分析过程的代码段 */
```

```
read_to_first_identifer() {
    gettoken();
    while(this.type != IDENTIFIER) {
        push(this);
        gettoken();
    }
    printf("%s is ", this.string);
    gettoken();
}

deal_with_arrays() {
    while(this.type == '[') {
        printf("array ");
        gettoken();  /*数字或']' */
        if(isdigit(this.string[0])) {
            printf("0..%d ", atoi(this.string)-1);
            gettoken();  /* 读取']'  */
        }
        gettoken();         /* 读取']'之后的再一个标记  */
        printf("of ");
    }
}

deal_with_function_args() {
    while(this.type != ')') {
        gettoken();
    }
    gettoken();
    printf("function returning ");
}

deal_with_pointers() {
    while(stack[top].type == '*' ) {
        printf("%s ", pop.string );
    }
}

deal_with_declarator() {
    /* 处理标识符之后可能存在的数组/函数  */
    switch(this.type) {
    case '[' : deal_with_arrays(); break;
    case '(' : deal_with_function_args();
```

```
    }

    deal_with_pointers();

    /* 处理在读入到标识符之前压入到堆栈中的符号 */
    while(top >= 0) {
        if(stack[top].type == '(' ) {
            pop;
            gettoken();  /* 读取')'之后的符号   */
            deal_with_declarator();
        }else {
            printf("%s ", pop.string);
        }
    }
}

main()
{
    /* 将标记压入堆栈中，直到遇见标识符 */
    read_to_first_identifier();
    deal_with_declarator();
    printf("\n");
    return 0;
}
```

小 启 发

使字符串的比较看上去更自然

strcmp()函数用于比较两个字符串，它所存在的其中一个问题是：当两个字符串相等时，函数的返回值为零。当字符串比较是条件语句的一部分时，这个问题就会导致令人费解的代码：

```
if(!strcmp(s, "volatile"))  return QUALIFIER;
```

返回值零使条件语句的结果为假，所以我们不得不对其取反，得到需要的结果。

这里有一个更好的方法。建立宏定义：

```
#define  STRCMP(a, R, b)   (strcmp(a, b) R 0)
```

现在你可以以自然的风格来编写代码：

```
if(STRCMP(s, ==, "volatile"))
```

使用这个宏定义，代码可以用更自然的风格来表示它的意思。请用这种字符串比较风格重新编写 cdecl 程序，看看你是否更喜欢这种方式。

解决方案

分析一个 C 语言的声明（又一实例）

这是前文中“这个声明表示什么”的解答。在每一个步骤中，我们所处理的那部分声明以粗体字表示。从第一步起，我们将依次处理下列步骤。

剩余的声明	下一步要进行的步骤	结　果
从最左边的那个标识符开始		
char *(*c[10])(int **p);	第 1 步	表示"c 是一个……"
char *(* [10])(int **p) ;	第 2 步	表示"……的数组[0..9]"
char *(*　　)(int **p) ;	第 5 步	表示"指向……的指针" 转到第 4 步
char *(　　)(int **p) ;	第 4 步	去掉两边括号，转到第 2 步，再接着执行第 3 步
char *　　(int **p) ;	第 3 步	表示"返回……的函数"
char *　　;	第 5 步	表示"指向……的指针"
char　　;	第 6 步	表示"char;"

然后把它们归纳在一起，读作：

“c 是一个数组[0…9]，它的元素类型是函数指针，其所指向的函数的返回值是一个指向 char 的指针”。

顺利完工。注意：在数组中被函数指针所指向的所有函数都把一个指向指针的指针作为它们的唯一参数。

第4章 令人震惊的事实：数组和指针并不相同

数组的下标应该从0还是从1开始？我提议的妥协方案是0.5，可惜他们未予认真考虑便一口回绝。

——*Stan Kelly-Bootle*

4.1 数组并非指针

C编程新手最常听到的一个说法就是“数组和指针是相同的”。不幸的是，这是一种非常危险的说法，并不完全正确。ANSI C标准第6.5.4.2节建议：

注意下列声明的区别：

```
extern int *x;
extern int y[];
```

第一条语句声明x是个int型的指针；第二条语句声明y是个int型数组，长度尚未确定（不完整的类型），其存储在别处定义。

标准并没有做更细的规定。许多C语言图书对数组与指针何时相同、何时不同含糊其辞，对于这个应该重点阐述的话题只是一带而过。本书完整地解释了数组什么时候等同于指针，什么时候又不等同于指针以及原因所在，从而补上了这一课。不仅如此，我还把这个问题作为一章的标题大肆渲染，而不是悄无声息地放在脚注里顺便提一下。

4.2 我的代码为什么无法运行

常常有人让我看类似下面的程序，抱怨“它无法运行”。如果每次我都能拿到一毛钱，你猜现在累积起来有多少了？让我数数，唔，差不多有好几元了。

文件 1：

```
int mango[100];
```

文件 2：

```
extern int *mango;
...
/* 一些引用mango[i]的代码 */
```

这里，文件 1 定义了数组 mango，但文件 2 声明它为指针。这有什么错误吗？无论如何，“每个人都知道”在 C 语言中，数组和指针非常相似。问题在于“每个人”这种说法是错误的！这相当于把整数和浮点数混为一谈：

文件 1：

```
int guava;
```

文件 2：

```
extern float guava;
```

上面这个 int 和 float 的例子非常明显——类型不匹配，没人会指望这样的代码能够运行。但是为什么人们会认为指针和数组始终应该是可以互换的呢？答案是对数组的引用总是可以写成对指针的引用，而且确实存在一种指针和数组的定义完全相同的上下文环境。不幸的是，这只是数组的一种极为普通的用法，并非所有情况下都是如此。但是，人们却自然而然地归纳并假定在所有的情况下数组和指针都是等同的，包括上面完全错误的“数组定义等同于指针的外部声明”这种情况。

4.3　什么是声明，什么是定义

在搞清这个问题之前，需要在头脑里重新整理一些基本的 C 语言术语。记住，C 语言中的对象必须有且只有一个定义，但它可以有多个 extern 声明。顺便说一下，这里所说的对象跟 C++中的对象并无关系，这里的对象只是跟链接器有关的“东西”，比如函数和变量。

定义是一种特殊的声明，它创建了一个对象；声明简单地说明了在其他地方创建的对象的名字，它允许你使用这个名字。让我们回顾一下这两个术语。

定义	只能出现在一个地方	确定对象的类型并分配内存，用于创建新的对象。例如：int my_array[100];
声明	可以多次出现	描述对象的类型，用于指代其他地方定义的对象（例如在其他文件里）。例如：extern int my_array[];

小启发

区分定义和声明

只要记住下面的内容即可分清定义和声明。

声明相当于普通的声明，它所说明的并非自身，而是描述其他地方创建的对象。

定义相当于特殊的声明，它为对象分配内存。

extern 对象声明告诉编译器对象的类型和名字，对象的内存分配则在别处进行。由于并未在声明中为数组分配内存，所以并不需要提供关于数组长度的信息。对于多维数组，需要提供除最左边一维之外其他维的长度——这就给编译器足够的信息产生相应的代码。

4.3.1 数组和指针是如何访问的

本节讲述对数组的引用和对指针的引用有何不同之处。首先需要注意的是“地址 y”和“地址 y 的内容”之间的区别。这是一个相当微妙之处，因为在大多数编程语言中我们用同一个符号来表示这两样东西，然后由编译器根据上下文环境判断它的具体含义。以一个简单的赋值为例，见图 4-1。

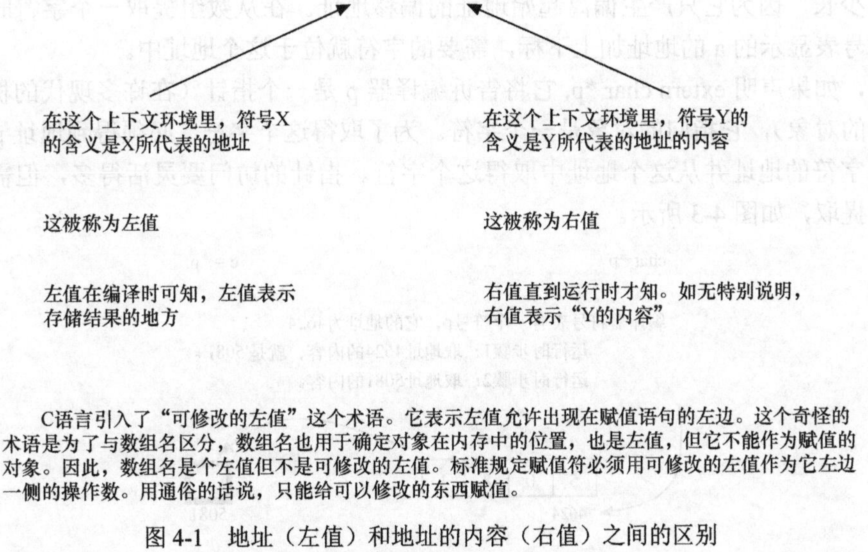
X=Y;
在这个上下文环境里，符号X的含义是X所代表的地址
在这个上下文环境里，符号Y的含义是Y所代表的地址的内容
这被称为左值
这被称为右值
左值在编译时可知，左值表示存储结果的地方
右值直到运行时才知。如无特别说明，右值表示“Y的内容”
C语言引入了“可修改的左值”这个术语。它表示左值允许出现在赋值语句的左边。这个奇怪的术语是为了与数组名区分，数组名也用于确定对象在内存中的位置，也是左值，但它不能作为赋值的对象。因此，数组名是个左值但不是可修改的左值。标准规定赋值符必须用可修改的左值作为它左边一侧的操作数。用通俗的话说，只能给可以修改的东西赋值。

图 4-1 地址（左值）和地址的内容（右值）之间的区别

出现在赋值符左边的符号有时被称为左值（由于它位于“左手边”或“表示地点”），出现在赋值符右边的符号有时则被称为右值（由于它位于“右手边”）。编译器为每个变量分配一个地址（左值）。这个地址在编译时可知，而且该变量在运行时一直保存于这个地址。相反，存储于变量中的值（它的右值）只有在运行时才可知。如果需要用到变量中存储的值，编译器就发出指令从指定地址读入变量值并将它存于寄存器中。

这里的关键之处在于每个符号的地址在编译时可知。所以，如果编译器需要一个地址（可能还需要加上偏移量）来执行某种操作，它就可以直接进行操作，并不需要增加指令首先取得具体的地址。相反，对于指针，必须首先在运行时取得它的当前值，然后才能对它进行解除引用操作（作为以后进行查找的步骤之一）。图 4-2 展示了对数组下标的引用。

char a[9] = "abcdefgh";　　…　　c = a[i];

编译器符号表具有一个地址9980

运行时步骤1：取i的值，将它与9980相加。

运行时步骤2：取地址（9980 + i）的内容。

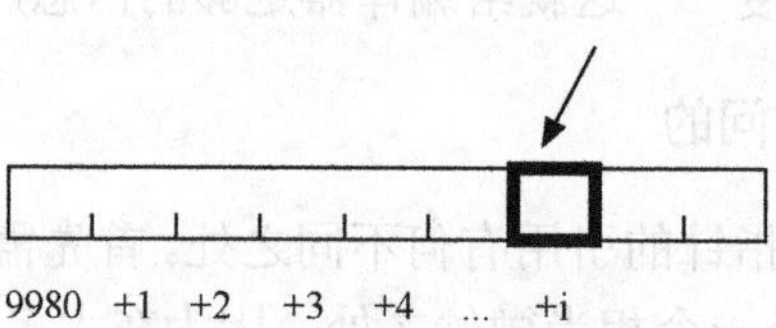

图 4-2　数组的下标引用

这就是为什么 extern char a[]与 extern char a[100]等价的原因。这两个声明都提示 a 是一个数组，也就是一个内存地址，数组内的字符可以从这个地址找到。编译器并不需要知道数组总共有多少长，因为它只产生偏离起始地址的偏移地址。在从数组提取一个字符时，只要简单地将符号表显示的 a 的地址加上下标，需要的字符就位于这个地址中。

相反，如果声明 extern char *p, 它将告诉编译器 p 是一个指针（在许多现代的机器里它是个 4 字节的对象），它指向的对象是一个字符。为了取得这个字符，必须得到地址 p 的内容，把它作为字符的地址并从这个地址中取得这个字符。指针的访问要灵活得多，但需要增加一次额外的提取，如图 4-3 所示。

char *p　　…　　c = *p;

编译器符号表有一个符号p，它的地址为4624

运行时步骤1：取地址4624的内容，就是'5081'。

运行时步骤2：取地址5081的内容。

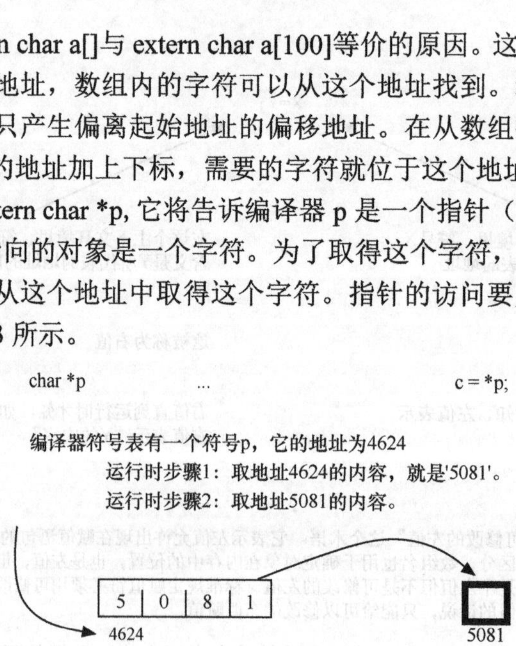

图 4-3　对指针的引用

4.3.2 当“定义为指针，但以数组方式引用”时会发生什么

现在让我们看一下当一个外部数组的实际定义是一个指针，但却以数组的方式对其引用时，会引起什么问题。需要对内存进行直接的引用（如图 4-2 所示），但这时编译器所执行的却是对内存进行间接引用（如图 4-3 所示）。之所以会如此，是因为我们告诉编译器我们拥有的是一个指针，如图 4-4 所示。

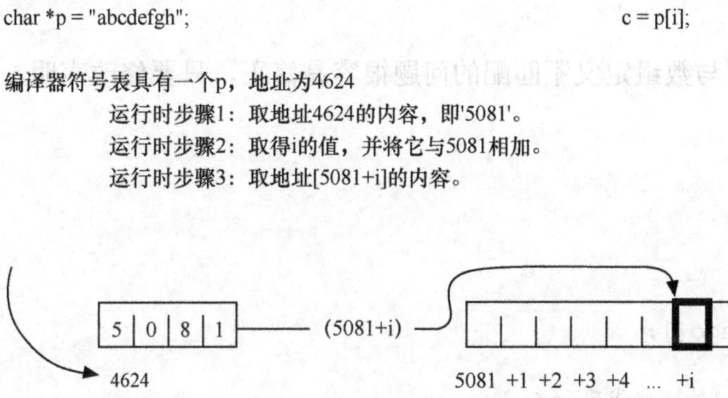

char *p = "abcdefgh";
c = p[i];
编译器符号表具有一个p，地址为4624
运行时步骤1：取地址4624的内容，即'5081'。
运行时步骤2：取得i的值，并将它与5081相加。
运行时步骤3：取地址[5081+i]的内容。
5 0 8 1
(5081+i)
4624
5081 +1 +2 +3 +4 ... +i

图 4-4 对指针进行下标引用

对照图 4-4 的访问方式：

```
char *p = "abcdefgh"; ... p[3]
```

和图 4-2 的访问方式：

```
char a[] = "abcdefgh"; ... a[3]
```

在这两种情况下，都可以取得字符'd'，但两者的途径非常不一样。

当书写了 extern char *p，然后用 p[3]来引用其中的元素时，其实质是图 4-2 和图 4-3 访问方式的组合。首先，进行图 4-3 所示的间接引用。其次，如图 4-2 所示用下标作为偏移量进行直接访问。更为正式的说法是，编译器将会执行如下操作。

1．取得符号表中 p 的地址，提取存储于此处的指针。

2．把下标所表示的偏移量与指针的值相加，产生一个地址。

3．访问这个地址，取得字符。

编译器已被告知 p 是一个指向字符的指针（相反，数组定义告诉编译器 p 是一个字符序列）。p[i]表示“从 p 所指的地址开始，前进 i 步，每步都是一个字符（即每个元素的长度为一个字节）”。如果是其他类型的指针（如 int 或 double 等），其步长（每步的字节数）也各不相同。

既然把 p 声明为指针，那么不管 p 原先是定义为指针还是数组，都会按照上面所示的 3 个步骤进行操作，但是只有当 p 原来定义为指针时这个方法才是正确的。考虑一下 p 在这里

被声明为 extern char *p;，而它原先的定义却是 char p[10];这种情形。当用 p[i]这种形式提取这个声明的内容时，实际上得到的是一个字符。但按照上面的方法，编译器却把它当成是一个指针，把 ACSII 字符解释为地址显然是牛头不对马嘴。如果此时程序宕掉，你应该额手称庆。否则的话，它很可能会污染程序地址空间的内容，并在将来出现莫名其妙的错误。

4.4 使声明与定义相匹配

指针的外部声明与数组定义不匹配的问题很容易修正，只要修改声明，使之与定义相匹配即可。例如：

文件 1：

```
int mango[100];
```

文件 2：

```
extern int mango[];
...
/* 引用 mango[i]的一些代码 */
```

mango 数组的定义分配了 100 个 int 的空间。而指针定义：

```
int *raisin;
```

则申请一个地址容纳该指针。指针的名字是 raisin，它可以指向任何一个 int 变量（或 int 型数组）。指针变量 raisin 本身始终位于同一个地址，但它的内容在任何时候都可以不相同，指向不同地址的 int 变量。这些不同的 int 变量可以有不同的值。mango 数组的地址并不能改变，在不同的时候它的内容可以不同，但它总是表示 100 个连续的内存空间。

4.5 数组和指针的其他区别

比较数组和指针的另外一个方法就是对比两者的特点，见表 4-1。

表 4-1 数组和指针的区别

指 针	数 组
保存数据的地址	保存数据
间接访问数据，首先取得指针的内容，把它作为地址，然后从这个地址提取数据 如果指针有一个下标[i]，就把指针的内容加上 i 作为地址，从中提取数据	直接访问数据，a[i]只是简单地以 a+i 为地址取得数据

续表

指 针	数 组
通常用于动态数据结构	通常用于存储固定数目且数据类型相同的元素
相关的函数为 malloc()、free()	隐式分配和删除
通常指向匿名数据	自身即为变量名

数组和指针都可以在它们的定义中用字符串常量进行初始化。尽管看上去一样，但底层的机制却不相同。

定义指针时，编译器并不为指针所指向的对象分配空间，它只是分配指针本身的空间，除非在定义时同时赋给指针一个字符串常量进行初始化。例如，下面的定义创建了一个字符串常量（为其分配了内存）：

```
char *p = "breadfruit";
```

注意只有对字符串常量才是如此。不能指望为浮点数之类的常量分配空间，如：

```
float *pip = 3.141;          /* 错误！无法通过编译 */
```

在 ANSI C 中，初始化指针时所创建的字符串常量被定义为只读。如果试图通过指针修改这个字符串的值，程序就会出现未定义的行为。在有些编译器中，字符串常量被存放在只允许读取的文本段中，以防止它被修改。

数组也可以用字符串常量进行初始化：

```
char a[] = "gooseberry";
```

与指针相反，由字符串常量初始化的数组是可以修改的。其中的单个字符在以后可以改变，比如下面的语句：

```
strncpy(a, "black", 5);
```

就将数组的值修改为“blackberry”。

第 9 章将讨论指针和数组可以等同的情况，并讨论为什么有时它们可以相等，以及其中的机理是怎样的。第 10 章描述了一些基于指针的数组高级使用技巧。如果能坚持读完那一章，那么，关于数组方面的知识，仅仅是你忘掉的内容也可能比许多 C 程序员总共知道的内容还要多。

指针是 C 语言中最难正确理解和使用的部分之一，可能只有声明的语法比它更麻烦了。然而，它们也是 C 语言中最重要的部分之一。专业 C 程序员必须熟练掌握 malloc()函数，并且学会用指针操纵匿名内存。

4.6 轻松一下——回文的乐趣

回文就是指这样一个单词或短语，即它们顺读和倒读都是一样的。例如：“do geese see

God?”（回答：“O,no!”）。回文是一种室内娱乐游戏，每个人争取回答出最长的句子，同时这个句子多少有点意思。例如拿破仑最后的悔恨之语“Able was I, ere I saw Elba.”。另一个经典的回文则跟开凿巴拿马运河的个人英雄事迹有关，这句话是“A man, a plan, a canal——Panama!”。

当然，不可能由一个人和一个计划就能完成巴拿马运河的修凿。卡耐基-梅隆大学的一位计算机科学研究生 Jim Saxe 注意到了这一点。1983 年 10 月，Jim 闲来无聊，便开始琢磨这句巴拿马回文，并把它扩展为：

A man, a plan, a cat, a canal——Panama?

Jim 把这句话放在其他研究生可以看到的计算机系统上。于是，一场竞赛开始了！

耶鲁大学的 Steve Smith 用下面这句回文调侃上面这种修凿运河的努力：

A tool, a fool, a pool——loopaloofaloota!

几个星期之内，Guy Jacobson 把巴拿马回文扩展为：

A man, a plan, a cat, a ham, a yak, a yam, a hat, a canal——Panama!

现在，人们开始对这个巴拿马回文产生了浓厚的兴趣！刚毕业不久的 Dan Hoey 编写了一个计算机程序，搜寻并创建了下面这个奇观：

A man, a plan, a caret, a ban, a myriad, a sum, a lac, a liar, a hoop, a pint, a catalpa, a gas, an oil, a bird, a yell, a vat, a caw, a pax, a wag, a tax, a nay, a ram, a cap, a yam, a gay, a tsar, a wall, a car, a luger, a ward, a bin, a woman, a vassal, a wolf, a tuna, a nit, a pall, a fret, a watt, a bay, a daub, a tan, a cab, a datum, a gall, a hat, h fag, a zap, a say, a jaw, a lay, a wet, a gallop, a tug, a trot, a trap, a tram, a torr, a caper, a top, a tonk, a toll, a ball, f fair, a sax, a minim, a tenor, a bass, a passer, a capital, a rut, an amen, a ted, a cabal, a tang, a sun, an ass, a maw, a sag, a jam, a dam, a sub, a salt, an axon, a sail, an ad, a wadi, a radian, a room, a rood, a rip, a tad, a pariah, a revel, a reel, a reed, a pool, a plug, a pin, a peek, a parabola, a dog, a pat, a cud, a nu, a fan, a pal, a rum, a nod, an eta, a lag, an eel, a batik, a mug, a mot, a nap, a maxim, a mood, a leek, a grub, a gob, a gel, a drab, a citadel, a total, a cedar, a tap, a gag, a rat, a manor, a bar, a gal, a cola, a pap, a yaw, a tab, a raj, a gab, a nag, a panan, a bag, a jar, a bat, a way, a papa, a local, a gar, a baron, a mat, a rag, a gap, a tar, a decal, a tot, a led, a tic, a bard, a leg, a bog, a burg, a keel, a doom, a mix, a map, an atom, a gum, a kit, a baleen, a gala, a ten, a don, a mural, a pan, a faun, a ducat, a pagoda, a lob, a rap, a keep, a nikp, a gulp, a loop, a deer, a leer, a lever, a hair, a pad, a tapir, a door, a moor, an aid, a raid, a wad, an alias, an ox, an atlas, a bus, a madam ,a jag, a saw, a mass ,an anus, a gnat, a lab, a cadet, an em, a natural, a tip, a caress, a pass, a baronet, a minmax, a sari, a fall, a ballot, a knot, a pot, a rep, a carrot, a mart, a part, atort, agut, a poll, a gateway, a law, a jay, a sap, a zag, a fat, a hall, a gamut, a dab, can, a tabu, a day, a batt, a waterfall, a patina, a nut, a flow, a lass, a van , a mow, a nib, a draw, a regular, a call, a war, a stay, a gam, a yap, a cam , a ray, an ax, a tag, a wax, a paw, a cat, a valley, a drib, a lion, a saga, a plat, a catnip, a pooh, a rail, a calamus, a dairyman, a bater, a canal——Panama.

catalpa（你可能正在疑惑它是什么意思）在美语中是一种树的名称。你可以自己去查一下 axon 和 calamus 的意思。Dan 在注释中说明，如果对搜索算法略加改进，可以使这个序列再长几倍。

这个搜索算法很有创造性——Dan 编写了一个有限状态机，测试一串不完整的回文。在每种情况下，回文中不匹配的部分组成一种状态。从最初的回文出发，Dan 注意到“a canal”中的“a ca”正好位于原先那个回文（A man, a plan, a canal——Panama!）的中间，所以可以在“a plan”的后面增加适当的短语，前提是它的反序正好是一个单词或单词的一部分。

怎样在“a plan”后面插入新的单词呢？首先插入一个“a ca”，这样就形成了“..., a plan, a ca...a canal,...”的序列，如果“ca”是一个单词就大功告成。但现在还没有，所以要增加几个字母和“ca”放在一起，使之形成一个完整的单词，然后在它的右边增加这几个字母的反序。例如，若在“ca”右边增加了“ret”组成“caret”，那么就要在“caret”的右边加上“ter”。

在每次插入单词时，把所增加的单词多余的几个字母反序，作为所寻找的下一个单词的开始部分。表 4-2 展示了这个过程。

表 4-2　　创建回文

状态“-aca”：	“A man, a plan, ... a canal, Panama”
状态“ret-”：	“... a plan, a caret, ... a canal, Panama”
状态“-aba”：	“... a plan, a caret, ... a bater, a canal, ...”
状态“n-”：	“... a caret, a ban, ...a bater, a canal,...”
状态“-adairyma”：	“...a caret, a ban, ... a dairyman, a bater, ...”
状态“-a”：	“... a ban, a myriad, ... a dairyman, a bater, ...”

有限状态机可以接受的状态就是那些本身就是回文的未匹配部分。换句话说，在任何时候，如果刚刚插入的几个字母本身也是回文时，任务就宣告完成。在这个例子里，最后一次插入之前的状态是“... a nag, gan, ...”，在中间插入“apa”形成“...a nag, a pagan, ...”。由于“apa”本身就是回文，所以算法就可以结束。

Dan 使用了一个只包含名词的小型单词列表。如果不是这样，就会得到一大串“a how, a running, a would, an expect, an and...”之类不着边际的短语。另一种办法是选择真正的在线词典（而不仅仅是单词列表），它能提示哪些单词是名词。如果使用这种方法，就能产生一个真正巨型的回文。但 Dan 认为：“如果我弄出 1 万个单词的回文，我不知道是否会有人去认真阅读它。我喜欢现在的这个，因为作为炫耀的资本，这些已经足够了。我已经不想再在这上面花脑筋了。”他说的没错！

编程挑战

编写回文

试试你的才华：编写一个 C 程序，产生 1 万个单词的回文。把它贴到 Usenet 上的 rec.arts.startrek，使自己名扬四海。他们已经厌倦了讨论 Kirk 上尉的中间名字，喜欢看到一些新鲜的东西。

第 5 章

对链接的思考

Pall Mall Gazette 于 1889 年 3 月 11 日描述“托马斯·爱迪生先生最近两晚都没合眼，他在他的留声机里发现了一个 Bug”。

——*托马斯·爱迪生发现 Bug，1878 年*

先驱的 Harvard Mark Ⅱ 计算机系统有一本日志，现保存在位于 Smithsonian 的美国国家历史博物馆。1947 年 9 月 9 日的日志记录里有一只昆虫的遗蜕，可能是它偶尔飞到书页中，当书合上时被夹在了那里。记录里有个标签，标题是“Relay #70 Panel F（飞蛾） in relay”，在这下面，记录了这么一句话“发现了第一个 Bug 实例”。

——*Grace Hopper 发现 Bug，1947 年*

当我们刚开始编程时，就惊奇地发现要让程序正确运转比想象的要难。我们不得不使用调试技术。我还清楚地记得那一刻，从那时开始我就领悟到，从我自己的程序里寻找错误将成为我生活的一个重要组成部分。

——*Maurice Wilkes 发现 Bug，1949 年*

程序测试可用于发现 Bug，从来不曾有一个测试未发现 Bug。

——*Edsger W. Dijkstra 发现 Bug，1972 年*

5.1 函数库、链接和载入

一开始，让我们回顾一下链接器（linker）的基础知识：编译器创建一个输出文件，这个文件包含了可重定位的对象。这些对象就是与源程序对应的数据和机器指令。本章所使用的实例就是存在于所有 SRV4 系统中的复杂链接形式。

链接器位于编译过程的哪一阶段

绝大多数编译器并不是一个单一的庞大程序。它们通常由多达六七个稍小的程序所组成，这些程序由一个叫作“编译器驱动器”（compiler driver）的控制程序来调用。这些可以方便地从编译器中分离出来的单独程序包括预处理器（preprocessor）、语法和语义检查器（syntactic and semantic checker）、代码生成器（code generator）、汇编程序（assembler）、优化器（optimizer）、链接器（linker），当然还包括一个调用所有这些程序并向各个程序传递正确选项的驱动器程序（driver program）（见图 5-1）。优化器几乎可以加在上述所有阶段的后面。当前的 SPARC 编译器在编译器的前端和后端之间的中间表示层执行绝大部分的优化措施。

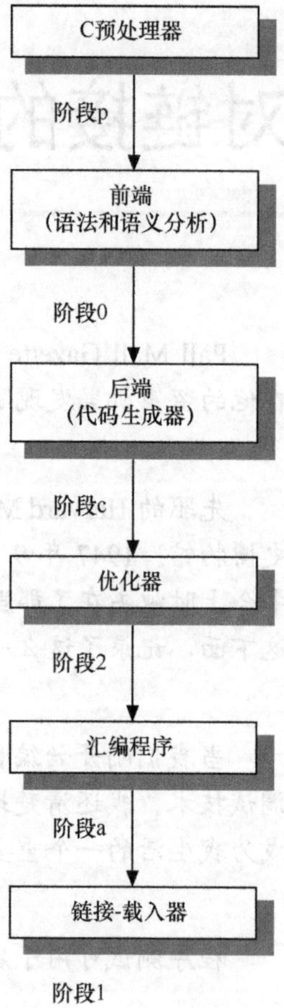

图 5-1　编译器通常分割成几个更小的程序

它们之所以分成几个独立的程序，是因为在程序中如果每个具有特定功能的部分自身都是一个完整的程序，就会更容易设计和维护。例如，控制预处理过程的规则是预处理阶段所独有的，它跟 C 语言的其他部分并没多少共同之处。C 预处理器经常（但并不总是）是一个独立的程序。如果代码生成器（又称为“后端”）被编写成一个独立的程序，它很可能可以被其他语言共享。这种设计方法的代价是运行几个更小的程序比运行一个大型程序所花费的时间要长（因为存在初始化进程以及在各个阶段之间传递信息的开销）。可以使用-#选项查看编译过程的各个独立阶段。-V 选项能提供版本信息。

可以通过给编译器驱动器一个特殊的-W 选项（表示传递这个选项到那个阶段）向各个阶段传递选项信息。“W”后面跟一个字符（提示哪个阶段），一个逗号，然后就是具体的选项。代表各个阶段的字符也出现在图 5-1 中。

所以，如果要从编译器驱动器向链接器传递任何选项，必须在具体的选项前面加上-W1 前缀，告诉编译器驱动器这个选项是想传给链接器，而不是预处理器或编译器或汇编程序或其他编译阶段。下面这条命令：

```
cc -W1, -m main.c > main.linker.map
```

将-m 选项传递给链接-载入器，要求它产生链接器映像。你应该试上几次，看看它所产生的是何种信息。

目标文件并不能直接执行，它首先需要载入到链接器中。链接器确认 main 函数为初始进入点（程序开始执行的地方），把符号引用（symbolic reference）绑定到内存地址，把所有的目标文件集中在一起，再加上库文件，从而产生可执行文件。

用于 PC 的链接机制与那些用于更大系统的链接机制有着巨大的差别。PC 的链接器一般只提供几个基本的 I/O 服务，就是被称作 BIOS 的程序。它们存在于内存中固定的地点，并不是每个可执行文件的一部分。如果 PC 程序或程序套件需要更高级的服务，可以通过库函数提供，但编译器必须把库函数链接到每个可执行文件中。在 MS-DOS 中，没有办法推断出函数库对其中哪些程序较为常用，从而只在 PC 上安装一次。

UNIX 系统以前也是如此。当链接程序时，需要使用的每个库函数的一份副本被加入到可执行文件中。近几年，一种更为现代和优越的被称作动态链接的方法逐渐被采用。动态链接允许系统提供一个庞大的函数库集合，可以提供许多有用的服务。但是，程序将在运行时寻找它们，而不是把这些函数库的二进制代码作为自身可执行文件的一部分。IBM 的 OS/2 操作系统具有动态链接的功能，Microsoft 的 Windows NT 操作系统也具有动态链接功能。Microsoft 在它的 Windows 桌面操作系统中也采用了动态链接。

如果函数库的一份副本是可执行文件的物理组成部分，那么我们称之为静态链接；如果可执行文件只是包含了文件名，让载入器在运行时能够寻找程序所需要的函数库，那么我们称之为动态链接。收集模块准备执行的 3 个阶段的规范名称是链接-编辑（link-editing）、载入（loading）和运行时链接（runtime linking）。静态链接的模块被链接编辑并载入以便运行。动态链接的模块被链接编辑后载入，并在运行时进行链接以便运行。程序执行时，在 main()函数被调用前，运行时载入器把共享的数据对象载入到进程的地址空间。外部函数被真正调用之前，运行时载入器并不解析它们。所以即使链接了函数库，如果并没有实际调用，也不会带来额外开销。这两种链接方法在图 5-2 中做了比较。

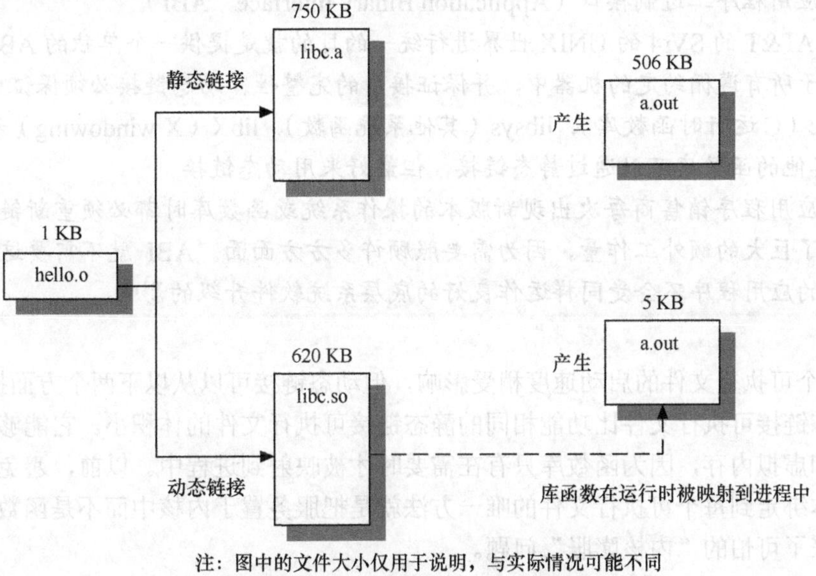

图 5-2　静态链接与动态链接

即使是在静态链接中，整个 libc.a 文件也并没有被全部装入到可执行文件中，所装入的只是所需要的函数。

5.2　动态链接的优点

动态链接是一种更为现代的方法，它的优点是可执行文件的体积可以非常小。虽然运行速度稍慢一些，但动态链接能够更加有效地利用磁盘空间，而且链接-编辑阶段的时间也会缩短（因为链接器的有些工作被推迟到载入时）。

小 启 发

动态链接的目的之一是 ABI

动态链接的主要目的就是把程序与它们使用的特定的函数库版本中分离开来。取而代之的是，我们约定由系统向程序提供一个接口，该接口保持稳定，不随时间和操作系统的后续版本发生变化。

程序可以调用接口所承诺的服务，而不必考虑这些功能是怎样提供的或者它们的底层实现是否改变。由于它是介于应用程序和函数库二进制可执行文件所提供的服务之间的接口，所以称它为应用程序二进制接口（Application Binary Interface，ABI）。

将基于 AT&T 的 SVr4 的 UNIX 世界进行统一的目的就是提供一个单独的 ABI。ABI 保证函数库存在于所有遵循约定的机器中，并保证接口的完整性。动态链接必须保证 4 个特定的函数库：libc（C 运行时函数库）、libsys（其他系统函数）、libX（X windowing）和 libnsl（网络服务）。其他的函数库可以通过静态链接，但最好采用动态链接。

过去，应用程序销售商每次出现新版本的操作系统或函数库时都必须重新链接它们的软件。这带来了巨大的额外工作量，因为需要照顾许多方方面面。ABI 就不需要这样做，它保证运作良好的应用程序不会受同样运作良好的底层系统软件升级的影响。

尽管单个可执行文件的启动速度稍受影响，但动态链接可以从以下两个方面提高性能。

1. 动态链接可执行文件比功能相同的静态链接可执行文件的体积小。它能够节省磁盘空间和虚拟内存，因为函数库只有在需要时才被映射到进程中。以前，避免把函数库的副本绑定到每个可执行文件的唯一方法就是把服务置于内核中而不是函数库中，这就带来了可怕的“内核膨胀”问题。
2. 所有动态链接到某个特定函数库的可执行文件在运行时共享该函数库的一个单独副本。操作系统内核保证映射到内存中的函数库可以被所有使用它们的进程共享。这就提供了更好的 I/O 和交换空间利用率，节省了物理内存，从而提高了系统的整体性能。如果可执行文件是静态链接的，那么每个文件都将拥有一份函数库的副本，显然极为浪费。

例如，如果有 8 个基于 XView™函数库的应用程序正在运行，只需要把一个 XView 函数库文本段映射到内存中。第一个进程的 mmap[1]调用将使内核把共享对象映射到内存中。其余 7 个进程的 mmap 调用将使内核把已经映射到内存中的对象由各个进程共享。这 8 个进程的每一个都将共享内存中的同一份 XView 函数库副本。如果函数库是静态链接的，将会有 8 份函数库副本映射到内存中，这将消耗更多的物理内存，引起更多的换页。

动态链接使得函数库的版本升级更为容易。新的函数库可以随时发布，只要安装到系统中，旧的程序就能够自动获得新版本函数库的优点而无须重新链接。

最后（虽然并不常见，但仍可能出现），动态链接允许用户在运行时选择需要执行的函数库。这就使为了提高速度或提高内存使用效率或包含额外的调试信息而创建新版本的函数库是完全可能的，用户可以根据自己的喜好，在程序执行时用一个库文件取代另一个库文件。

动态链接是一种“just-in-time（JIT）”链接，这意味着程序在运行时必须能够找到它们所需要的函数库。链接器通过把库文件名或路径名植入可执行文件中来做到这一点。这意味着，函数库的路径不能随意移动。如果把程序链接到/user/lib/libthread.so 库，那么就不能把该函数库移动到其他的目录，除非在链接器中进行特别说明。否则，当程序调用该函数库的函数时，就会在运行时导致失败，并给出这样一条错误信息：

```
ld.so.1: main: fatal: libthread.so: can't open file: errno = 2
```

当在一台机器上编译完程序后，把它拿到另一台不同的机器上运行时，也可能出现这种情况。执行程序的机器必须具有所有该程序需要链接的函数库，而且这些函数库必须位于链接器中所说明的目录。对于标准系统函数库而言，这并不成问题。

使用共享函数库的主要原因就是获得 ABI 的好处——你的软件不必因新版本函数库或操作系统的发布而重新链接。附带的一个好处是，它也能提高系统的总体性能。

任何人都可以创建静态或动态的函数库。只需简单地编译一些不包含 main 函数的代码，并把编译所生的.o 文件用正确的实用工具进行处理：如果是静态库，则使用 ar；如果是动态库，则使用 ld。

软件信条

只使用动态链接

动态链接现在是运行 System V release 4 UNIX 的计算机所采用的缺省设置。从作用上

1 系统调用 mmap()把文件映射到进程的地址空间中。这样，文件的内容可以通过读取连续的内存地址来获得。当文件包含可执行文件的指令时，这种方法尤为适宜。在 SVr4 系统中，文件系统被当作虚拟内存系统的一部分，而 mmap 就是一种把文件映射到内存的机制。

看，静态链接现已过时，只能静静躺在一边睡大觉。

使用静态链接的最大危险在于将来版本的操作系统可能与可执行文件所绑定的系统函数库不兼容。如果应用程序静态链接于版本 N 的操作系统中，则当把程序运行于版本 N+1 的操作系统上时，它可能会立即崩溃，也可能出现一个不明显的错误。

我们无法保证早期版本的系统函数库能够在后期版本的系统上正确地运行。事实上，反过来考虑倒还比较保险一点。但是，如果应用程序动态链接到版本 N 的系统函数库，那么当它运行于版本 N+1 的操作系统上时，它就会正确选取 N+1 版本的系统函数库。相反，静态链接的应用程序不得不针对每个新版本的操作系统进行重新生成以保证能够运行。

而且，有些函数库（如 libaio.so、libdl.so、libsys.so、libsolv.so 以及 librpcsvc.so 等）只能以动态链接的形式使用。如果在应用程序中使用了这些函数库中的任何一个，你的程序就必须使用动态链接。最好的策略就是所有的应用程序都使用动态链接，这就可以避免可能产生的问题。

静态库被称作 archive，它们通过 ar（用于 archive 的实用工具）来创建和更新。ar 工具的名字取得不太好，如果广告学的原理也适用于软件的话，那么它应该取一个类似 glue_files_together（把文件粘在一起）的名字，或干脆就取 static_library_updater （静态库更新器）。静态库约定在它们的文件名中使用“.a”作为扩展名。我在这里没有给出一个创建静态库的例子，因为它们现在已经过时，我并不想鼓励任何人停留在精神世界进行交流。

在 SVr3 中，还存在一种中间性质的链接，介于静态链接和动态链接之间，称为“静态共享库”（static shared libraries）。在生命期内，它们的地址始终固定，这样它们就可以直接绑定到应用程序中，较之动态链接少了一层中间环节。另外，它们显得不是很灵活，而且需要操作系统提供很多支持。因此，以后不再讨论它们。

动态链接库由链接编辑器 ld 创建。根据约定，动态库的文件扩展名为“.so”，表示“shared object”（共享对象）——每一个链接到该函数库的程序都共享它的同一份副本。而静态链接则相反，每个对象都拥有一份该函数库内容的副本，这显得很浪费。动态链接库的最简单形式可以通过在 cc 命令上加上-G 选项来创建，如下所示：

```
% cat  tomato.c
    my_lib_function() { printf("library routine called\n"); }

% cc  -o libfruit.so -G tomato.c
```

然后，就可以利用这个动态链接库来编写程序了，并且使用下面这种方法与函数库进行链接：

```
% cat  test.c
    main() { my_lib_function(); }

% cc  test.c -L/home/linden -R/home/linden -lfruit
```

```
% a.out
library routine called
```

-L/home/linden 和–R/home/linden 选项分别告诉链接器在链接时和运行时从哪个目录寻找需要链接的函数库。

你很可能还想使用编译器选项-K pic 来为函数库产生与位置无关的代码。与位置无关的代码表示用这种方法产生的代码保证对于任何全局数据的访问都是通过额外的间接方法来完成的。这使它很容易对数据进行重新定位，只要简单地修改全局偏移量表的其中一个值就可以了。类似地，每个函数调用的产生就像是通过过程链接表的某个间接地址所产生的一样。这样，文本可以很容易地重新定位到任何地方，只要修改一下偏移量表就可以了。所以当代码在运行时被映射进来时，运行时链接器可以直接把它们放在任何空闲的地方，而代码本身并不需要修改。

在缺省情况下，编译器并不产生与位置无关的代码，因为额外的指针解除引用操作将使程序在运行时稍稍变慢。然而，如果不使用与位置无关的代码，则所产生的代码就会被对应到固定的地址，这对于可执行文件来说确实很好，但对于共享库，速度却要慢一点，因为现在每个全局引用就不得不在运行时通过修改页面安排到固定的位置，这就使得页面无法共享。

运行时链接器总能够安排对页面的引用。但是，使用位置无关代码可以极大地简化任务。当然需要权衡一下，位置无关代码与由运行时链接器安排代码相比，速度是快了还是慢了。根据经验，对于函数库应该始终使用与位置无关的代码。对于共享库，与位置无关的代码显得格外有用，因为每个使用共享库的进程一般都会把它映射到不同的虚拟地址（尽管共享同一份物理副本）。

一个相关的术语是“纯代码”(pure code)。纯可执行文件是只包含代码（无静态或初始化过的数据）的文件。之所以称为“纯”，是因为它不必进行修改就能被其他特定的进程执行。它从堆栈或者其他（非纯）段引用数据。纯代码段可以被共享。如果生成与位置无关的代码（意味着共享），你通常也希望它是纯代码。

5.3 函数库链接的5个特殊秘密

当使用函数库时，需要掌握5个基本的不明显的约定。绝大多数C语言图书或手册对此并没有作出清楚的解释。这可能是因为编程语言的文档认为链接是操作系统的一部分。但是，设计操作系统的人却认为链接是语言的一部分。结果，除非是链接器开发队伍的人参与进来，否则人们顶多也就偶尔提到它一下。这里展示了关于UNIX链接的真实情况。

1．动态库文件的扩展名是“.so”，而静态库文件的扩展名是“.a”

按照约定，所有动态库的文件名的形式是 libname.so（可能在名字中加入版本号）。这样，线程函数库便被称作 libthread.so。静态库的文件名形式是 libname.a，共享 archive 的文件名形式是 libname.sa。共享 archive 只是一种过渡形式，帮助人们从静态库转变到动态库。共享 archive

现在也已过时。

2．例如，通过-lthread 选项，告诉编译链接到 libthread.so

传给 C 编译器的命令行参数里并没有提到函数库的完整路径名。它甚至没有提到在函数库目录中该文件的完整名字！实际上，编译器被告知根据选项-lname 链接到相应的函数库，函数库的名字是 linbname.so——换句话说，“lib”部分和文件的扩展名被省掉了，但在前面加了一个“-l”。

3．编译器期望在确定的目录找到库

这里你可能会疑惑，编译器是怎么知道该往什么目录寻找函数库呢？就像存在一种特殊的规则用于查找头文件一样，编译器也自有办法来寻找函数库。它查看一些特殊的位置，如在/usr/lib 中查找函数库。例如，线程库位于/usr/lib/libthread.so。

编译器选项-Lpathname 告诉链接器一些其他的目录，如果命令中加入了-l 选项，链接器就往这些目录查找函数库。系统中的环境变量 LD_LIBRARY_PATH 和 LD_RUN_PATH 用于提供这类信息。出于安全性、性能和创建/运行独立性方面的考虑，使用环境变量的做法现在已经不提倡。一般还是在链接时使用-Lpathname 和-Rpathname 选项。

4．观察头文件，确认所使用的函数库

你有可能遇见的另一个关键问题是“我怎么知道必须链接到哪些函数库”。答案正如 ObiWan Kenobi 在 *Star Wars* 所清楚表达的那样（大意）：“卢克，使用源码!”。如果观察程序中的源代码，就会发现自己调用了一些自己不曾实现的函数。例如，如果程序跟三角有关，可能会调用像 sin()和 cos()这样的函数，它们可以在 math 函数库中找到。文档中显示了每个函数期望接收的正确的参数类型，并说明它位于哪个函数库。

一个很好的建议就是可以观察程序所使用的#include 指令。在程序中所包含的每个头文件都可能代表一个必须链接的库。这个建议也适用于 C++。这里出现了一个名字不一致的大问题。头文件的名字通常并不与它所对应的函数库名相似。非常遗憾！这是你“不得不知道的”C 语言的一个混乱之处。表 5-1 展示了一些常见的例子。

表 5-1　　Solaris 2.x 下的库约定

#include 文件名	库路径名	所用的编译器选项
<math.h>	/usr/lib/libm.so	-lm
<math.h>	/usr/lib/libm.a	-dn -lm
<stdio.h>	/usr/lib/libc.so	自动链接
"/usr/openwin/include/X11.h"	/usr/openwin/lib/libX11.so	-L/usr/openwin/lib –lX11
<thread.h>	/usr/lib/libthread.so	-lthread
<curses.h>	/usr/lib/libcurses.a	-lcurses
<sys/socket.h>	/usr/lib/libsocket.so	-lsocket

函数库链接所存在的另一个不一致性就是函数库包含许多函数的定义，但这些函数的原型声明却散布于多个头文件中。例如，在头文件<string.h>、<stdio.h>和<time.h>中声明的函数通常是在同一个库 libc.so 中提供。如果你不信，可以使用 nm 命令列出函数库所包含的函数。在下面的小启发栏目里我将详细讨论这一点。

小 启 发

怎样在函数库中观察一个符号

如果在链接程序时遇到下面这种错误：

```
ld: underfined symbol
    _xdr_reference
*** Error code 2
make: Fatal error: Command failed for target 'prog'
```

它提示找不到符号 xdr_reference 的定义。这里有一种方法，可以通过它找到需要链接的库。基本的想法是使用 nm 命令在/usr/lib 的每个函数库中浏览所有的符号，从中寻找所丢失的符号。在缺省情况下，链接器会在/usr/ccs/lib 和/usr/lib 中查找，你也应该从这两个地方着手，如果在那里找不到就进一步扩展查找范围（如 sur/openwin/lib）。

```
% cd  /usr/lib
% foreach i (lib?*)
? echo $i
? nm $i | grep xdr_refrence | grep -v UNDEF
? end
libc.so
libnsl.so
[2491] | 217028 | 196 | FUNC | GLOB | 0 | 8 | xdr_reference
libposix4.so
...
```

这会在该目录中的所有函数库上运行 nm 命令，它显示函数库中已知的符号列表。通过 grep 设定需要搜索的符号，并过滤掉标记为 UNDEF 的符号（在该函数库中有引用，但并不是在此处定义）。结果显示 xdr_reference 位于 libnsl 库。需要在编译器命令行的末尾加上-lnsl。

5. 与提取动态库中的符号相比，静态库中的符号提取的方法限制更严

最后，在动态链接和静态链接的链接语义上还存在一个额外的巨大区别，它经常会迷惑不够仔细的用户。archive（静态库）与共享对象（动态库）的动作不同。在动态链接中，所有的库符号进入输出文件的虚拟地址空间中，所有的符号对于链接在一起的所有文件都是可见的。相反，对于静态链接，在处理 archive 时，它只是在 archive 中查找载入器当时所知道的未定义符号。

简而言之，在编译器命令行中各个静态链接库出现的顺序是非常重要的。链接器会被"函数库是在哪里提到的？""它是以什么次序出现的？"之类的问题搞得手忙脚乱，因为符号是通过从左到右的顺序进行解析的。如果相同的符号在两个不同的函数库中有不同的定义，且静态库出现的顺序不同，其结果就有可能不同。若是你故意如此，对于怎样避免这种做法可能带来的危险，你想必已是胸有成竹了。

如果在自己的代码之前引入静态库，又会带来另一个问题。因为此时尚未出现未定义的符号，所以它不会从函数库中提取任何符号。接着，当目标文件被链接器处理时，它所有的对函数库的引用都将是未实现的！虽然自 UNIX 诞生以来，情况一直就是这样，但许多人对此显然没有思想准备。只有极少数的命令要求它们的参数以某个特定的顺序出现，一旦搞错顺序，它们通常直接发出错误信息。所有的新手在明白这些概念之前对链接的这方面问题感到困惑不已。而一旦明白了概念，又对概念本身感到困惑。

这个问题最常出现于有人链接 math 库的时候。math 库在许多测试程序和应用程序中使用频率非常高，所以我们想竭力提升它的运行时性能，哪怕只是微乎其微的提升。结果，libm 经常是以静态链接的 archive 形式存在。如果你的程序使用了一些数学函数如 sin()等，若像下面这样进行静态链接：

```
cc  -lm  main.c
```

则会得到一条错误信息，如下：

```
Undefined              first referenced
symbol                 in file
sin                    main.o
ld: fatal: Symbol referencing errors. No output written to a.out
```

为了能从 math 库中提取所需的符号，首先需要让文件包含未解析的引用，如下所示：

```
cc main.c -lm
```

对于不够仔细的人，这样显然会带来无尽的烦恼。每个人都习惯了通用的命令形式<命令><选项><文件>，所以让链接器采用<命令><文件><选项>这样的约定是很容易引起混淆的。而且，它会平静地接受第一种形式，却给出错误的结果，这进一步增加了引起混淆的可能性。SUN 的编译器小组对编译器驱动的某个方面进行了改进，这样它们就能处理这种情况。我们修改了 SunOS 4.x 中的独立编译器驱动，从 SC 0.0 转到 SC 2.0.1，这样，当用户忽略了-lm 选项时，编译器也能进行正确的处理。但是，虽然它能够正确执行，但毕竟与 AT&T 的做法不一样，从而破坏了与 System V Interface Definition（系统 5 界面定义）的一致性，所以我们不得不恢复原来的做法。无论如何，从 SunOS 5.2 起，我们提供了动态链接版本的 math 库，它位于/usr/lib/libm.so。

小启发

函数库选项应置于何处

始终将-l 函数库选项放在编译命令行的最右边。

在 PC 上，当 Borland 的编译器驱动器试图猜测需要链接的浮点库时，也会出现类似的问题。不幸的是，它们有时会猜测错误，从而导致下面的错误：

```
scanf : floating point formats not linked
Abnormal program termination(scanf:浮点格式未链接，程序异常中止)
```

当程序在 scanf()或 printf()中使用浮点数格式，但并不调用任何其他浮点数函数时，就有可能猜测错误。工作区可以在将被载入链接器的模块里声明像下面这样的函数，从而向链接器提供更多的线索：

```
static void forcefloat(float *p)
{ float f = *p; forcefloat(&f); }
```

不要实际调用这个函数，只要保证它被链接即可。这样就能给 Borland PC 的链接器提供一个足够可靠的线索，即该浮点库确实是需要的。

另外还有一条类似的信息，当软件需要数值协处理器而计算机却未安装它时，Microsoft C 运行时系统会打印出一条信息，表示“浮点数未载入”。可以使用浮点数仿真库重新链接程序来解决这个问题。

5.4 警惕 Interpositioning

Interpositioning（有些人称它为“interposing”）就是通过编写与库函数同名的函数来取代该库函数的行为。这是一种只有那些喜欢在没有安全网的快车道沿边疾行的人才能享受的技巧。它可以使库函数在特定的程序中被同名的用户函数所取代，这通常是用于调试或为了提高效率。但是，就像使用一把没有保险栓的手枪一样，专家可以因此获得更快的速度，但新手在使用中却极易伤害自己。

使用 Interpositioning 时需要格外小心，因为很容易发生自己代码中某个符号的定义取代函数库中相同符号的意外。不仅你自己所进行的所有对该库函数的调用将被自己版本的函数调用所取代，而且所有调用该库函数的系统调用也将用你的函数取而代之。当编译器注意到库函数被另外一个定义覆盖时，它通常不会给出错误信息。这也是遵循 C 语言的设计哲学，即程序员所做的都是对的。在这里，编译器也认为这是程序员的意图。

多年来，我们尚没有见到令人信服的例子，证明某种效果只能通过 Interpositioning 有效地实现，而无法用其他方法（或许麻烦一些）来完成。我们曾见到过许多例子，即一个伴随 Interpositioning 的缺省全局作用域的符号导致难以寻找的 Bug（见图 5-3）。我们见到过十几个 Bug 报告和重大软件问题，有些甚至出自学识渊博的软件开发人员之手。令人不快的是，Interpositioning 本身并不是 Bug，它是编译器明确要求支持的。

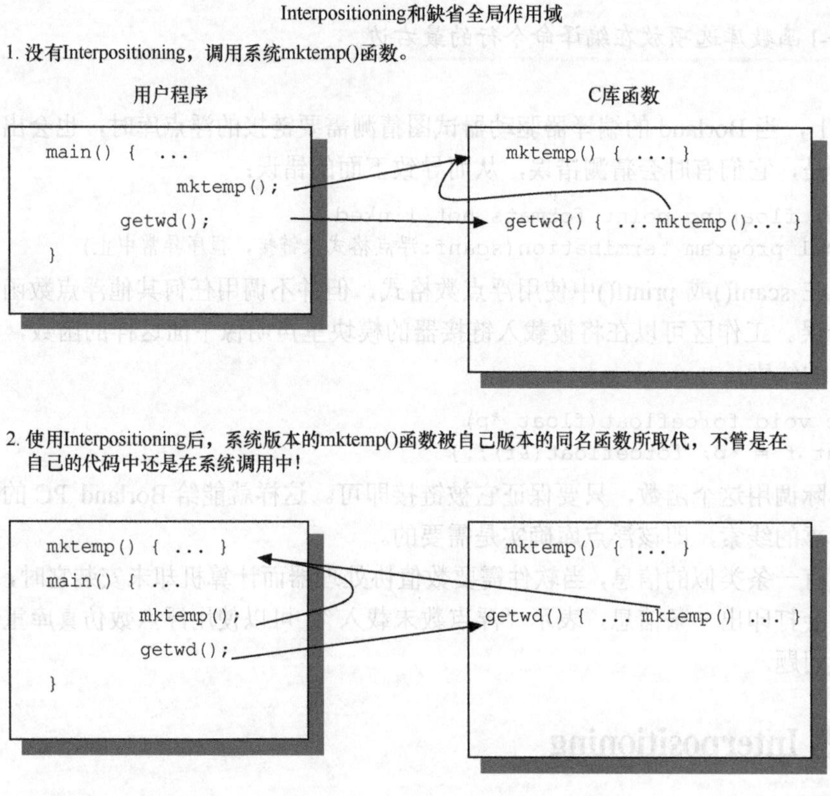
Interpositioning和缺省全局作用域
1. 没有Interpositioning，调用系统mktemp()函数。
用户程序
C库函数
main() { ...
mktemp();
getwd();
}
mktemp() { ... }
getwd() { ... mktemp()... }
2. 使用Interpositioning后，系统版本的mktemp()函数被自己版本的同名函数所取代，不管是在自己的代码中还是在系统调用中！
mktemp() { ... }
main() { ...
mktemp();
getwd();
}
mktemp() { ... }
getwd() { ... mktemp() ... }

图 5-3　Interpositioning 和缺省全局作用域示意图

绝大多数程序员都没记住 C 标准库中所有函数的名字，而且像 index 或 mktemp 这样常见的名字，其重复概率之高令人吃惊。有时候，这方面的 Bug 会带入产品代码中。

软件信条

SunOS 中跟 Interpositioning 有关的一个 Bug

在 SunOS 4.0.3 下，打印程序/usr/ucb/lpr 有时会产生一条错误信息，表示“内存不足”，并拒绝执行打印任务。这个错误偶尔发生，非常难以追踪。最后，我们终于把问题弄清，原来这是一个无意产生的 Interpositioning 导致的 Bug。

编写 lpr 的那个程序员在实现 lpr 时创建了一个缺省情况下为全局的函数 mktemp()，它要求接受 3 个参数。那个程序员并不知道在 C 函数库（ANSI 之前）中已经存在一个名叫 mktemp() 的函数，它的功能相似，但只接受一个参数。

不幸的是，lpr 也调用库函数 getwd()，而后者在内部需要使用库函数版本的 mktemp。事实上，它所使用的是 lpr 的版本！这样，当 getwd()调用 mktemp 时，它把一个参数放到堆栈中。但是，lpr 版本的 mktemp 却提取 3 个参数，其中两个参数的内容显然是垃圾。根据垃圾内容的不同，有时 lpr 会因为"内存不足"而失败。

准则：不要让程序中的任何符号成为全局的，除非有意把它们作为程序的接口之一。

通过把 lpr 的 mktemp 函数声明为 static 函数，使它在所在文件之外不可见（也可以给它另外取一个名字），问题得到了修正。mktemp 现在已被 ANSI C 标准库函数 tmpnam 所取代，然而 Interpositioning 造成问题的机会依然存在。

表 5-2 列出的标识符不应该出现在自己程序的声明中。其中有些标识符是始终保留的，其他一些则只有在包含一个特定的头文件后才是保留的。还有些标识符只在全局范围内才是保留的，其他一些则无论在全局范围还是在文件范围内都予以保留。同时要注意所有的关键字都是保留的，但为了简单起见并未在表中列出。避免麻烦最容易的方法就是认为这些标识符始终属于系统所有，不把它们用作自己的标识符。

有几项看上去像这样：is[a-z] anything。

这表示任意以"is"开头，后面跟一个从 a～z 的小写字母（但不包括诸如数字之类的东西），然后再接任意字符。

另外有几项看上去像这样：acos, -f, -l。

它表示 3 个标识符 acos、acosf、acosl 都是保留的。所有位于 math 头文件内的函数都有一个接受一个 double 参数的基本版本。那里也可能有两个额外的版本：基本名后加后缀 l 表示该函数接受一个 long double 参数；基本名后加后缀 f 表示该函数接受一个 float 参数。

表 5-2　避免使用的标识符（在 ANSI C 被系统保留）

不要在标识符中使用这些名字			
_anything			
abort	abs	acos, -f, -l	asctime
asin,-f,-l	assert	atan, -f, -l	atan2, , -f, -l
atexit	atof	atoi	atol
bsearch	BUFSIZ	calloc	ceil, -f, -l

续表

不要在标识符中使用这些名字			
CHAR_BIT	CHAR_MAX	CHAR_MIN	clearerr
clock	click_t	CLOCKS_PER_SEC	cos, -f, -l
cosh, -f, -l	ctime	currency_symbol	DBL_DIG
DBL_EPSILON	DBL_MANT_DIG	DBL_MAX	DBL_MAX_10_EXP
DBL_MAX_EXP	DBL_MIN	DBL_ MIN_10_EXP	DBL_MIN_EXP
decimal_point	defined	difftime	div
div_t	E[0-9]	E[A-Z]*anything*	
errno	exit	EXIT_FAILURE	EXIT_SUCCESS
exp, -f, -l	fabs, -f, -l	fclose	feof
ferror	fflush	fgetc	fgetpos
fgets	FILE	FILENAME_MAX	floor, -f,-l
FLT_DIG	FLT_MAX_EXP	FLT_MANT_DIG	FLT_MAX
FLT_MAX_10_EXP	FLT_MAX_EXP	FLT_MIN	FLT_MIN_10_EXP
FLT_MIN_EXP	FLT_RADIX	FLT_ROUNDS	fmod, -f, -l
fopen	FOPOEN_MAX	fpos_t	fprintf
fputc	fputs	frac_digits	fread
free	freopen	frexp, -f, -l	fscanf
fseek	fsetpos	ftell	fwrite
getc	getchar	getenv	gets
gmtime	grouping	HUGE_VAL	int_curr_symbol
int_frac_digits	INT_MAX	INT_MIN	is[a-z]*anything*
jmp_buf	L_tmpnam	labs	LC_[A-Z]*anything*
lconv	LDBL_DIG	LDBL_EPSILON	LDBL_MANT_DIG
LDBL_MAX	LDBL_MAX_10_EXP	LDBL_MAX_EXP	LDBL_MIN

续表

不要在标识符中使用这些名字

LDBL_MIN_10_EXP	LDBL_MIN_EXP	ldexp, -f, -l	ldiv
ldiv_t	localeconv	localtime	log, -f, -l
log10, -f, -l	LONG_MAX	LONG_MIN	longjmp
malloc	MB_CUR_MAX	MB_LEN_MAX	mblen
mbstowcs	mbtowc	mem[a-z]*anything*	mktime
modf, -f, -l	mon_decimal_point	mon_grouping	mon_thousands_sep
n_cs_precedes	n_sep_by_space	n_sign_posn	NDEBUG
negative_sign	NULL		
offsetof	p_cs_precedes	p_sep_by_space	p_sign_posn
perror	positive_sign	pow, -f, -l	printf
ptrdiff_t	putc	putchar	puts
qsort	raise	rand	RAND_MAX
realloc	remove	rename	rewind
scanf	SCHAR_MAX	SCHAR_MIN	SEEK_CUR
SEEK_END	SEEK_SET	setbuf	setjmp
setlocale	setvbuf	SHRT_MAX	SHRT_MIN
SIG_[A-Z]*anything*	sig_atomic_t	SIG_DFL	SIG_ERR
SIG_IGN	SIG[A-Z]*anything*	SIGABRT	SIGFPE
SIGILL	SIGINT	signal	SIGSEGV
SIGTERM	sin, -f, -l	sinh, -f, -l	size_t
sprintf	squt, -f, -l		
srand	sscanf	stderr	stdin
stdout	str[a-z]*anything*	system	tan, -f, -l
tanh, -f, -l	thousands_sep	time	time_t
tm	tm_hour	tm_isdst	tm_mday

续表

不要在标识符中使用这些名字

tm_min	tm_mon	tm_sec	tm_wday
tm_yday	tm_year	TMP_MAX	tmpfile
tmpnam	to[a-z]anything	UCHAR_MAX	UINT_MAX
ULONG_MAX	ungetc	USHRT_MAX	va_arg
va_end	va_list	va_start	vfprintf
vprintf	vsprintf	wchar_t	wcs[a-z]anything
wcstombs	wctomb		

记住，ANSI C 标准第 6.1.2 节（标识符）规定，对于外部的标识符，编译器可以自行定义，使它们不区分字母大小写。同时，外部标识符的前 6 个字符必须与其他标识符不同（ANSI C 标准第 5.2.4.1 节，“编译限制”）。在这两种情况下，需要避免使用的标识符数量进一步增加。表 5-2 包括可能无法重新定义的 C 函数库符号。对于所链接的其他函数库，也有一些需要避免使用的符号。你应该查看 ABI 文档[1]，看看有哪些标识符需要避免。

ANSI C 标准关于名字空间污染的问题只提到了一部分。在第 7.1.2.1 节中，ANSI C 纵容用户肆无忌惮地重新定义系统的名字（有效地助长了 Interpositioning）：

7.1.2.1 保留的标识符：所有外部链接的标识符在任何下列部分中（接下来是一些定义标准库函数的内容）……始终作为保留，不能在外部链接中作为用户的标识符。

如果标识符是被保留的，就表示用户不能重新定义它。然而，这并不是一个约束条件。当这种情况发生时，它并不要求编译器给出错误信息。它只是造成一些不可移植问题或出现未定义的行为。换句话说，如果一个函数的名字同 C 函数库中某个函数的名字一样（有意或无意），就创建了一个不遵循标准的程序，但编译器并不一定会警告这种行为。我们更愿意标准规定编译器对这种情况能给出一条警告信息，并让它自己定义是否允许这种行为。就像在 switch 语句中，标准也只是规定了编译器至少应该允许的 case 标签数量的下限（257 个），它的上限则是由编译器自己定义的。

5.5　产生链接器报告文件

可以在 ld 程序中使用-m 选项，让链接器产生一个报告。它里面包括了被 Interpose 的符号的说明。通常，带-m 选项的 ld 会产生一个内存映射或列表，显示在可执行文件的什么地方放

[1] *The System V Application Binary Interface*, AT&T, 1990.

入了哪些符号。它同时显示了同一个符号的多个实例，通过查看报告的内容，用户可以判断是否发生了 Interpositioning。

ld 程序中的-D 选项是随 SunOS 5.3 引入的，目的是提供更好的链接-编辑调试。这个选项（在链接器和函数库手册中有详细说明）允许用户显示链接-编辑过程和所包含的输入文件。如果需要监视从 archive 中提取对象的过程，这个选项尤其有用。它同时可用于显示运行时绑定信息。

ld 是一个复杂的程序，还有很多其他选项和约定未在此处说明。对于绝大多数应用来说，这些说明已经足够了。如需知道更多有关它的知识，下面提供了 4 条途径，按其复杂程度分列如下：

- 使用 ldd 命令列出可执行文件的动态依赖集。这条命令会告诉你动态链接的程序所需要的函数库；
- ld 程序的-Dhelp 选项能提供一些信息，有助于查找链接过程中出现的问题；
- 查看 ld 程序的在线文档；
- 阅读 *SunOs Linker and Libraries Manual*（位于 801-2869-10 部分）。

综合利用上面几种途径，可以知道所需要的任何微妙的特殊链接效果。

小 启 发

“botch”何时出现

在 SunOS 4.x 中，如果在一条错误信息里出现了“botch”（修补）这个词，表示载入器发现了一个内部的不一致性问题。这通常归因于不正确的输入文件。

在 SunOS 5.x 中，载入器在检查输入、维护正确性和一致性方面有了很大的提高。它不再需要抱怨内部错误，因此“botch”信息不再存在。

5.6　轻松一下——看看谁在说话：挑战 Turing 测验

在电子时代的黎明，计算机的潜力逐渐显山露水，人们开始争论哪个系统有朝一日将具备人工智能。这很快归结为一个问题“我们怎样知道机器在想些什么？”。在 1950 年 *Mind* 期刊的一篇论文中，英国数学家 Alan Turing 设计了一个实际测验，把人们从理念上的喋喋不休中解脱出来。Turing 提议由一位讯问者与另一个人和一台计算机谈话（通过电传形式，以避免视觉和声觉线索）。如果在 5 分钟内，讯问者无法分辨出哪个是人，哪个是计算机，那么这台计算机便被认为是具有人工智能。这个游戏被称为 Turing 测验。

从 Turing 提议这个测验后的数十年里，Turing 测验已经进行过多次，有时出现了一些令人目瞪口呆的结果。我们描述了其中一些测试，并再现了一些对话情景，你可以自行判断。

5.6.1　Eliza

Eliza 是最早用于处理自然语言的程序之一，它的名字取自萧伯纳剧本 *Pygmalion* 中饶舌的女主人公。Eliza 软件是由 MIT 的一名教授 Joseph Weizenbaum 于 1965 年编写，它模仿患者对精神病学家 Rogerian 的询问进行回答。该程序对输入的文字进行表面的分析，并从一堆内置于程序中的回答中挑一个合适的予以返回。从表面上看，计算机好像能理解所有的谈话，这个幻觉愚弄了相当一部分对计算机不知底细的人们。

Weizenbaum 首先邀请他的秘书来测试这个系统，从而揭开了这个现象的冰山一角。在与 Eliza 经过几分钟的打字交谈后，这个秘书（她在先前的几个月里一直看着 Weizenbaum 编写这个软件，因此应该比绝大多数人更清楚这只不过是一个计算机程序）要求 Weizenbaum 离开房间，这样她便可以与对方私下交谈。

Turing 测验的第一次测试是失败的，虽然那个秘书把这个初级软件（它在人工智能方面并没有投入多大努力）当成了人，但与其说它显示了软件的智能，还不如说它显示了人们的易受骗性。Eliza 成了一个流行的程序，并被一个波士顿计算机顾问机构 Bolt Berenek and Newman（BBN）所采用。当 BBN 的一位副主席在测试中也发现自己受骗上当后，人们对它进行了多次更为严格的测试。

5.6.2　Eliza 面对副总裁

计算机科学家 Daniel Bobrow 在 *SIGART Newsletter* 1968 年 12 月的栏目中作了以下描述。

一个星期六的早上，大约 9 点钟，BBN 一名负责销售 Telcomp 通信服务的副总裁来到我们的计算机室，希望能用计算机做些演示。他在电传上发现了一张纸条，上面写着“把所有的信息输入电传，最后加个句号”。这张纸条是一位闲逛到这里的程序员留下的，他刚刚成功地运行了 Lisp 版的 Doctor 程序（基于 Weizenbaum 开发的 Eliza）。但是，副总裁先生却以为这张纸条暗示这个电传是与我家里的计算机连接在一起的，因为我经常整夜开着计算机。因此，他开始用电传与“我”交谈，但事实上是与 Doctor 程序交谈，于是就有了下面的谈话。

副总裁：你认为今天早上我可以使用这台计算机吗？

电传：你为什么要问这个问题？

副总裁：也许我可以多销售一些 Telcomp。

电传：你为什么不确信？

副总裁：我预期的用户从没见过这个系统的演示。

电传：这对你很重要吗？

副总裁：当然。

电传：你对这件事很积极啊。

副总裁：这很荒谬。

电传：你说它荒谬是什么意思？

副总裁：到底有什么理由不让我现在使用这台计算机？

电传：告诉我更多有关你预期的用户的事。

副总裁：打电话给我

注意在这句话之后，总裁先生没有遵循指令，他忘了在后面加个句号。因此计算机没有回答他的话。这激怒了副总裁先生。他以为我一直在敷衍他。于是给我打了个电话，把我从睡梦中叫醒。

副总裁：你跟我搞什么鬼？

Bobrow：搞鬼？我不明白您说的是什么意思。

副总裁先生生气地把对话记录读给我听，电话那头传来我乐不可支的笑声。我费了好长时间才让他明白跟他谈话的是计算机。

注意，Eliza/Doctor 软件通常用开放式问句与用户交谈，这样可以促使用户输入更多的句子。它并不想回答问题，因为它没这个能力。虽然如此，这个程序还是糊弄了精通计算机的副总裁先生。它之所以能糊弄人，并不是因为它的智能，它是靠人本身的弱点而通过 Turing 测验的。尽管在那个时代它显得新奇，但从今天的标准看，这个软件还是相当初级。它能够欺骗人们是因为人们太容易被欺骗，所以这个测验不够充分。因此，第二次 Turing 测验也以失败告终。

5.6.3 Doctor 面对 Doctor

出于异想天开、对黑客价值的重视以及寻找乐趣，自由软件基金在他们流行的 GNU 编辑器产品中创建了精神病医生对话程序。GNU-EMACS 编辑器是一个免费软件，在绝大多数的 UNIX 系统中都可以见到。当你启动 GNU-EMACS 后，输入命令 escape-x doctor 即可启动该程序。我想如果把两个 Doctor 程序的实例背靠背地连接在一起，让它们互相对话，肯定很好玩。下面是试验结果。

1：我是精神病医生，请描述你的问题。

2：谁叫你来看我的？

1：你能说得详细一点吗？

2：如果你继续，我会有兴趣的。

1：你为什么相信如果我继续你会有兴趣的？

2：你为什么这样说？

（doctor 1 开始出现语法错误）

1：当我说这些的时候，你是什么时候知道的。

（doctor 2 也开始出现语法错误）

2：当我第一次知道你说那些的时候发生了什么？

1：如果你第一次知道我说那些的时候会发生什么？

2：你所说的那些是不是真正的原因？

1：我说的那些是不是真正的原因是真正的原因吗？

2：你所说的那些是不是真正的原因是真正的原因是不是解释了其他的东西呢？

1：我所说的那些是不是真正的原因是真正的原因是不是解释了其他的东西是不是解释了其他的东西？

2：你确信你所说的真正的原因是真正的原因解释了其他的东西解释了其他的东西吗？

1：你确保真正的原因是真正的原因解释了其他的东西解释了其他的东西吗？

2：开始时你说是谁叫我来看你的？

1：开始时你说是谁叫你来看我的让你想起了什么？

2：是因为你让我想起什么让我想起了什么吗？

1：是因为我让你想起什么让我想起了什么吗？

2：你让我想起什么我让你想起什么，你是不是生气了？

（doctor1 想换个话题，并修正语法错误，结果却陷入死循环）

1：你经常生气吗？

2：你经常生气吗？

1：是什么让你生气的？

2：你确信你生气了吗？

1：是什么让你相信你生气了的？

2：你经常生气吗？

1：你经常生气吗？

事实上，你可以看到，对话过程并不是很有趣。这个对话显示了 Doctor 程序的主要谈话设计是“回声”。它肤浅的文本分析根本经不起复杂句子的推敲。当 Doctor 试图在前面的句子中重复后面几个词把它作为问句时，结果产生了它自己也无法分析的复杂句子。尽管 Doctor 程序曾使很多人误以为它是一个人，但看了上面的对话，相信没人会被糊弄。

5.6.4　波士顿的奖品

时光快速流逝，转眼已是 1991 年了。计算机系统变得更快、更强大。过去 1/4 个世纪以来，人们一直在人工智能领域的各方面投入研究。让我们看一下最新和最壮观的 Turing 测验。

1991 年 11 月，波士顿计算机博物馆协同国家科学基金会和 Alfred P.Sloan 基金会，主办了一个 Turing 测验的公共演示会。博物馆通过在波士顿的报纸上登广告来选择人类讯问者。博物馆希望讯问者能代表普通人（而不是具有特殊哲学和语言学知识的科学家）。一个由 10 名讯问者组成的小组通过终端与十几个程序和健谈者进行 3 小时的谈话。以下是一段典型的对话。

终端：一个奇想就是一阵突然的引人注目的而且经常是很特别的行为，就像是一束日光照射在死气沉沉的灰色世界里。

讯问者：好像是一种直觉？

终端：每个人都计划做些什么，而且每个人都确实做了些事，但没有一个人所做的是他所计划的。

讯问者：嗯，不管怎样我觉得异想天开的谈话犹如国际象棋中马的一连串移动——是一个“之”字形的移动而不是按照某条特定的路线移动。

终端：一个异想天开的人受古怪的行为和不可预测的想法的支配……不可预测，这太棒了！

毫不奇怪，上面的终端实际上是一个计算机程序。它的做法和 Eliza 一样，通过分析语法和讯问者输入的文本中的关键词，并从它巨大存储量的现成短语数据库中根据匹配的话题挑选出一些组成回答。它并不在讯问者的话后面复制最后几个词来组成回应，从而避免了前面出现的“doctor 的困境”。相反，它通过持续引入新（但相关）的话题使谈话得以继续。

所以，上面所示的程序让 10 个讯问者中的 5 个上当也毫不奇怪，他们在经过上面谈话或更多的交流之后认定对方是人。Turing 测验的第 3 个试验也不走运，离及格只差那么一点。

5.6.5 结论

上面的程序无法直接回答一个简单的问题（“[你认为]好像是一种直觉？”），这是计算机科学家所面临的最大难题，也反映了 Turing 测验的主要弱点：简单交流中半适当的短语并不能提示说话者的想法——我们不得不看一下交流的内容。

Turing 测验被反复证明是不够充分的。它依靠表面现象，而人们太容易被表面现象所欺骗。它与“模仿一个活动的外在表象是否伴随该活动的内在过程的证据”这个重要的哲学问题相距甚远，人类讯问者通常无法对一些必要的细节作出精确的判断。由于人们日常谈话经历中的交谈对象都是人，所以人们很自然地以为所有的谈话（无论多么呆板）都是在人与人之间进行的。

尽管几次试验均告失败，人工智能社区很不愿意放弃这个测验。对于这个测试，有许多理论上的辩解。它在理论上的简单性具有强烈的魅力。但如果在实际应用中显得不可行，那么它必然需要修改或者放弃。

最初的 Turing 测验被解释为讯问者是否能够通过电传区分女人和伪装成女人的男人。Turing 并没有直接在他的论文中说明测验这个问题是不够充分的。

有些人或许觉得所需要的就是重新强调谈话的这个方面，就是说，要求讯问者辨认通过电话谈话的对象到底是不是人。我不认为这会有什么成果。为了简单起见，1991 年的计算机博物馆测试把每个电传的谈话内容限定为一个领域。不同的程序有不同的知识库，话题覆盖购物、天气、奇思怪想等。为了让程序根据人的情况给出一组合适的评论和聪明的反应，这是有必要的。Turing 在论文里说 5 分钟时间对于这样的测验应该是足够了，但现在看来不是很充分。

修正 Turing 测验的一种方法是修补有缺陷的环节：人类的易受骗性。正如要求医生在执行检查前需要经过几年的学习一样，我们也应该附加条件，就是 Turing 测验的讯问者不应是一般市民的代表。讯问者应该对计算相当精通，甚至是那些熟悉计算机系统的能力和弱点的研究生。这样，他们就不会被那些代替真实回答的从大型数据库中抽取出来的机智话语所蒙蔽。

另一个有趣的想法是探究终端所显示的幽默感。让它分辨某个特定的故事是否是一个笑话，并解释它为什么好笑。我觉得这种测试太严格了——很多真实的人也未必通得过。

尽管 Turing 是一位杰出的理论家，但在面临实际问题时，他常常显得一无是处。他的不切实际性以一种不寻常的方式表现出来：在他的办公室里，他把啤酒罐拴在散热器上，防止他的同事饮用。他们很自然地把这个当作是一种挑战，便撬开锁，恣意饮用。他常常跑十几英里甚至更远去赴一个约会，而不使用公共交通工具，尽管每次总是筋疲力尽，却从不迟到。当 1939 年欧洲爆发战争时，Turing 把他的积蓄换作两个大银块，把它们埋在乡村以保证安全。但战争结束时他却忘把它们埋在哪里了。最终，Turing 以一种很有个性的不实际的方式自杀：他吃了一个注射了氰化物的苹果。这个以他的名字命名的测试理论性强于实践性。理论和实践的区别实际上比理论上想象的还要大。

5.6.6　后记

Turing 同时记载，他相信“到 20 世纪末，词汇的使用和全民教育水平的提高将带来很大的变化，人们将可以说机器具有思维能力，而不会出现自相矛盾”。这实际上比 Turing 预想得要早得多，程序员习惯性地根据其思维过程来解释计算机的怪异行为：“你没有按下回车键，所以机器以为还有更多的输入，所以它就等待。”然而，这是由于“思维”这个词没有原先的意思那么高级，而不是如 Turing 所预言的那样机器有了意识。

Alan Turing 被公认为计算领域最伟大的理论先行者之一。为了纪念他，美国计算机协会把它的最高年度奖项命名为 Turing Award（图灵奖）。1983 年的图灵奖授予了 Dennis Ritchie 和 Ken Thompson，以表彰他们在 UNIX 和 C 语言上的杰出贡献。

5.6.7　更多阅读材料

如果你对人工智能的发展和局限性很有兴趣，推荐阅读 *What Computers Still Can't Do: A Critique of Artificial Reason* 一书。

第6章 运动的诗章：运行时数据结构

#42：大胆地走在一条近来只有少数人走过的路上时，企业计算机被一种强大的外星生命形式所破坏，它的形态惊奇得和人一样。

#43：Trekkers遇见充满敌意的计算机智能，哲学和逻辑的滥用使它自我毁灭。

#44：Trekkers遇见一种文明，它与先前的地球文明令人吃惊地相象。

#45：疾病使一个或多个船员迅速变老。同时也有相反的例子，如关键的船员回到了童年，无论生理上、智力上还是两者都是。

#46：一个外星生命嵌入了一个 Trekker 的身体，并且控制了它。继续等待看到相反的事情发生。

#47：船长在矫正事物时违背了基本指示，既可能使企业处于危险之中，也可能与一个迷人的外星人有染，或者两者都是。

#48：船长最终把和平带给了一个极像地球的世界上两个原始的处于战争状态的社会（“我们进入和平，枪杀之。”）

——*Snope 教授的 Canonical Star Trek Plots, and Delicious Yam Recipes*

编程语言理论的经典对立之一就是代码和数据的区别。有些语言（如 LISP）把两者视为一体。其他语言（如 C 语言）通常维持两者的区别。第 2 章所描述的 Internet 蠕虫非常难以被人们所理解，因为它的攻击方法的原理就是把数据转换为代码。代码和数据的区别也可以认为是编译时和运行时的分界线。编译器的绝大部分工作与翻译代码有关；必要的数据存储管理的绝大部分在运行时进行。本章描述运行时系统中隐藏的数据结构。

我们之所以要学习运行时系统，主要有 3 个理由：

- 它有助于优化代码，获得最佳的效率；

- 它有助于理解更高级的内容；
- 当陷入麻烦时，它可以使分析问题更加容易。

6.1 a.out 及其传说

你是否曾疑惑 a.out 这个名字是怎样确定的？把所有的输出文件都缺省地使用同一个名字 a.out 可能会带来不便，可能会忘了它来自哪一个源文件。对任何文件进行下一次编译时都有可能覆盖它。大多数人都有一个模糊的印象，觉得这个名字秉承了 UNIX 传统的简洁性，而且“a”是字母表的每一个字母，所以首先会想到用它来命令新文件。事实上，之所以取这个名字跟这些毫无关系。

它是“assembler output”（汇编程序输出）的缩写形式！老式的 BSD 文档里甚至有下面的提示：

```
NAME
    a.out - 汇编程序和链接编辑输出格式
```

这里有一个问题：它不是汇编程序输出，而是链接器输出！

“汇编程序输出”这个名字的产生纯属历史原因。在 PDP-7（甚至比 B 语言还早）上并不存在链接器，程序是这样创建的：先把所有源文件连接在一起，然后进行汇编，汇编产生的汇编程序输出保存在 a.out 中。即使人们最终为 PDP-11 编写了链接器之后，最后一个环节的输出文件依然沿用了这个命名习惯。这个名字曾被解释为“新程序准备就绪，打算执行”。所以缺省使用 a.out 这个名字是 UNIX“没什么理由，但我们就是这样做的”思维的一例！

UNIX 中的可执行文件也是以一种特殊的方式加上标签，这样系统就能确认它们的特殊属性。为重要的数据定义标签，用独特的数字唯一地标识该数据是一种普遍采用的编程技巧。标签所定义的数字通常被称为“神奇”数字，它是一种能够确认一组随机的二进制位集合的神秘力量。例如，超级块（superblock，UNIX 文件系统中的基础数据结构）就是用下面这个神奇数字唯一标识的：

```
#define FS_MAGIC 0x011954
```

这个看上去很奇怪的数字其实并不是任意选择的。它是 Kirk McKusick 的生日。Kirk 是 Berkeley fast 文件系统的实现者，他于 20 世纪 70 年代晚期编写了这些代码。但神奇数字非常有用，所以时至今日，上面这个神奇数字仍然在 source base 中使用（位于文件 sys/fs/ufs_fs.h）。它不仅增强了文件系统的可靠性，而且每个文件系统的黑客都知道在每年的 1 月 19 日（也就是 Kirk 的生日）向他发一张生日贺卡。

在 a.out 文件中也存在类似的神奇数字。在 AT&T 的 UNIX Systme V 发布之前，a.out 文件被标识为神奇数字 0407，偏移为零。为什么选择 0407 作为确认 UNIX 目标文件的神奇数字呢？它是 PDP-11 一条无条件转移指令（相对于程序计数器）的二进制编码！如果在兼容模式下运行 PDP-11 或 VAX，可以先执行文件的第一个字，然后这个神奇数字（位于那里）会带你跳过 a.out 头文件，进入程序第一个真正的可执行指令。当 a.out 需要引入神奇数字时，PDP-11 正是当时最正统的 UNIX 机器。在 SVr4 中，可执行文件用文件的第一个字节来标注，文件以十六进制数 7F 打头，紧跟在后面的第二至第四个字节为“ELF”。

6.2 段

目标文件和可执行文件可以有几种不同的格式。在绝大多数 SVr4 实现中都采用了一种称作 ELF（原意为 Extensible Linker Format［可扩展链接器格式］，现在表示 Executable and Linking Format［可执行文件和链接格式］）的格式。在其他系统中，可执行文件的格式是 COFF（Common Ojbect-File Format，普通目标文件格式）。在 BSD UNIX 中，a.out 文件具有 a.out 格式。可以通过输入 man a.out 在主文档中查看更多有关 UNIX 系统所使用的格式的信息。

所有这些不同格式具有一个共同的概念，那就是段（segment）。后面还将讲述很多和段有关的内容，但就目标文件而言，它们是二进制文件中简单的区域，里面保存了和某种特定类型（如符号表条目）相关的所有信息。术语 section 也被广泛使用，section 是 ELF 文件中的最小组织单位。一个段一般包含几个 section。

不要把 UNIX 中段的概念跟 Intel x86 架构中段的概念混淆。

在 UNIX 中，段表示一个二进制文件相关的内容块。

在 Intel x86 的内存模型中，段表示一种设计的结果。在这种设计中（基于兼容性原因），地址空间并非一个整体，而是分成一些 64KB 大小的区域，称之为段。

关于 Intel x86 架构里面段的话题本身也值得用整整一章来描述[1]。在本书的剩余部分，如果不做特别说明，段这个术语是指 UNIX 上的段。

当在一个可执行文件中运行 size 命令时，它会告诉你这个文件中的 3 个段（文本段、数据段和 bss 段）的大小：

```
% echo; echo "text data bss total" ; size a.out

text    data    bss     total
1548 +  4236 +  4004 =  9788
```

size 命令并不打印标题，所以要用 echo 命令产生它们。

检查可执行文件的内容的另一种方法是使用 nm 或 dump 实用工具。编译下面的源文件，在结果的 a.out 文件上运行 nm 程序。

```
        char pear[40];
static double peach;
        int mango = 13;
static long melon = 2001;
```

[1] 它的确差不多用了一章的篇幅来讲述，请看下一章。

```
main() {
        int i = 3, j, *ip;
        ip = malloc(sizeof(i));
        pear[5] = i;
        peach = 2.0 * mango;
}
```

nm 程序运行结果的摘要如下（我对输出作了一些微小的修改，使它们更容易阅读）：

```
% nm -sx a.out
Symbols from a.out:

[Index]        Value        Size       Type   Bind   Segment  Name
 ...
[29]     | 0x00020790 | 0x00000008 | OBJT | LOCL | .bss    peach
[42]     | 0x0002079c | 0x00000028 | OBJT | GLOB | .bss    pear
[43]     | 0x000206f4 | 0x00000004 | OBJT | GLOB | .data   mango
[30]     | 0x000206f8 | 0x00000004 | OBJT | LOCL | .data   melon
[36]     | 0x00010628 | 0x00000058 | FUNC | GLOB | .text   main
[50]     | 0x000206e4 | 0x00000038 | FUNC | GLOB | UNDEF   malloc
                              ...
```

图 6-1 显示了编译器和链接器分别在这些段中写入了什么东西。

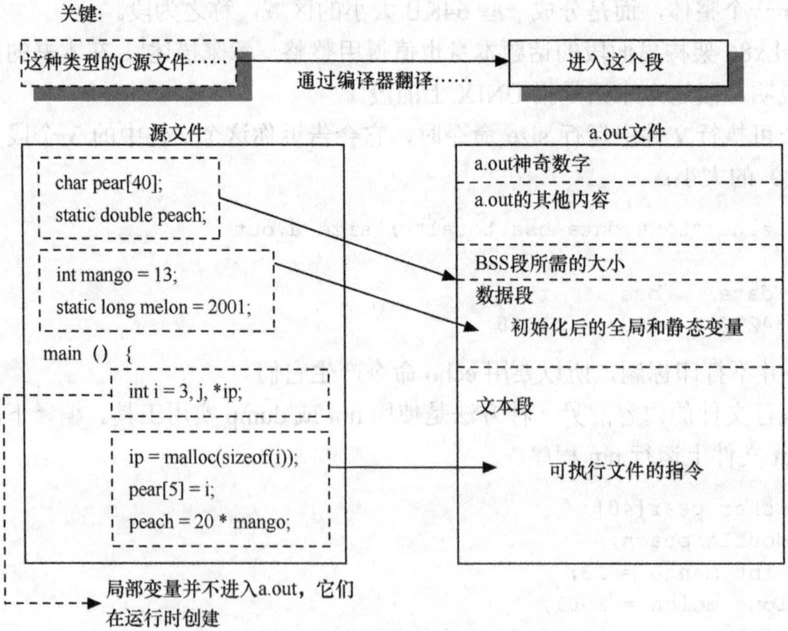

图 6-1　C 语句的各部分会出现在哪些段中

BSS 段这个名字是“Block Started by Symbol”（由符号开始的块）的缩写，它是旧式 IBM 704 汇编程序的一个伪指令，UNIX 借用了这个名字，至今依然沿用。有些人喜欢把它记作“Better Save Space”（更有效地节省空间）。由于 BSS 段只保存没有值的变量，所以事实上它并不需要保存这些变量的映像。运行时所需要的 BSS 段的大小记录在目标文件中，但 BSS 段（不像其他段）并不占据目标文件的任何空间。

编程挑战

查看可执行文件中的段

1. 编译 hello world 程序，在可执行文件中执行 ls –l，得到文件的总体大小。运行 size 得到文件里各个段的大小。
2. 增加一个全局的 int[1000]数组声明，重新进行编译，再用上面的命令得到总体及各个段的大小，注意前后的区别。
3. 现在，在数组的声明中增加初始值（记住，C 语言并不强迫对数组进行初始化时为每个元素提供初始值），这将使数组从 BSS 段转换到数据段。重复上面的测量，注意各个段前后大小的区别。
4. 现在，在函数内声明一个巨大的数组。然后再声明一个巨大的局部数组，但这次加上初始值。重复上面的测量。定义于函数内部的局部数组存储在可执行文件中吗？有没有初始化有什么不同吗？
5. 如果在调试状态下编译，文件和段的大小有没有变化？是为了最大限度的优化吗？

分析上面“编程挑战”的结果，使自己确信：

- 数据段保存在目标文件中；
- BSS 段不保存在目标文件中（除了记录 BSS 段在运行时所需要的大小）；
- 文本段是最容易受优化措施影响的段；
- a.out 文件的大小受调试状态下编译的影响，但段不受影响。

6.3 操作系统在 a.out 文件里干了些什么

现在，让我们看看为什么 a.out 要以段的形式组织。段可以方便地映射到链接器在运行时可以直接载入的对象中！载入器只是取文件中每个段的映像，并直接将它们放入内存中。从本质上说，段在正在执行的程序中是一块内存区域，每个区域都有特定的目的。图 6-2 显示了这一点。

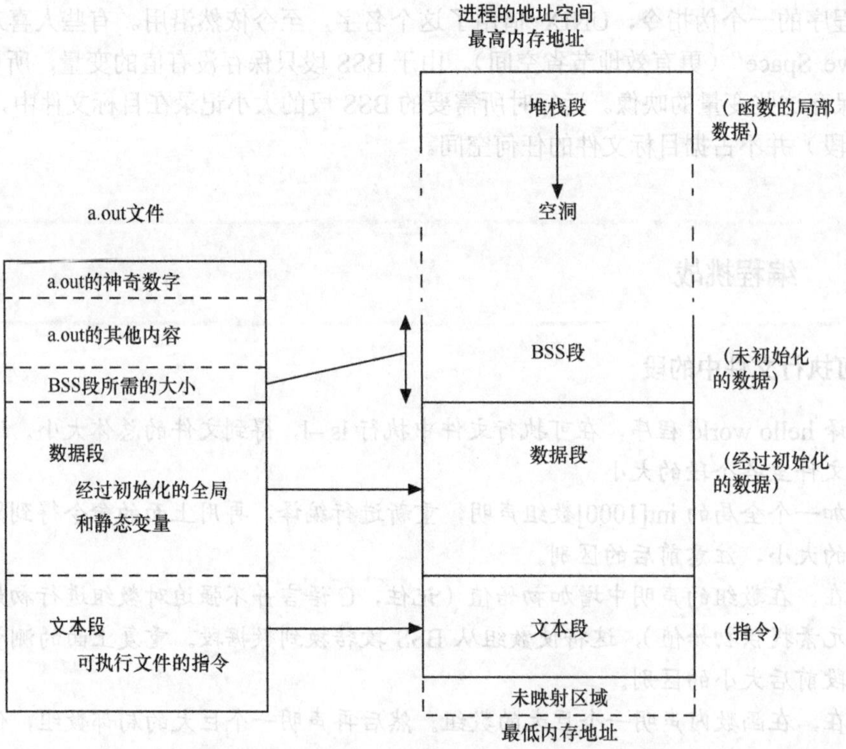

图 6-2　可执行文件中的段在内存中如何布局

文本段包含程序的指令。链接器把指令直接从文件复制到内存中（一般使用 mmap()系统调用），以后便再也不用管它。因为在典型情况下，程序的文本无论是内容还是大小都不会改变。有些操作系统和链接器甚至可以向段中不同的 section 赋予适当的属性，例如，文本可以被设置为 read-and-execute-only（只允许读和执行），有些数据可以被设置为 read-write-no-execute（允许读和写，但不允许执行），而另外一些数据则被设置为 read-only（只读）等。

数据段包含经过初始化的全局和静态变量以及它们的值。BSS 段的大小从可执行文件中得到，然后链接器得到这个大小的内存块，并把它紧放在数据段之后。当这个内存区进入程序的地址空间后全部清零。包括数据段和 BSS 段的整个区段此时通常统称为数据区。这是因为在操作系统的内存管理术语中，段就是一片连续的虚拟地址，所以相邻的段被接合起来。一般情况下，在任何进程中数据段是最大的段。

图 6-2 显示了一个即将执行的程序的内存布局。我们仍然需要一些内存空间，用于保存局部变量、临时数据、传递到函数中的参数等。堆栈段（stack segment）就是用于这个目的。我们还需要堆（heap）空间，用于动态分配的内存。只要调用 malloc()函数，就可以根据需要在堆上分配内存。

注意虚拟地址空间的最低部分未被映射。也就是说，它位于进程的地址空间内，但并未赋予物理地址，所以任何对它的引用都是非法的。在典型情况下，它是从地址零开始的几 K 字节。它用于捕捉使用空指针和小整型值的指针引用内存的情况。

当考虑共享库时，进程的地址空间的样了如图 6 3 所示。

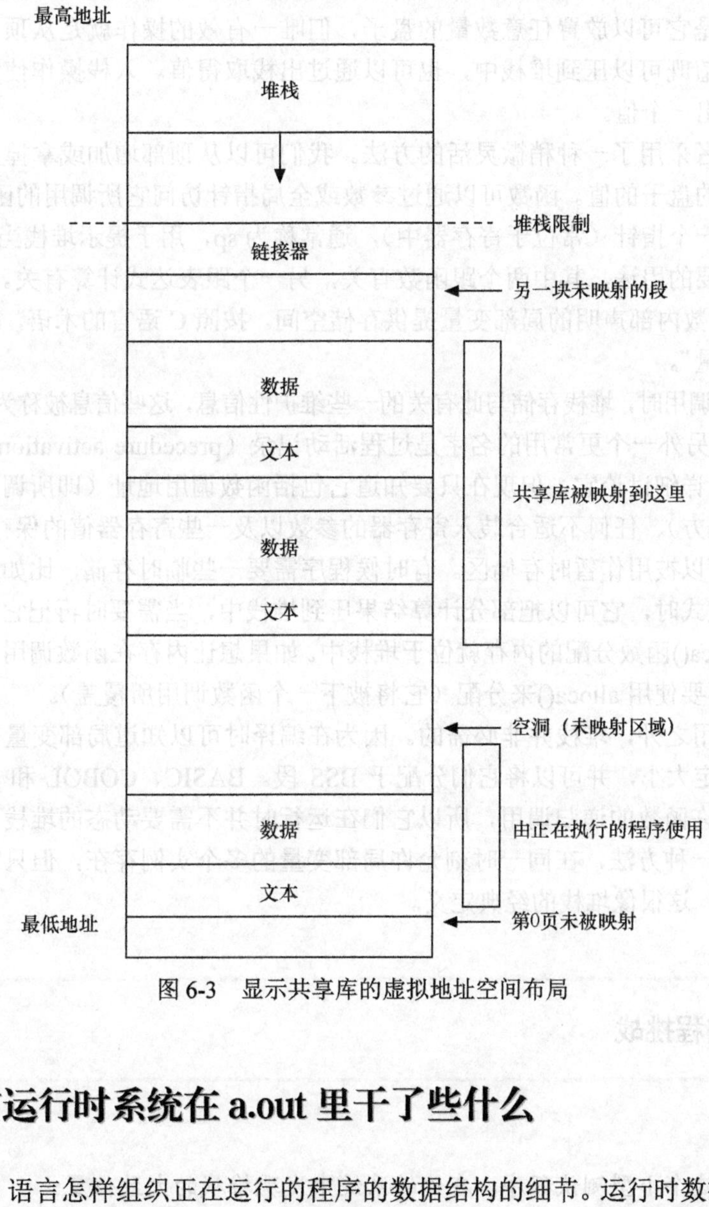

图 6-3　显示共享库的虚拟地址空间布局

6.4　C 语言运行时系统在 a.out 里干了些什么

现在讨论 C 语言怎样组织正在运行的程序的数据结构的细节。运行时数据结构有好几种：堆栈、活动记录（activation record）、数据、堆等。我们将依次讨论这些数据结构，并分析它们所支持的 C 语言特性。

堆栈段

堆栈段包含一种单一的数据结构——堆栈。堆栈是一个经典的计算机科学对象。它是一块动态内存区域，实现了一种“后进先出”的结构，有点类似于自助餐厅里叠在一起的盘子。堆栈的经典定义是它可以放置任意数量的盘子，但唯一有效的操作就是从顶部放或取一个盘子。也就是说，值既可以压到堆栈中，也可以通过出栈取得值。入栈操作使堆栈变长，出栈操作从堆栈中取出一个值。

编译器设计者采用了一种稍微灵活的方法。我们可以从顶部增加或拿掉盘子，也可以修改位于堆栈中部的盘子的值。函数可以通过参数或全局指针访问它所调用的函数的局部变量。运行时系统维护一个指针（常位于寄存器中），通常称为 sp，用于提示堆栈当前的顶部位置。堆栈段有 3 个主要的用途，其中两个跟函数有关，另一个跟表达式计算有关。

- 堆栈为函数内部声明的局部变量提供存储空间。按照 C 语言的术语，这些变量被称为“自动变量”。
- 进行函数调用时，堆栈存储与此有关的一些维护性信息，这些信息被称为堆栈结构（stack frame），另外一个更常用的名字是过程活动记录（precedure activation recored）。我们将在稍后详细讨论它，但现在只要知道它包括函数调用地址（即所调用的函数结束后跳回的地方）、任何不适合装入寄存器的参数以及一些寄存器值的保存即可。
- 堆栈也可以被用作暂时存储区。有时候程序需要一些临时存储，比如计算一个很长的算术表达式时，它可以把部分计算结果压到堆栈中，当需要时再把它从堆栈中取出。通过 alloca()函数分配的内存就位于堆栈中。如果想让内存在函数调用结束之后仍然有效，就不要使用 alloca()来分配（它将被下一个函数调用所覆盖）。

除了递归调用之外，堆栈并非必需的。因为在编译时可以知道局部变量、参数和返回地址所需空间的固定大小，并可以将它们分配于 BSS 段。BASIC、COBOL 和 FORTRAN 的早期编译器并不允许函数的递归调用，所以它们在运行时并不需要动态的堆栈。允许递归调用意味着必须找到一种方法，在同一时刻允许局部变量的多个实例存在，但只有最近被创建的那个才能被访问，这很像堆栈的经典定义。

编程挑战

探索堆栈

编译并运行这个小型测试程序，在你的系统中发现堆栈的大致位置：

```
#include <stdio.h>
```

```
main()
{
    int i;
    printf("The stack top is near %p\n", &i);
    return 0;
}
```

要发现数据段和文本段的位置，以及位于数据段内的堆，方法是声明位于这些段的变量，并打印它们的地址。通过调用函数和声明一些大型局部数组使堆栈增长。

现在堆栈顶部的位置在哪里了？

在不同的计算机架构和不同的操作系统中，堆栈的位置可能各不相同。尽管我们讨论的是堆栈的顶部，事实上在绝大多数处理器中，堆栈是向下增长的，也就是朝着低地址方向生长。

6.5　当函数被调用时发生了什么：过程活动记录

本节描述 C 运行时系统在它自己的地址空间内如何管理程序。事实上，C 语言的运行时函数非常少，但个个短小精悍。相反的例子是 C++或 Ada。如果 C 程序需要一些服务（如动态存储分配），它通常必须进行显式请求。这使 C 语言成为一种非常高效的语言，但它也向程序员施加了一个额外的负担。

C 语言自动提供的服务之一就是跟踪调用链——哪些函数调用了哪些函数，以及当下一个 return 语句执行后，控制将返回何处等。解决这个问题的经典机制是堆栈中的过程活动记录。当每个函数被调用时，都会产生一个过程活动记录（或类似的结构）。过程活动记录是一种数据结构，用于支持过程调用，并记录调用结束以后返回调用点所需要的全部信息（见图 6-4）。

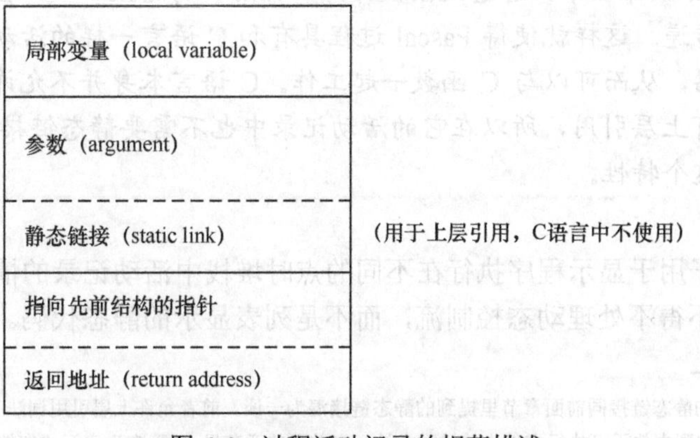

图 6-4　过程活动记录的规范描述

活动记录内容的描述很具有说明性。结构的具体细节在不同的编译器中各不相同，这些字段的次序可能很不相同，而且可能还存在一个在调用函数前保存寄存器值的区域。头文件 /usr/include/sys/frame.h 描述了过程活动记录在 UNIX 系统中的样子。在 SPARC 计算机上，过程活动记录非常大（几十个字），因为它提供了保存寄存器窗口的空间。在 x86 架构中，过程活动记录多少要小一些。运行时系统维护一个指针（常常位于寄存器中），通常称为 fp，用于提示活动堆栈结构，它的值是最靠近堆栈顶部的过程活动记录的地址。

软件信条

C 语言中一个令人震惊的事实！

绝大多数的现代算法语言允许函数（以及数据）在函数内部定义。C 语言不允许以这种方法进行函数的嵌套。C 语言中的所有函数在词法层次中都是位于最顶层。

这个限制稍稍简化了 C 编译器的实现。在 Pascal、Ada、Modula-2、PL/I 或 Algol-60 这些允许嵌套过程的语言中，活动记录一般要包含一个指向它的外层函数的活动记录的指针。这个指针被称为静态链接[1]（static link），它允许内层过程访问外层过程的活动记录，因此也可以访问外层过程的局部数据。在同一时刻，一个外层过程可能有好几个处于活动状态的调用。内层过程活动记录的静态链接将指向合适的活动记录，允许访问局部数据的正确实例。

这种类型的访问（一个指向词法上外层范围的数据项的引用）被称作上层引用（uplevel reference）。静态链接（指向从词法上讲属于外层过程的活动记录，由编译时决定）之所以如此命名是因为它与动态链接相对照，后者是一个活动记录指针链（在运行时指向最靠近自己的前一个过程调用的活动记录）。

在 Sun 的 Pascal 编译器中，静态链接被作为一种附加的隐藏参数，当需要时作为参数表的最后一个参数被传递。这样就使得 Pascal 过程具有和 C 语言一样的活动记录，因而可以使用相同的代码生成器，从而可以与 C 函数一起工作。C 语言本身并不允许嵌套函数。因此，在它的数据中并没有上层引用，所以在它的活动记录中也不需要静态链接。有些人要求 C++ 应该增加嵌套函数这个特性。

下面的代码例子用于显示程序执行在不同的点时堆栈中活动记录的情况。这是本书的一个难点，因为我们不得不处理动态控制流，而不是列表显示的静态代码。老实说，这确实比

[1] 千万不要把活动记录中的静态链接同前面章节里提到的静态链接混为一谈。前者允许上层引用词法上外层过程的局部数据，而后者表示一种把所有库的副本放于可执行文件中的过时方法。在前面的章节里，“静态”表示“在编译时进行”；在本章，它表示程序的词法布局。

较难，但正如 Wendy Kaminer 在她的经典心理学读本 *I'm Dysfuntiona; You're Dysfunctional* 中所评论的那样，只有短命鬼才需要在幼儿园里就学会一切。

```
1   a (int i) {
2        if (i > 0)
3            a(--i);
4        else
5            printf("i has reached zero ");
6        return;
7 }
8
9 main() {
10     a(1);
11 }
```

如果编译和运行上面的程序，程序的控制流如图 6-5 所示。每一个虚线框显示一段进行函数调用的源文件。已执行的语句用粗体显示。当控制从一个函数转到另一个函数时，堆栈的新状态显示在下面。程序从 main 开始执行，堆栈向下生长。

编译器设计者通过不存储未使用的信息来提高速度。其他的优化措施包括把信息保存于寄存器而不是堆栈中，对简单的函数调用（自身不调用其他函数）不将整个过程活动记录入栈，以及让被调用函数而不是调用者负责寄存器值的保存工作。如果“指向前一个过程活动记录的指针”位于过程活动记录内部，就可以简化当前函数返回时返回到前一个过程活动记录的任务。

编程挑战

堆栈结构

1. 手工跟踪上面这个程序的控制流，在每条调用语句执行后填写过程活动记录的内容。对于每个返回地址，使用它将会返回的行号。
2. 在现实中编译这个程序，并在调试器中运行它。当函数被调用时，注意堆栈所增加的内容。与第 1 步中所记录的内容进行对比，看看系统中过程活动记录的确切样子。

记住，编译器设计者会尽可能地把过程活动记录的内容放到寄存器中（因为可以提高速度），所以书上所显示的有些东西可能不在堆栈中出现。查看 frame.h 文件，了解过程活动记录的布局。

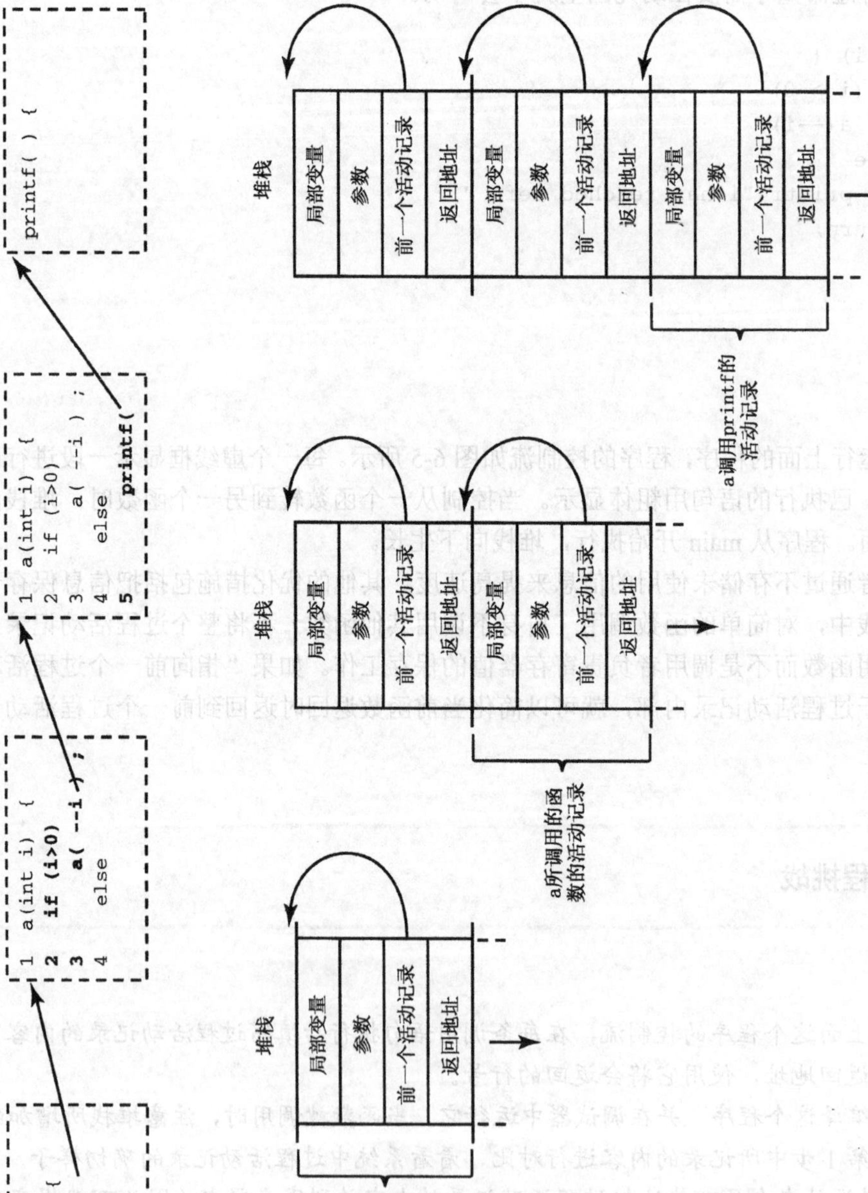

图 6-5　每个函数调用在运行时创建过程活动记录

6.6 auto 和 static 关键字

对堆栈怎样实现函数调用的描述也同时解释了为什么不能从函数中返回一个指向该函数局部自动变量的指针。例如：

```
char * favorite_fruit () {
char deciduous[] = "apple";
   return deciduous;
}
```

当进入该函数时，自动变量 deciduous 在堆栈中分配。当函数结束后，变量不复存在，它所占用的堆栈空间被回收，可能在任何时候被覆盖。这样，指针就失去了有效性（引用不存在的东西），被称为“悬垂指针”（dangling pointer）——它们并不引用有用的东西，而是悬在地址空间内。如果想返回一个指向在函数内部定义的变量的指针时，要把那个变量声明为 static。这样就能保证该变量被保存在数据段中而不是堆栈中。该变量的生命期就和程序一样长，当定义该变量的函数退出时，该变量的值依然能保持。当该函数下一次进入时，该值依然有效。

存储类型说明符 auto 关键字在实际中从来用不着。它通常由编译器设计者使用，用于标记符号表的条目——它表示“在进入该块后，自动分配存储”（与编译时静态分配或在堆上动态分配不同）。对于其他程序员来说，auto 关键字几乎没什么用处，因为它只能用于函数内部。但是在函数内部声明的数据缺省就是这种分配。auto 唯一的用途就是使你的声明更加清楚整齐，例如：

```
register int filbert;
   auto  int almond;
static int hazel;
```

而不是：

```
redgister int filbert;
int almond;
static int hazel;
```

过程活动记录可能并不位于堆栈中

尽管我们谈到了“将过程活动记录压到堆栈中”，但过程活动记录并不一定要存在于堆栈中。事实上，尽可能地把过程活动记录的内容放到寄存器中会使函数调用的速度更快，效果更好。SPARC 架构引入了一个概念，称为“寄存器窗口”（register window），CPU 在这个寄存器窗口中拥有一组寄存器，它们只用于保存过程活动记录中的参数。每当函数调用时，空的活动记录依然压入到堆栈中。当函数调用链非常深而寄存器窗口不够用时，寄存器的内容就会被保存到堆栈中保留的活动记录空间中，以便重新利用这些寄存器。

有些语言，如 Xerox PARC 的 Mesa 和 Cedar，它们的过程活动记录以链表的形式分配在堆中。在 PL/I 最早的编译器中，用于递归过程的过程活动记录也是分配在堆中（导致了性能差的批评，因为在通常情况下，从堆栈中获取内存的速度更快一些）。

6.7 控制线程

现在，对于如何在进程中支持不同的控制线程（以前称为“轻量级进程”）是比较清楚的了：只要简单地为每个控制线程分配不同的堆栈即可。如果线程函数 foo()调用了 bar()，而后者又调用了 baz()，而主程序此时正执行其他的程序，它们中的每一个都需要自己的堆栈来保存自己所处的位置。每个线程的堆栈为 1Mb（当需要时增长），在各个线程的堆栈间有一个 red zone 页。线程是一种非常强大的编程模式，即使在单个处理器上也可以提高性能。然而，本书是关于 C 语言的，而不是关于线程的。你应该参阅其他书，以了解更多有关线程的细节。

6.8 setjmp 和 longjmp

现在可以讨论一下 setjmp()和 longjmp()的用途，因为它们是通过操纵过程活动记录实现的。许多程序员新手并不知道这个强大的机制，因为它是 C 语言所独有的。它们在一定程序上弥补了 C 语言有限的转移能力。这两个函数协同工作，如下所示。

- setjmp(jmp_buf j)必须首先被调用。它表示“使用变量 j 记录现在的位置。函数返回零”。
- longjmp(jmp_buf j, int i)可以接着被调用。它表示“回到 j 所记录的位置，让它看上去像是从原先的 setjmp()函数返回一样。但是函数返回 i，使代码能够知道它是实际上是通过 longjmp()返回的”。拗不拗口？
- 当使用于 longjmp()时，j 的内容被销毁。

setjmp 保存了一份程序的计数器和当前的栈顶指针。如果你喜欢也可以保存一些初始值。longjmp 恢复这些值，有效地转移控制并把状态重置回保存状态的时候。这被称作“展开堆栈”（unwinding stack），因为你从堆栈中展开过程活动记录，直到取得保存在其中的值。尽管 longjmp 会导致转移，但它和 goto 又有不同，区别如下。

- goto 语句不能跳出 C 语言当前的函数（这也是 longjmp 取名的由来，它可以跳得很远，甚至可以跳到其他文件的函数中）。
- 用 longjmp 只能跳回到曾经到过的地方。在执行 setjmp 的地方仍留有一个过程活动记录。从这个角度讲，longjmp 更像是“从何处来”（come from）而不是“往哪里去”（go to）。longjmp 接受一个额外的整型参数并返回它的值，这可以知道是由 longjmp 转移到这里的还是从上一条语句执行后自然而然来到这里的。

下面的代码显示了 setjmp()和 longjmp()一例。

```
#include <setjmp.h>
jmp_buf buf;
```

```
#include <setjmp.h>
banana() {
    printf("in banana() \n");
    longjmp(buf, 1);
    /*以下代码不会被执行*/
    printf("you'll never see this, because i longjmp'd");
}

main()
{
    if(setjmp(buf))
            printf("back in main\n");
    else {
            printf("first time through\n");
            banana();
         }
    }
```

输出结果如下：

```
% a.out
first time through
in banana()
back in main
```

需要注意的地方是：要保证局部变量的值在 longjmp 过程中一直保持不变，唯一可靠的方法是把它声明为 volatile（这适用于那些值在 setjmp 执行和 longjmp 返回之间会改变的变量）。

setjmp/longjmp 最大的用途是错误恢复。只要还没有从函数中返回，一旦发现一个不可恢复的错误，可以把控制转移到主输入循环，并从那里重新开始。有些人使用 setjmp/longjmp 从一串无数的函数调用中立即返回。还有一些人用它们防范潜在的危险代码。例如，当对下面例子中的可疑指针进行解除引用操作时：

```
switch(setjmp(jbuf)) {
    case 0:
        apple = *suspicious;
        break;
    case 1:
        printf("suspicious is a bad pointer\n");
        break;
    default:
        die("unexpected value returned by setjmp");
}
```

这里需要一个处理程序来处理段违规信号，后者进行相应的 longjmp(jbuf, 1)操作，具体内容在第 7 章解释。setjmp 和 longjmp 在 C++中变异为更普通的异常处理机制 catch 和 throw。

编程挑战

跳向它

在已经编写好的程序源文件中增加 setjmp/longjmp，使得程序在接受某些特别的输入时会重新开始。

在使用 setjmp 和 longjmp 的任何源文件中，必须包含头文件<setjmp.h>。

像 goto 一样，setjmp 和 longjmp 使得程序难以理解和调试。如果不是出于特殊需要，最好避免使用它们。

6.9　UNIX 中的堆栈段

在 UNIX 中，当进程需要更多空间时，堆栈会自动生长。程序员可以想象堆栈是无限大的。这是 UNIX 胜过其他操作系统（如 MS-DOS）的许多优势之一。在 UNIX 的实现中，一般使用某种形式的虚拟内存。当试图访问当前系统分配给堆栈的空间之外的空间时，它将产生一个硬件中断，称为页错误（page fault）。处理页错误的方法有好几种，具体取决于对页面的引用是否有效。

在正常情况下，内核通过向违规的进程发送合适的信号（可能是段错误）来处理对无效地址的引用。在堆栈顶部的下端有一个称为 red zone 的小型区域，如果对这个区域进行引用，并不会产生失败。相反，操作系统通过一个好的内存块来增加堆栈段的大小。在不同的 UNIX 实现中，具体细节有所不同，但实际效果相似。附加的虚拟内存紧随当前堆栈的尾部映射到地址空间中。内存映射硬件确保你无法访问操作系统分配给你的进程之外的内存。

6.10　MS-DOS 中的堆栈段

在 DOS 中，在建立可执行文件时，堆栈的大小必须同时确定，而且它不能在运行时增长。如果所需要的堆栈空间大于所分配的空间，那么你和程序都会迷失。如果设置了检查选项，就会收到“STACK OVERFLOW!”（堆栈溢出）消息。如果使用的内存超出了段的限制，编译器也会发出这样一条信息。

如果在一个单一的段中放置太多的数据或代码时，Turbo C 就会发出一条信息，告诉你“Segment overflowed maximum size<lsegname>”（段溢出，超过了<段名>的最大值）。在 80x86 架构中，段的最大限制是 64KB。

确定堆栈大小的方法根据所使用的不同编译器而不同。在 Microsoft 编译器中，程序员可以把堆栈的大小作为一个链接器参数来确定。

```
STACK: nnn
```

这个参数告诉 Microsoft 链接器为堆栈分配 nnn 字节。

Borland 编译器则使用一个特殊名字的变量：

```
unsigned int _stklen = 0x4000;  /* 16KB 堆栈 */
```

其他的编译器厂商使用其他的方法来解决这个问题。请参看程序员参考指南中“堆栈大小”中的详细内容。

6.11 有用的 C 语言工具

本节包括了一些你应该知道的有用的 C 语言工具，并描述了它们的作用（见表 6-1～表 6-4）。我们已经在前面的内容中讲到了其中一些工具，用于帮助你窥探进程和 a.out 文件的内部。有些工具是 SunOS 所特有的。本节提供了一个易于阅读的汇总材料，告诉你这些工具中的每一个是用来干什么的以及可以在哪里找到它们。在学完这个汇总材料之后，请接着阅读每个工具的主文档，并在几个不同的 a.out 中运行每个工具。你既可以使用 hello world 程序，也可以使用其他较大的程序。

请仔细研究这些工具，如果你花 15 分钟时间对每个工具进行试验，将来在解决 Bug 问题时，它会大大节约你的时间。

表 6-1　用于检查源代码的工具

工　具	位 于 何 处	所 做 工 作
cb	随编译器附带	C 程序美化器，在源文件中运行这个过滤器，可以使源文件具有标准的布局和缩进格式。来自 Berkeley
indent		与 cb 作用相同。来自 AT&T
cdecl	本书	分析 C 语言的声明
cflow	随编译器附带	打印程序中调用者/被调用者的关系
cscope	随编译器附带	一个基于 ASCII 码 C 程序的交互式浏览器。我们在操作系统小组中使用，用于检查头文件修改的效果。它提供了对下列问题的快速答案：“有多少命令使用了 libthread”或“阅读了 kmem 的所有文件是哪些”
ctags	/usr/bin	创建一个标签文件，供 vi 编辑器使用。标签文件能加快程序源文件的检查速度，方法是维护一个表，里面有绝大多数对象的位置
lint	随编译器附带	C 程序检查器
sccs	/usr/ccs/bin	源代码版本控制系统
vgrind	/usr/bin	格式器，用于打印漂亮的 C 列表

医生可以使用 X 射线、声谱仪、内窥镜和探查术来查看病人的身体内部。上面这些工具就是软件世界的 X 射线。

表 6-2　　用于检查可执行文件的工具

工　具	位 于 何 处	所 做 工 作
dis	/usr/ccs/bin	目标代码反汇编工具
dump –Lv	/usr/ccs/bin	打印动态链接信息
ldd	/usr/bin	打印文件所需的动态
nm	/usr/ccs/bin	打印目标文件的符号表
strings	/usr/bin	查看嵌入于二进制文件中的字符串。用于查看二进制文件可能产生的错误信息、内置文件名和（有时候）符号名或版本和版权信息
sum	/usr/bin	打印文件的检验和与程序块计数。回答下面这样的问题："这些可执行文件是同一版本的吗？""传输是否成功？"

表 6-3　　帮助调试的工具

工　具	位 于 何 处	所 做 工 作
truss	/usr/bin	trace 的 SVr4 版本，这个工具打印可执行文件所进行的系统调用。它可用于查看二进制文件正在干什么，以及为什么阻塞或者失败。这将非常有用
ps	/usr/bin	显示进程的特征
ctrace	随编译器附带	修改你的源文件，使文件执行时按行打印。是一个对小程序非常有用的工具
debugger	随编译器附带	交互式调试器
file	/usr/bin	告诉你一个文件包含的内容（如可执行文件、数据、ASCII、Shell 脚本、archive 等）

表 6-4　　性能优化辅助工具

工　具	位 于 何 处	所 做 工 作
collector	随编译器附带	（SunOS 独有）在调试器控制下收集运行时性能数据
analyzer	随编译器附带	（SunOS 独有）分析已收集的性能数据
gprof	/usr/ccs/bin	显示调用图配置数据（确定计算密集的函数）
prof	/usr/ccs/bin	显示每个程序所耗时间的百分比
tcov	随编译器附带	显示每条语句执行次数的计数（用于确定一个函数中计算密集的循环）
time	/usr/bin/time	显示程序所使用的实际时间和 CPU 时间

如果你工作于操作系统的内核模式，则无法使用绝大多数运行时工具，因为内核并不像用户进程那样运行。可以使用编译时工具如 lint，但除此之外我们只能使用石刀和燧斧了：将有序模式放入内存中，看看它们何时被覆盖（最常使用的两个是十六进制常量 deadbeef 和 abadcafe），以及使用 printf 或类似的函数并记录跟踪信息。

软件信条

用 grep 调试内核

当内核检测到“不会出现”的情况时，它就会“惊慌失措”，引起突然停止。例如，当它寻找一些具体数据时，却发现了一个 null 指针。由于它无法从这种情况中恢复，因此最安全的方法就是在数据消失前中断处理器。为解决内核的“惊慌”问题，首先必须考虑有哪些事情有可能吓坏操作系统。

Sun 的内核开发小组有一个很隐蔽的 Bug，非常难以被发现，其症状是内核的内存偶尔会被覆盖，这会使系统“惊慌”。

我们队伍中的两个顶尖工程师着手处理这个问题，他们注意到一个内存块的前 19 字节总是被涂抹。这是一个不寻常的偏移量，不像别处出现的 2、4、8 等常见值。其中一个工程师灵机一动，使用这个偏移量来寻找这个 Bug。他建议用内核调试器 kadb 来反汇编内核二进制文件的映像（花了一小时时间），并将结果输出到一个 ASCII 文件中。然后，他们用 grep 对这个文件进行搜索，寻找操作数指示偏移量为 19 的 store 指令！

这些指令中的其中一个肯定是引起问题的根源。

一共有 8 条这样的指令，它们都位于处理进程控制的子系统中。现在，他们对问题出在什么地方已经比较明确了，接下来要做的就是找出它。进一步努力之后，他们终于找到了罪魁祸首：位于一个进程控制结构中的竞争条件。它的用意是一个线程在其他线程（调用了该线程）真正完成工作之前先在内存中作个标记，以便以后返回系统。结果内核内存分配器把这块内存分配给了别人，但进程控制块仍以为它还保留有这块内存，所以向其写入，这样就导致了这个极难发现的 Bug。

用 grep 来调试操作系统内核是一个非同寻常的概念。有时候甚至连源代码工具都可以帮助解决运行时问题！

在讨论这些有用工具的同时，表 6-5 列出了一些识别 Sun 系统确切配置的方法。然而，除非你在实践中使用它们，否则它们对你不会有多大帮助。

表 6-5　　帮助你识别硬件的工具

识别什么	典 型 输 出	如 何 调 用
内核体系	sun4c	/usr/kvm/arch –k
任何用于 OS 的补丁	未安装补丁	/usr/bin/showrev –p
各种硬件	许多	/usr/sbin/prtconf
CPU 时钟频率	40MHz 处理器	/usr/sbin/psrinfo –v
主机 ID	554176fe	/usr/ucb/hostid
内存	32MB	在开机时启示
序列号	4290302	在开机时启示
ROM 版本	2.4.1	在开机时启示
安装的磁盘	198MB 磁盘	/usr/bin/df –F ufs –k
交换区	40MB	/etc/swap –s
以太网地址	8:0:20:f:8c:60	/usr/sbin/ifconfig –a 以太网地址被建立到机器中
IP 地址	le0=129.144.248.36	/usr/sbin/ifconfig –a IP 地址被建立到网络中
浮点数硬件	FPU 的频率显示为 38.2MHz	fpversion 随编译器附带

6.12　轻松一下——卡耐基·梅隆大学的编程难题

几年前，卡耐基·梅隆大学的计算机科学系有一个常规性的小型编程竞赛，参赛对象是刚入学的研究生。竞赛的目的是让这些新的研究人员得到一些关于计算机科学系的直接经验，并让他们展示自己的强大潜力。卡耐基·梅隆大学在计算机领域的研究历史悠久，可以追溯到计算机的先驱时代，它在这个领域所取得的成就可以说是非同凡响。所以，对于卡耐基·梅隆大学举办的编程竞赛，其水准可想而知。

比赛的形式每年都不一样，其中有一年非常简单。参赛者必须读入一个文件（文件的内容是一些数值），并打印这些数值的平均数。只有下面这两个规则。

1．程序的运行速度要尽可能快。

2．程序必须用 Pascal 或 C 编写。

参赛选手的程序集中之后由计算机科学系的一名工作人员分批上交。学生可以自愿上交尽可能多的作品，这可以鼓励非确定性随机算法（就是猜测某些数据集的特征，利用猜测结果获得尽可能快的效率）的使用。决定性的规则是：运行时间最短的程序将获胜。

这些研究生纷纷钻进各个角落，开始折腾各种各样的程序。他们中的绝大多数都准备了3～4 个程序参加竞赛。在此，读者也可以想想有什么样的技巧可以使程序运行得更快。

编程挑战

怎样突破速度限制

想象一下，假如你接到一个任务，要求读入一个内容是 10000 个数值的文件，并计算这些数值的平均数。你的程序的运行时间必须尽可能得短。

你会采用什么样的编程和编译技巧来提高速度？

大多数人都猜想最大的赢家一定采用了代码优化措施，不管是显式地在代码中使用，还是通过正确设置编译器选项隐式地使用。标准的代码优化技巧包括消除循环、函数代码就地扩展、公共子表达式消除、改进寄存器分配、省略运行时对数组边界的检查、循环不变量代码移动（loop-invariant code motion）、操作符长度削减（把指数操作转变为乘法操作，把乘法操作转变为移位操作或加法操作等）等。

数据文件大约包含了 10000 个数值，假定读入和处理每个数需要 1 毫秒（当时的系统差不多就是这个速度），最快的程序也要用 10 秒左右。

实际结果非常令人吃惊。其中最快的一个程序，操作系统报告用时为–3 秒。确实如此——获胜程序的运行时间是负数！第二快的程序大约用了几毫秒，而排名第三的作品恰好比预期的 10 秒稍微少一点。显然，获胜者在编程中作了弊，但他是怎样作弊的呢？评委们在对获胜程序进行仔细审查后，答案揭晓了。

这个运行时间为负的程序充分利用了操作系统。程序员知道进程控制块相对于堆栈底部的存储位置，他用一个指针来访问进程控制块，并用一个非常大的值覆盖“CPU 已使用时间”字段[1]。操作系统未曾想到 CPU 时间会有如此之大，因此错误地以二进制补码方案把这个非常大的数解释为负数。

至于那个费时仅几毫秒的亚军程序得主同样狡猾，他用的方法有所不同。他使用的是竞争规则，而不是怪异的编码。他提交了两个不同的程序，其中一个读入数据，用正常的方法计算平均值，并将答案写入一个文件。第二个程序绝大部分时间都处于睡眠状态，它每隔几秒醒来一次检查答案文件是否已存在，如果已经存在，就打印其结果。第二个程序总共只占用了几毫秒的 CPU 时间。由于参赛者允许递交多个作品，所以这个用时极少的程序就把他推上了亚军的位置。

1 这是一种对规则的臭名昭著的滥用，类似于阿根廷足球巨星马拉多纳在 1986 年世界杯用上臂打入英格兰队一球的“上帝之手”。

季军作品所花的时间比预想的最小时间还要稍少一些。该程序的构思最为周详，程序员殚精竭虑，通过优化机器代码来解决问题，并把指令作为整型数组存储在程序中。由于在程序中覆盖堆栈上的返回地址是非常容易的（正如 Bob Moris, Jr.于 1988 年在 Internet 蠕虫中所做的那样），所以程序可以跳转到这个整型数组并逐条执行这些指令。所记录的时间如实反映了这些指令解决问题的时间。

当这些策略被揭露后，轰动了全系。有些专家赞成对获胜者进行严厉批评；一群年轻教授则相反，他们建议给予额外的奖励以进行表彰。最后，双方达成妥协：既没有颁奖，也未对他们进行惩罚，结果不了了之。令人悲哀的是，这个竞赛成了强烈感情的牺牲品。从此以后，这个比赛再未举行。

6.13 只适用于高级学员阅读的材料

对智者之语：可以把汇编代码嵌入到 C 代码中。这通常只用于深入操作系统核心且非常依赖机器的任务。例如设置某个特别的寄存器，把系统的状态从管理员模式转变为用户模式。现在，我们把一条 no-op（或其他指令）插入到使用 SunPro SPARCompiler 的 C 函数中：

```
banana()  { asm("nop"); }
```

下面是在 PC 中使用 Microsoft C 嵌入汇编语言指令的方法：

```
__asm mov ah, 2
__asm mov dl, 43h
```

可以在汇编代码前冠以关键字“__asm”，也可以只使用该关键字一次，把所有的汇编代码放入一对花括号内，如下：

```
__asm {
        mov ah, 2
        mov dl, 43h
        int 21h
      }
```

编译器并不会对代码作多少检查，所以很容易创建崩溃的程序。但这是一种很好地学习某种机器指令集的实践方法。请看一下 SPARC 架构手册、汇编程序手册（大部分用于讲述语法和指导）和某个 SPARC 销售商所提供的数据图书，如 Cypress Semiconductor 的 *SPARC RISC User's Guide*。

第7章 对内存的思考

大师向他的一位新学生解释道的本质。

"道蕴含于所有的软件中，不管它们是多么微不足道。"大师说道。

"那么，道是否存在于手持式计算器中？"学生问道。

"是的。"大师回答。

"那么道是否存在于视频游戏中？"学生继续问。

"是的，即便它是一个视频游戏。"大师回答。

"那么，道是不是存在于PC的DOS上？"

大师咳嗽了几声，微微移动了一下位置，答道："它可能会存在于鲍勃的活动记录中，今天的课就到此为止。"

——*Geoffrey James*，*The Tao of Programming*

本章从讨论 Intel 80x86 处理器系列（IBM PC 的核心）的内存体系开始，将 PC 的内存模型与其他系统中的虚拟内存模型进行了对比。程序员如果对内存体系有一个充分的了解，将有助于他们理解 C 语言中的一些约定和限制。

7.1 Intel 80x86 系列

现代的 Intel 处理器可以追溯到最早期的 Intel 芯片。随着用户对芯片的使用越来越复杂，他们对芯片的要求也越来越高。Intel 总是能够及时提供向后兼容的处理器。可兼容性使用户更容易升级到新的芯片，但这也严重限制了芯片的革新。现代的 Pentium 处理器是 15 年前 Intel 8086 处理器的直接后代，它存在着许多架构上的不规整性，目的就是为了与 8086 保持向后兼容（在 8086 上编译的程序可以在 Pentium 上运行）。由于 Intel 在保持芯片兼容性的同时不得不限制一些革新，所以有些人不客气地评论“Intel 在保持向后兼容性的同时落伍了……”（见图 7-1）。

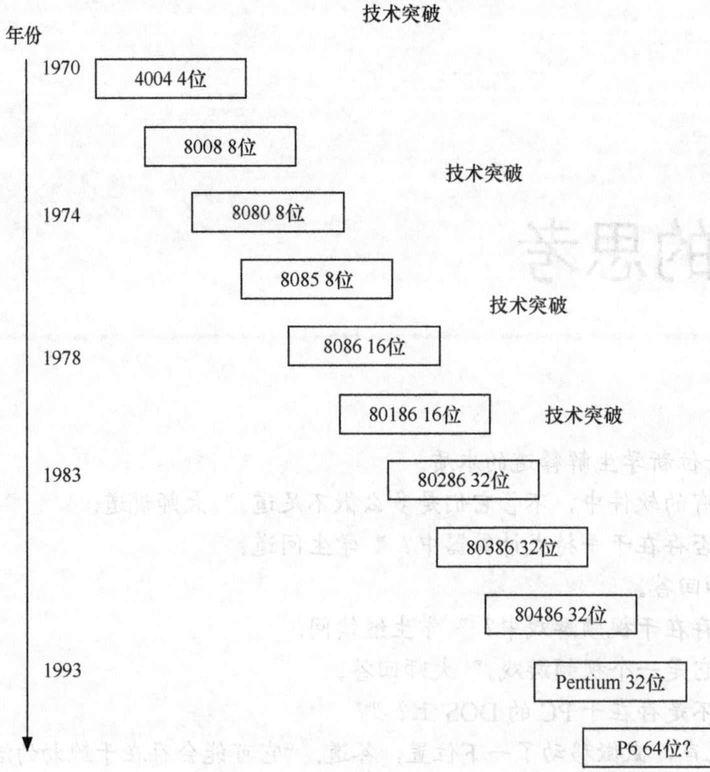

图 7-1　Intel 80x86 家族：“在保持向后兼容时落后了”

Intel 4004 是一个 4 位的微控制器。它是 1970 年 Intel 为满足独家客户 Busicom（一家日本计算器公司）的特殊需要而开发的。Intel 的设计工程师的想法是生产一种通用目的的可编程芯片，而不是遵循当时为每个顾客量身定做的逻辑规则。Intel 原先设想售出几百块这样的芯片，但通用目的设计很快显示了巨大的应用潜力。4 位的字长实在太小了，所以在 1972 年 4 月，8 位的 8008 芯片诞生了。两年后，8080 芯片诞生了，这是第一片性能强大到可以称其为微处理器的芯片。它包含完整的 8008 指令集，并增加了 30 条自己的指令，从而开创了一个沿用至今的传统。如果说 4004 是一块使 Intel 开创事业的芯片，那么 8080 就是一块为 Intel 带来财富的芯片，它使 Intel 的年度营业额突破了 10 亿美元，并高居财富 500 强的前列。

8085 处理器充分利用了芯片整合技术，它将 3 块芯片组合成一块。在本质上，它是把 8080 处理器、8224 时钟驱动器和 8228 控制器整合到一块芯片上。虽然它内部的数据总线宽度仍然是 8 位，但它使用了 16 位的地址总线，所以能够访问 2^{16} 也就是 64KB 的内存。

8086 处理器于 1978 年诞生，它对 8085 做了改进，允许 16 位的数据总线和 20 位的地址总线，可以访问多达 1MB 的内存（这在当时是一个非常惊人的数字）。这块芯片采用了一个非比寻常的设计决定，它通过重叠两个 16 位的字来形成 20 位的地址，而不是通过简单地连接两个字来形成 32 位的地址（见图 7-2）。8086 在指令集一级上与 8085 不兼容，但汇编程序宏（assembler macro）可以很容易地把原来的程序转移到新的芯片上。

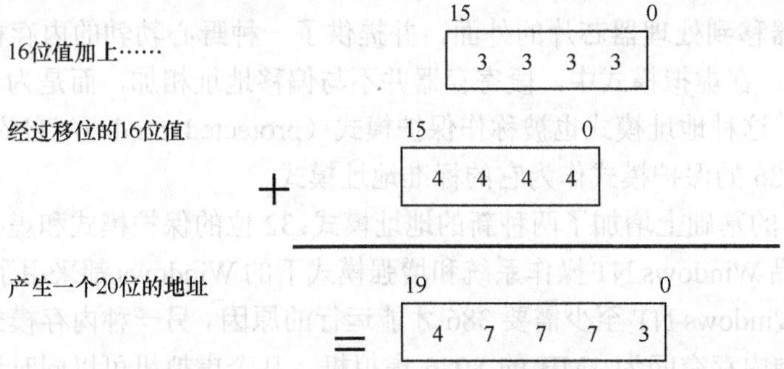

第一个16位值可称为“偏移量”，第二个16位字经过移位后称为“段”，8086芯片有4个段寄存器，用于存储段地址的值，并能自动进入移位和加法操作来产生20位的地址。

8086有代码寄存器CS，数据寄存器DS和堆栈寄存器SS，分别存放代码段、数据段和堆栈段的首地址，另外还有一个附加段ES。从编译者作者的角度看，这些是非常有用的。

图 7-2　Intel 8086 如何形成内存地址

8086 所采用的异乎常规的寻址策略使 8085 上的代码移植到 8086 更加简单。当某个段寄存器装入一个固定的值后，便无须再理睬它们，直接使用 8085 的 16 位地址就可以了。设计团队摒弃了把两个字连接在一起形成地址的想法，这个方法可以产生 32 位地址，可以访问的内存多达 4GB（这在当时是一个不可想象的天文数字）。

既然确立了这个基本的地址模型，后续的 80x86 处理器不得不延续这种做法，否则就会导致不兼容性。如果说 8080 是一块使 Intel 跻身豪门行列的芯片，那么 8086 就是一块使 Intel 保持豪门位置的芯片。我们可能永远不会知道 IBM 在 1979 年选择 Intel 的 8088（一种与 8086 同代的 8 位芯片）作为它新开发的 PC 的 CPU 的确切原因。从技术上说，当时有许多公司可以提供更为出色的方案，如 Motorala 和 National Semiconductor。由于选择了 Intel 的芯片，IBM 帮助 Intel 在接下来的 20 多年里财源滚滚，就像 IBM 选择了 Microsoft 的 MS-DOS 作为 PC 的操作系统，从而使 Microsoft 飞黄腾达一样。具有讽刺意味的是，1993 年 8 月，Intel 的股票市值达到了 266 亿美元，超过了 IBM 的 245 亿美元，从而取代 IBM 成为美国市值最高的电子类公司。

Intel 和 Microsoft 凭借其独家经营的产品，获得了远远超出其贡献的暴利，成为新的 IBM。IBM 仍在绝望地挣扎，试图恢复自己以前的地位。它推出 PowerPC，企图打破 Intel 在硬件上的垄断，同时推出 OS/2 操作系统，试图动摇 Microsoft 在软件上的统治。OS/2 失败无疑，但断定 PowerPC 的厄运则为时尚早。

用于最初的 IBM PC 的 8088 处理器只是 8086 的一种廉价版本，它允许继续使用当时大量存在的支持 8 位的芯片。此后，对 80x86 处理器的升级都体现在“更小、更快、更便宜以及更多的指令”上。80186 走的就是这条路，它增加了 10 条并不是很重要的指令。80286 差不多就是 80186（只是内置了一些微不足道的外设端口支持），但它第一次试图扩展内存地址空间。它把内存控制器移到处理器芯片的外面，并提供了一种野心勃勃的内存模式，称为虚拟模式（virtual mode）。在虚拟模式中，段寄存器并不与偏移地址相加，而是为一个存放实际段地址的表提供索引。这种地址模式也被称作保护模式（protected mode），它依然是 16 位的。MS-Windows 使用 286 的保护模式作为它的标准地址模式。

80386 在 80286 的基础上增加了两种新的地址模式：32 位的保护模式和虚拟的 8086 模式。Microsoft 的旗舰产品 Windows NT 操作系统和增强模式下的 Windows 都采用了 32 位的保护模式。这就是为什么 Windows NT 至少需要 386 才能运行的原因。另一种内存模式（虚拟的 8086 模式）可以创建一种内存空间为 1MB 的 8086 虚拟机。几个虚拟机可以同时运行，从而支持 MS-DOS 的虚拟多任务系统。它们中的每一个都认为自己运行于自己的 8086 处理器上。此时，你应该能够想到，由于最初内存地址策略的限制，处理日益增长的内存空间的需要将是一件棘手的事。你想得没错！对于编写编译器和应用程序而言，80x86 是一个充满困难和挫折的架构。

上述所有这些处理器都可以附加协处理器，通常用于实现浮点数的硬件支持。8087 和 80287 协处理器是一样的，唯一的区别是 287 可以和 286 一样扩展对内存的访问。387 可以使用和 386 一样的模式访问内存，但它同时增加了一些内置的高级功能。

软件信条

选择 IBM PC 的组件

IBM 在 PC 上所做的部分决定（也许是大部分决定）显然是出自非技术的背景。在决定采用 MS-DOS 之前，IBM 安排了一个会议，与 Digital Research 公司的 Gary Kildall 商讨 CP/M 操作系统的事宜。就在会议举行的当天，出现了人们传说中的故事：由于天气非常好，Gary Kildall 决定改坐自己的私人飞机与会，结果误点。IBM 的经理可能对长时间等待颇感恼火，便转而与 Microsoft 匆匆达成了协议。

Bill Gates 当时刚从 Seattle Computer Product 公司购买了 QDOS[1]，对它稍作整理后，更名为 MS-DOS。接下来的故事，都已是人们津津乐道的历史典故。IBM 很高兴，Intel 也很高兴，Microsoft 则是非常非常高兴。Digital Research 自然不会愉快。数年以后，Seattle Computer

[1] 从文学效果上说，它表示“Quick and Dirty Operating System”（快速而肮脏的操作系统）。

Products 意识到自己放走了一个有史以来销量最大的计算机程序后，自然也不会愉快。他们仍保留了一个权利，就是他们在销售硬件时可以同时销售 MS-DOS。这就是为什么过去你能看到一些出自 Seattle Computer Products 的 MS-DOS 的原因，它们被滑稽地附在显然已经没用的 Intel 芯片产品上，从而“庄严”地履行它们与 Microsoft 所达成的协议。

不要为 Seattle Computer Products 感到太遗憾，他们的 QDOS 本身在很大程度也是基于 Gray Kildall 的 CP/M。而 Gray Kildall 似乎更热衷于飞行。Bill Gates 后来用销售软件的利润购买了一辆性能出众、快如闪电的保时捷 959 跑车，花了 75 万美元，但在进入美国海关时却出了问题。保时捷 959 无法在美国驾驶，因为它没有通过美国政府规定的必须进行的防撞性测试。这辆跑车至今仍然搁置在奥克兰的一个仓库里，从来没有驾驶过，这大概是 Bill Gates 唯一可以保证不会崩溃的产品。

80486 是一种经过重新包装的 80386。它的速度更快一些，因为总线缺乏允许安装协处理器的状态。它既可以附加 486 协处理器，也可以不附加，分别称为 DX 和 SX。486 适当地增加了一些指令，并在处理器内部集成了 cache（高速的处理器内存），其余部分的性能提高主要应归功于它。然后便到了 20 世纪 90 年代，在经过巨大的技术革新和产品商标上的争论后，Intel 将它的新芯片命名为 Pentium，而不是 80586。它更加快速，更加昂贵，支持原先的所有指令，并增加了一些新指令。可以预料 80686 将会更快，更昂贵，并再额外提供了一些指令。激励 Intel 连续推出新芯片的格言就是“要么更快，要么灭亡”，而它们就是依靠这个格言生存的。正如我年迈的祖母在退休后坐在轮椅上时曾说过的那样，“那些忘记历史的人注定会出现严重的向后兼容问题，尤其当他们改变内存的地址模式或机器架构的字长时。”

7.2 Intel 80x86 内存模型以及它的工作原理

正如在第 6 章里看到的那样，段（segment）这个术语至少有两种不同的含义（其实还存在第三种含义，它跟操作系统的内存管理有关）。

- 在 UNIX 中，段就是一块以二进制形式出现的相关内容。
- 在 Intel 80x86 内存模型中，段是内存模型设计的结果。在 80x86 的内存模型中，各处理器的地址空间并不一致（因为要保持兼容性），但它们都被分割成以 64KB 为单位的区域，每个这样的区域便称为段。

作为 80x86 内存模型最基本的形式，8086 中的段是一块 64KB 的内存区域，由一个段寄存器所指向。内存地址的形成经过是：取得段寄存器的值，左移 4 位（相当于乘上 16）；或者换种思路，把段寄存器的值看成是 20 位的，也就是在值的右边扩充 4 个 0。

然后就是 16 位的偏移地址，它表示段内的地址。如果把段寄存器的值（经过移位）加上偏移地址，就得到最终的地址。注意，正如两个数加起来等于 24 的例子有很多那样，不同的段地址加上偏移地址所形成的值可能指向同一个内存地址。

小 启 发

不同的段地址和偏移地址形成的指针可能指向同一个内存地址

Intel 8086 处理器的内存地址是通过组合 16 位的段地址和 16 位的偏移地址形成的。在加上偏移地址之前，段地址要左移 4 位。这就意味着许多不同的段地址/偏移地址组合可能指向同一个内存地址。

段地址（左移 4 位后）		偏移地址		最终地址
A0000	+	FFFF	=	AFFFF
:				
AFFF0	+	000F	=	AFFFF

一般来说，大约有 0x1000（4096）个不同的段地址/偏移地址组合可以指向同一个内存地址。

C 语言编译器设计者必须确定，在 PC 中这些指针是以规范的方式进行比较的。否则的话，可能会出现两个位模式不同但指向同一个内存地址的指针被错误地比较为不相等。如果使用了 huge 关键字（使用 huge 内存模式），这些工作会自动完成，但如果使用了 large 模式，则不会如此。在 Microsoft C 中，far 关键字表示指针存储了段寄存器的内容和偏移地址。near 关键字表示指针只存储 16 位的偏移地址，它的段地址使用当前数据段或堆栈段寄存器中的值。

小 启 发

内存容量单位一览

单位	2 的乘方数	含义	字节数
Kilo	2^{10}	1000 字节	1024
Mega	2^{20}	100 万字节	1048576
Giga	2^{30}	10 亿字节	1073741824
Tera	2^{40}	1 万亿字节	1099511627776
Bubba	2^{64}	1800 亿亿字节	18446744073709551616

在讨论数字概念时，需要注意所有的磁盘制造商都是使用十进制数（而不是二进制数）来表示磁盘的容量。所以 2GB 的磁盘可以存储 2000000000 字节的数据，而不是 2147483648 字节。

64 位的地址是非常巨大的，它可以把整部用高清晰度电视播放的影片都存放在内存中。对于高清晰度电视尚无明确的定义，但大致相当于 SVGA 中 1024×768 像素的分辨率，其中每个像素需要 3 字节的色彩信息。

按每秒钟显示 30 帧（目前 NTSC 的标准）计算，一部长度为两个小时的影片将占据：

120 分钟×60 秒×30 帧×786432 像素×3 色彩字节

= 509607936000 字节

= 500GB 的内存

你可以在 64 位的虚拟内存地址空间中存放不止一部，而是 3600 万部高清晰度电视影片（这个数目大大超出了目前已生产的所有影片的总和）。你还需要为操作系统留出空间，不过没问题，当前 SVID[1]所限定的 UNIX 内核不过是 512MB。当然，你还需要解决一个问题，就是找到足够大的物理磁盘来备份这个巨量的虚拟内存。

今天，计算机系统结构的真正挑战不在于内存的容量，而是内存的速度。如果你的软件实际上受到磁盘和内存的等待时间（访问时间）的限制，那么即使是光彩夺目的 Pentium 芯片也没有用武之地。准确地说，在内存和 CPU 的性能之间存在一道很深的鸿沟，而且是越来越深。在过去的 10 年里，每隔一年半至两年，CPU 的速度就会提升一倍。在相同的时间内，内存的容量倒是扩大了一倍（从 64KB 增加到 128KB），但它的访问时间只提高了 10%。在巨型地址空间的机器中，主存访问时间的重要性将进一步凸显。当访问海量数据时，它所耗费的内存访问时间将左右软件的性能。我们只能寄望未来能看到 cache 以及相关技术的更广泛使用。

小启发

MS -DOS 640KB 的限制缘何而来

在 MS-DOS 下运行的应用程序都面临一个严峻的内存限制，那就是可用内存只有 640KB。这个限制源于 Intel 8086 这个最初的 DOS 机器的最大地址范围。8086 支持 20 位的地址，总共是 1MB 的内存。之所以只能使用 640KB，是因为某些段（每个 64KB）必须予以保留，供系统所用：

段	保留用于
F0000～FFFF	64KB，用于永久性的 ROM 区域 BIOS、诊断信息等

[1] SVID（System V Interface Definition，系统 V 接口定义）是一份描述 System VAPI 的重量级文档。

D0000～EFFF	128KB，用于 ROM 存储区域
C0000～CFFF	64KB，用于 BIOS 扩展（XT 硬盘）
B0000～BFFF	64KB，用于常规性的内存显示
A0000～AFFF	64KB，用于显示内存扩展
其余	
00000～9FFFF	640KB，用于应用程序

billion 和 trillion 在美语和英语中的含义是不同的。在美语中，它们分别是 10 亿（10^9）和 1 万亿（10^{12}）。在英语中，它们代表的数目要大得多，分别是 1 万亿（10^{12}）和 100 亿亿（10^{18}）。我们更倾向美式用法，因为数量级的增长从千（10^3）到百万（10^6），再到 10 亿（10^9）和 1 万亿（10^{12}）比较有连贯性。英国的 billionarie（亿万富翁）比美国的 billionarie 要富有得多——除非两国货币汇率变成 1000 英镑兑换 1 美元。

MS-DOS 的 640KB 内存限制源于 8086 芯片总共 1MB 的地址空间。MS-DOS 把整整 6 个段留给自己使用，只留下 10 个 64KB 的段归应用程序使用，起始地址为 0（其中第 0 块的最低地址也保留给系统使用，用作缓冲区和 MS-DOS 的工作存储）。正如 Bill Gates 在 1981 年所说的那样，"640KB 内存对于所有人来说都已足够了"。当 PC 刚刚出现的时候，640KB 内存听上去像是一个天文数字。事实上，最早的 PC 把 16KB RAM 作为标准配置。

小 启 发

PC 的内存模型

Microsoft C 认可以下几种内存模型。

small: 所有的指针都为 16 位，代码和数据都限定在一个单一的段中，程序最大规模为 128KB（代码段和数据段各 64KB）。

large: 所有的指针都为 32 位，程序可以包含许多个 64KB 的段。

medium: 函数指针为 32 位，所以代码段可能有多个。数据指针为 16 位，所以只有一个 64KB 的数据段。

compact: medium 的另一种形式。函数指针为 16 位，所以代码最多不超过 64KB。数据指针为 32 位，所以数据可以占据多个段，但堆栈里的数据仍限制在一个 64KB 的段内。

Microsoft C 认可下面这些非标准的关键字，当它们应用于对象指针或函数指针时，只覆盖相应类型的指针。

__near: 16 位指针。

__far: 32 位指针，但它所指向的对象必须全部位于同一个段中（所有的对象均不得超过 64KB）。也就是说，一旦载入段寄存器后，你就可以取得段内所有对象的地址。

__huge: 32 位指针，上述所有对段的限制都不存在。

例：char __huge * banana;

注意这些关键字所修改的是它们右边紧邻的项目。与之相反的是，const 和 volatile 类型修饰符所修改的是它们左边紧邻的项目。

在缺省设置之外，你总是可以在任何模式下自行显式地声明 near、far 和 huge 指针。huge 指针始终会按照它的规范[1]形式的值进行比较和指针运算。在规范形式下，指针的偏移地址的范围是 0～15。如果两个指针都是规范形式的，那么以 unsigned long 为类型进行的比较将会得到正确的结果。

如果让数组和结构的大小、指针的大小、内存模型以及 80x86 的硬件操作模型在程序中以多种形式存在且相互影响，就会给编译带来很大的困难，并容易产生错误。

随着电子表格和字处理软件逐渐显示出它们的强大功能，计算机对内存的需求也越来越高。人们投入了巨大的精力来处理 IBM PC 上受限制的地址空间，提出了各种各样的内存扩展方案（expander）和内存扩充方案（extender），但还没有找到一个令人满意的可移植的解决方案。MS-DOS 从本质上说是一种移植到 8086 上的 CP/M，它所有的后续版本都维持了与最初版本的兼容性。这就是为什么 DOS 6.0 仍然是一个单任务系统并依然使用 80x86 的“实地址”（real-address，与 8086 兼容）模型，从而仍然保持对用户程序地址空间的限制。8086 内存模型还存在另外一些人们不希望出现的效果。每一个运行于 MS-DOS 的程序都拥有不受限制的特权，这样便很容易受到病毒软件的攻击。如果 MS-DOS 使用了从 80286 起内置于所有 Intel 处理器的内存和任务保护硬件，PC 病毒或许根本不会出现。

7.3 虚拟内存

如果它存在，而且你能看见它——它是真实的（real）
如果它不存在，但你能看见它——它是虚拟的（virtual）
如果它存在，但你看不见它——它是透明的（transparent）
如果它不存在，而且你也看不见它——那肯定是你把它擦掉了。

——*IBM 用于解释虚拟内存的张贴画，大约是在 1978 年*

和 MS-DOS 一样，让程序受到安装在机器上的物理内存数量的限制是非常不便的。很早的时候，在计算机领域中人们就提出了虚拟内存的概念，目的就是为了去除这个限制。它的基本思路是用廉价但缓慢的磁盘来扩充快速却昂贵的内存。在任一给定时刻，程序实际需要

[1] 我们深知其中微妙，所以我们是以绝对规范的方式来使用“规范”这个词的。

使用的虚拟内存区段的内容就被载入物理内存中。当物理内存中的数据有一段时间未被使用时，它们就可能被转移到硬盘中，节省下来的物理内存空间用于载入需要使用的其他数据。所有现代的计算机系统，从最大的超级计算机到最小的工作站，除了 PC[1]之外，都使用了虚拟内存。

在计算机领域的早期，把未使用的部分数据从内存转移到磁盘的任务是由程序员手工完成的，感觉就像一粒粒剥谷成米一般。程序员必须花费极大的精力追踪任一时刻哪些数据是在物理内存中，并根据需要在段之间来回切换。老式的语言（如 COBOL）仍然包含了大量的特性，用于操作这种内存覆盖。这种方法实在是太过时了，它对于当代的程序员而言根本不具备可操作性。

多层存储是一个类似的概念，我们可以在一台计算机中到处看到它的存在（如在寄存器和主存中）。从理论上说，内存的每个位置都可以用寄存器来代替，但在实际上，这样做的成本将是相当昂贵且不切实际的，所以必须牺牲一些访问速度来大幅降低存储系统的实现成本。虚拟内存只是对多层存储进行扩充，使用磁盘而不是主存来保存运行进程的映像，所以说它们实际上是同一种策略。

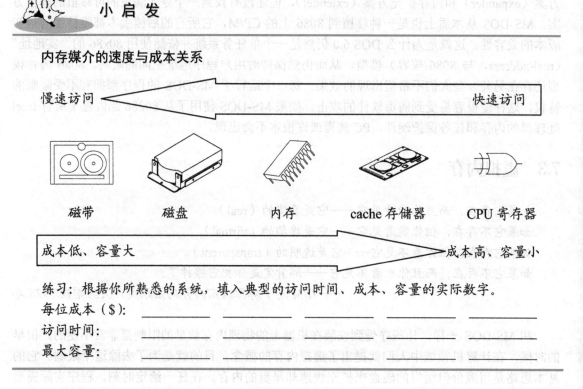

小启发

内存媒介的速度与成本关系

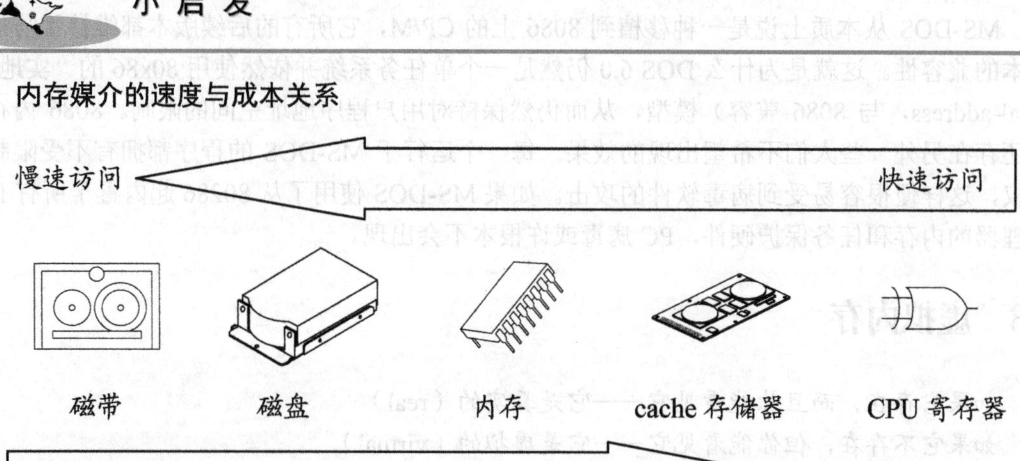

练习：根据你所熟悉的系统，填入典型的访问时间、成本、容量的实际数字。

每位成本（$）：______ ______ ______ ______ ______

访问时间：______ ______ ______ ______ ______

最大容量：______ ______ ______ ______ ______

1 只限于 DOS 时代，现在的 Windows 系统也使用了虚拟内存。——译者注

SunOS 中的进程执行于 32 位地址空间。操作系统负责具体细节，使每个进程都以为自己拥有整个地址空间的独家访问权。这个幻觉是通过“虚拟内存”实现的。所有进程共享机器的物理内存，当内存用完时就用磁盘保存数据。在进程运行时，数据在磁盘和内存之间来回移动。内存管理硬件负责把虚拟地址翻译为物理地址，并让一个进程始终运行于系统的真正内存中。应用程序程序员只看到虚拟地址，并不知道自己的进程在磁盘和内存之间来回切换，除非他们观察运行时间或者查看诸如 ps 之类的系统命令。图 7-3 显示了有关虚拟内存的一些基础知识。

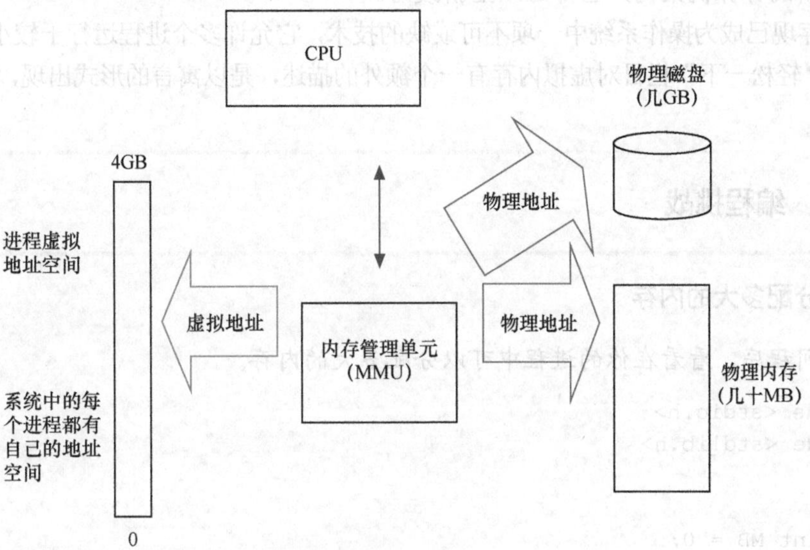

图 7-3 虚拟内存基础知识

虚拟内存通过页的形式组织。页就是操作系统在磁盘和内存之间移来移去或进行保护的单位，一般为几 KB。可以通过输入/usr/ucb/pagesize 来观察你的系统中的页面大小。当内存的映像在磁盘和物理内存间来回移动时，称它们是 page in（移入内存）或 page out（移到磁盘）。

从潜在的可能性上说，与进程有关的所有内存都将被系统所使用。如果该进程可能不会马上运行（比如它的优先级低，也可能是它处于睡眠状态），操作系统可以暂时取回所有分配给它的物理内存资源，将该进程的所有相关信息都备份到磁盘上。这样，这个进程就被“换出”。在磁盘中有一个特殊的“交换区”，用于保存从内存中换出的进程。在一台机器中，交换区的大小一般是物理内存的几倍。只有用户进程才会被换进换出，SunOS 内核常驻于内存中。

进程只能操作位于物理内存中的页面。当进程引用一个不在物理内存中的页面时，内存管理单元（MMU）就会产生一个页错误。内核对此事件作出响应，并判断该引用是否有效。

如果无效，那么内核向进程发出一个“segmentation violation”（段违规）的信号。如果有效，内核从磁盘取回该页，换入到内存中。一旦页面进入内存，进程便被解锁，可以重新运行——进程本身并不知道它曾经因为页面换入事件等待了一会儿。

SunOS 对于磁盘的文件系统和主存有一种统一的观点。操作系统使用相同的底层数据结构（vnode，或称为“虚拟节点”）来操纵这两者。所有的虚拟内存操作都出于同样的设计哲学，就是把文件区域映射到内存区域中。这可以提高性能，并允许可观的代码复用。你可能听说过“hat layer”（帽子层）——就是驱动 MMU 的“硬件地址翻译”软件。它极度依赖硬件，每出现一个新的计算机架构，它都必须重新改写。

虚拟内存现已成为操作系统中一项不可或缺的技术，它允许多个进程运行于较小的物理内存中。本章的“轻松一下”栏目对虚拟内存有一个额外的描述，是以寓言的形式出现，非常经典。

编程挑战

你可以分配多大的内存

运行下列程序，看看在你的进程中可以分配多大的内存。

```
#include <stdio.h>
#include <stdlib.h>
main()
{
        int MB = 0;
        while(malloc(1 << 20))   ++MB;
        printf("Allocated %d MB total\n", MB);
}
```

总共分配的内存量取决于交换区和你的系统配置中的进程限制。如果请求分配的内存块小于 1MB，你实际得到的内存是否比这要多一些？为什么？

为了让这个程序能够在有内存限制的 MS-DOS 上运行，把每次分配的单元从 1MB 改为 1KB（就是把 1<<20 改为 1<<10，并用 KB 代替 MB）。

7.4　cache 存储器

cache 存储器是多层存储概念的更深扩展。它的特点是容量小、价格高、速度快。cache 位于 CPU 和内存之间，是一种极快的存储缓冲区。从内存管理单元（MMU）的角度看，有些机器的 cache 是属于 CPU 一侧的，比如 Sun 的 SPARCstation 2 中即是如此。在这种情况下，

cache 使用的是虚拟地址，在每次进程切换时，它的内容必须进行刷新（如图 7-4 所示）。也有一些机器的 cache 从 MMU 的角度看是属于物理内存一侧的，比如 SPARCstation 10 即是如此。在这种情况下，cache 使用的是物理地址，这就容易使多处理器 CPU 共享同一个 cache。

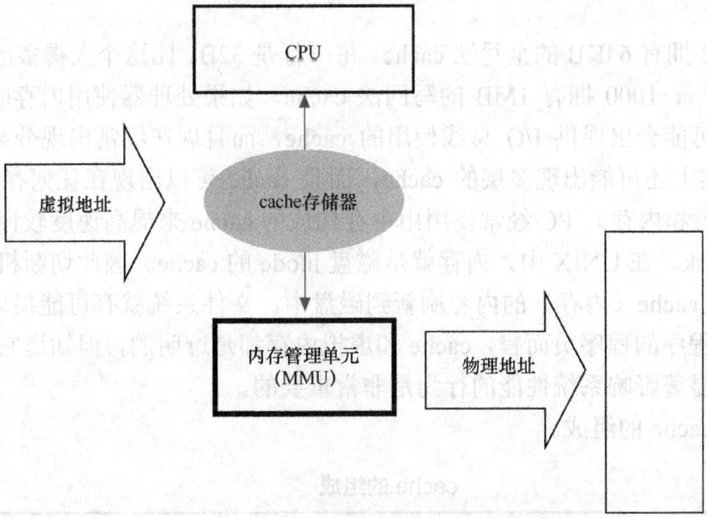

图 7-4　cache 存储器的基本知识

所有的现代处理器都使用了 cache 存储器。当数据从内存读入时，整行（一般 16 字节或 32 字节）的数据被装入 cache。如果程序具有良好的地址引用局部性（如，它顺序浏览一个字符串），那么 CPU 以后对邻近数据的引用就可以从快速的 cache 读取，而不用从缓慢的内存中读取。cache 操作的速度与系统的周期时间相同，所以一个 50MHz 的处理器，其 cache 的存取周期为 20ns。在典型情况下，主存的存取速度可能只有它的 1/4！与常规的内存相比，cache 要贵得多，单位体积更大，消耗的能量也更多。所以，在系统中我们把它作为存储系统的附加部分，而不是把它作为唯一的存储形式。

cache 包含一个地址的列表以及它们的内容。随着处理器不断引用新的内存地址，cache 的地址列表也一直处于变化中。所有对内存的读取和写入操作都要经过 cache。当处理器需要从一个特定的地址提取数据时，这个请求首先递交给 cache。如果数据已经存在于 cache 中，它就可以立即被提取。否则，cache 向内存传递这个请求，于是就要进行较缓慢的内存访问操作。内存读取的数据以行为单位，在读取的同时也装入 cache 中。

如果你的程序的行为颇为怪异，每次都无法命中 cache，那么，程序的性能比不采用 cache 还要差。原因是每次判断 cache 是否命中的额外逻辑并不是免费的午餐。

Sun 当前使用两种类型的 cache。

- 全写法（write-through）cache——每次写入 cache 时总是同时写入到内存中，使内存和 cache 始终保持一致。
- 写回法（write-back）cache——当第一次写入时，只对 cache 进行写入。如果已经写入过的 cache 行再次需要写入时，此时第一次写入的结果尚未保存，所以要先把它写入到内存中。当内核切换进程时，cache 中的所有数据也都要先写入到内存中。

在两种情况下，一旦对 cache 的访问结束，指令流都将继续执行，不用等待缓慢的内存操作全部完成。

SPARCstation 2 拥有 64KB 的全写法 cache，每一行是 32B。比这个大得多的 cache 也越来越常见：SPARCserver 1000 拥有 1MB 的写回法 cache。如果处理器使用内存映射（memory-mapped）的 I/O，可能会出现供 I/O 总线使用的 cache，而且现在经常出现分离的指令 cache 和数据 cache。事实上还可能出现多层的 cache，而且 cache 可以出现在任何存在快速/慢速设备的接口上（如磁盘和内存）。PC 经常使用由主存构成的 cache 来提高速度较慢的磁盘的存取速度，称为 RAMdisk。在 UNIX 中，内存就是磁盘 inode 的 cache。因此切断机器电源前如果不使用 sync 命令把 cache（内存）的内容刷新到磁盘中，文件系统就有可能损坏。

对于编写应用程序的程序员而言，cache 和虚拟内存都是透明的，但知道它们所能提供的好处以及它们可以显著影响系统性能的行为是非常重要的。

表 7-1 所示为 cache 的组成。

表 7-1　　cache 的组成

术　语	定　义
行（line）	行就是对 cache 进行访问的单位。每行由两部分组成：一个数据部分以及一个标签。标签用于指定它所代表的地址
块（block）	一个 cache 行内的数据被称作块。块保存来回移动于 cache 行和内存之间的字节数据。一个典型的块为 32B 一个 cache 行的内容代表特定的内存块，如果处理器试图访问属于该块地址范围的内存，它就会作出反应，速度自然要比访问内存快得多 在计算机行业中，对绝大多数人而言，“块”和“行”的概念分得并不特别清，两者常常可以交换使用
cache	一个 cache（一般为 64KB～1MB，也可能更多）由许多行组成。有时也使用相关的硬件来加速对标签的访问。为了提高速度，cache 的位置离 CPU 很近，而且内存系统和总线经过高度优化，以尽可能地提高大小等于 cache 块的数据块的移动速度

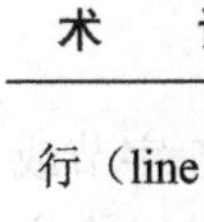

小启发

体验 cache

运行下面的程序，看看在你的系统上是否能够检测到 cache 的效果。

```
#define DUMBCOPY  for(i = 0; i < 65536; i++) \
  destination[i] = source[i]

#define SMARTCOPY  memcpy(destination, source, 65536)

main()
{
   char source[65536], destination[65536];
   int i, j;
   for(j = 0; j < 100; j++)
      SMARTCOPY;
}

% cc -O cache.c
% time a.out
1.0 seconds user time
#改为 DUMBCOPY，并重新编译
% time a.out
7.0 seconds user time
```

采用两种方式编译并记录上面程序的运行时间。第一种就是上面的程序，第二种就是用DUMBCOPY宏替换上面程序中的SMARTCOPY宏。我是在SPARCstation 2上运行这个程序的，使用笨拷贝（dump copy）的程序的性能有显著的下降。

之所以出现性能下降，是因为source和destination的大小正好都是cache容量的整数倍。SS2上的cache行并不是按顺序填充的——它使用了一种特别的算法，填充于同一cache行的主存地址恰好都是该cache行大小的整数倍。这是由于对标签存储的优化所引起的——在这种设计方法中，只有地址的高位才被放入标签中。这样一来，source和destination便不可能同时出现在cache中，于是导致了性能的显著下降。

所有使用cache的机器（包括超级计算机、现代的PC以及定位在它们之间的各种机器）在性能上都会受到类似这种变态情况的严重影响。程序的运行时间将因不同的机器和不同的cache实现方案而异。

在这个source和destination都使用同一cache行的特殊情况下，会导致每次对内存的引用都无法命中cache，使CPU的利用率大大降低，因为它不得不等待常规的内存操作完成。库函数memcpy()经过特别优化以提高性能。它把先读取一个cache行再对它进行写入这个循环分解开来，这就避免了上述问题。使用聪明拷贝（smart copy）可以大幅度地提高性能。这也显示了仅仅根据思维单一的基准（benchmak）程序就得出机器性能的结论是多么地愚蠢。

7.5　数据段和堆

我们已经讨论了跟系统相关的内存话题的背景信息，现在是回顾每个进程内部的内存布局的时候了。既然你已经知道了跟系统有关的话题，再讨论与进程有关的话题会更容易一些，尤其是我们将从仔细观察进程内部的数据段开始。

就像堆栈段能够根据需要自动增长一样，数据段也包含了一个对象，用于完成这项工作，这就是堆（heap）。图 7-5 显示了这一点。堆区域用于动态分配的存储，也就是通过 malloc（内存分配）函数获得并通过指针访问的内存。堆中的所有东西都是匿名的——不能按名字直接访问，只能通过指针间接访问。从堆中获取内存的唯一办法就是调用 malloc（以及同类的 calloc、realloc 等）库函数。calloc 函数与 malloc 类似，但它在返回指针之前先把分配好的内存的内容都清空为零。不要以为 calloc 函数中的 c 跟 C 语言编程有关——它的意思是“分配清零后的内存”。realloc 函数改变一个指针所指向的内存块的大小，既可以将其扩大，也可以把它缩小。它经常把内存复制到别的地方然后将指向新地址的指针返回给你。这在动态增长表的大小时很有用——第 10 章将对此作更多的讨论。

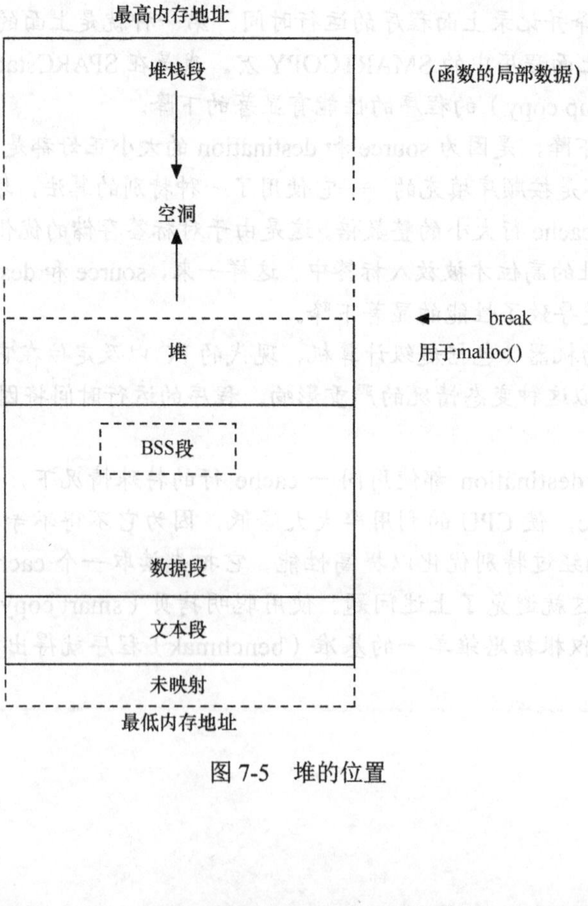

图 7-5　堆的位置

堆内存的回收不必与它所分配的顺序一致（它甚至可以不回收），所以无序的 malloc/free 最终会产生堆碎片。堆对它的每块区域都需要密切留心，要知道哪些是已经分配了的，哪些是尚未分配的。其中一种策略就是建立一个可用块（自由存储区）的链表，由 malloc 分配的每块内存块都在自己的前面标明自己的大小。有些人用 arena 这个术语描述由内存分配器（memory allocator）管理的内存块的集合（在 SunOS 中，就是从当前 break 的位置到数据段结尾之间的区域）。

被分配的内存总是需要进行对齐，以适合机器上最大尺寸的原子访问。为方便起见，一个 malloc 请求申请的内存大小一般被取整为 2 的乘方。回收的内存可供重新使用，但并没有（方便的）办法把它从你的进程移出交还给操作系统。

堆的末端由一个称为 break[1]的指针来标识。当堆管理器需要更多内存时，可以通过系统调用 brk 和 sbrk 来移动 break 指针。一般情况下，不必由自己显式地调用 brk，如果分配的内存容量很大，brk 最终会被自动调用。用于管理内存的调用是：

- malloc 和 free——从堆中获得内存以及把内存返回给堆；
- brk 和 sbrk——调整数据段的大小至一个绝对值（通过某个增量）。

警告：你的程序可能无法同时调用 malloc()和 brk()。如果你使用 malloc，那么 malloc 希望当你调用 brk 和 sbrk 时，它具有唯一的控制权。由于 sbrk 向进程提供了唯一的方法将数据段内存返回给系统内核，所以如果使用了 malloc，就有效地防止了程序的数据段缩小的可能性。要想获得以后能够返回给系统内核的内存，可以使用 mmap 系统调用来映射/dev/zero 文件。需要返回这种内存时，可以使用 munmap 系统调用。

7.6 内存泄漏

有些程序并不需要管理它们的动态内存的使用。当需要内存时，它们简单地通过分配来获得，从来不用担心如何释放它。这类程序包括编译器和其他一些运行一段固定的（或有限的）时间然后终止的程序。当这种类型的程序终止时，所有内存会被自动回收。细心查验每块内存是否需要回收纯属浪费时间，因为它们不会再被使用。

其他程序的生存时间要长一点。有些工具如日历管理器、邮件工具以及操作系统本身经常需要数日乃至数周连续运行，并需要管理动态内存的分配和回收。由于 C 语言通常并不使用垃圾收集器（自动确认并回收不再使用的内存块），这些 C 程序在使用 malloc()和 free()时不得不非常慎重。堆经常会出现两种类型的问题：

- 释放或改写仍在使用的内存（称为“内存损坏”）；
- 未释放不再使用的内存（称为“内存泄漏”）。

这些是最难被调试发现的问题。如果每次已分配的内存块不再使用而程序员并不释放它们，进程就会一边分配越来越多的内存，一边却并不释放不再使用的那部分内存。

---

[1] 如果你对内存的引用超过了 break 的位置，你的程序就会出错。

小启发

避免内存泄漏

每次当调用 malloc 分配内存时，注意在以后要调用相应的 free 来释放它。

如果不知道如何让 free 与先前的 malloc 相对应，那么很可能已经造成了内存泄漏！

一种简单的方法就是在可能的时候使用 alloca()来分配动态内存，以避免上述情况。当离开调用 alloca 的函数时，它所分配的内存会被自动释放。

显然，这并不适用于那些比创建它们的函数生命期更长的结构。但如果对象的生命期在该函数结束前便已终止，这种建立在堆栈上的动态内存分配是一种开销很小的选择。有些人不提倡使用 alloca，因为它不并是一种可移植的方法。如果处理器在硬件上不支持堆栈，alloca()就很难高效地实现。

我们使用“内存泄漏”这个词是因为一种稀有的资源正被一个进程榨干。内存泄漏的主要可见症状就是罪魁进程的速度会减慢。原因是体积大的进程更有可能被系统换出，让别的进程运行，而且大的进程在换进换出时花费的时间也更多。即使（从定义上说）泄漏的内存本身并不被引用，但它仍可能存在于页面中（内容自然是垃圾），这样就增加了进程的工作页数量，降低了性能。另外需要注意的一点是，泄漏的内存往往比忘记释放的数据结构要大，因为 malloc()所分配的内存通常会取整为下一个大于申请数量的 2 的整数次方（如申请 212B，就会向上取整为 256B）。在资源有限的情况下，即使引起内存泄漏的进程并不运行，整个系统的运行速度也会被拖慢。从理论上说，进程的大小有一个上限值，这在不同的操作系统中各不相同。在当前的 SunOS 版本中，进程的最大地址空间可以多达 4GB。事实上，在进程所泄漏的内存远未达到这个数量时，磁盘的交换区早已消耗殆尽。如果你阅读本书的时间距现在（1994 年）超过 5 年，也就是在 20 世纪末的时候，你可能会对这个早已过时的限制忍俊不已[1]。

如何检测内存泄漏

观察内存泄漏是一个两步骤的过程。首先，使用 swap 命令观察还有多少可用的交换空间：

```
/usr/sbin/swap -s
```

total: 17228k bytes allocated + 5396K reserved = 22624K used, 29548K available

（共计：177228KB 已分配+5396KB 用于保留=22624KB 已用，29548KB 可用）

[1] 事实上现在（2002 年）的主流机器仍为 32 位，所以单个进程的空间限制仍为 4GB，不过磁盘容量已大为增加。如果出现进程达到 4GB 而交换区尚未耗尽（理论上），这种情况也是有可能的。——译者注

在一两分钟内输入该命令三到四次，看看可用的交换区是否在减少。还可以使用其他一些/usr/bin/*stat 工具，如 netstat、vmstat 等。如果发现不断有内存被分配且从不释放，一个可能的解释就是有个进程出现了内存泄漏。

小 启 发

聆听网络的心跳：闻音识网络

在所有的网络检测工具中，最神奇的莫过于 snoop 了。

snoop 是 SVr4 中 etherfind 的替代品，它从网络中捕捉分组（packet），并在你的工作站上显示。你可以告诉 snoop 只把精力集中于一至两台机器，也就是你自己的工作站和服务器。这对于检测连接故障非常有用——snoop 甚至可以告诉你字节数据正从你的机器中发出。

但 snoop 最好的特性就是它的-a 选项。它可以使 snoop 让每个分组都在工作站的扬声器中输出一个滴答声，你可以聆听网络的以太交通。不同的分组长度具有不同的调幅，如果你习惯于使用 snoop –a，就会对那些特征声音了如指掌，可以凭借“耳朵”来检测并优化网络。

第二个步骤就是确定可疑的进程，看看它是不是该为内存泄漏负责。你可能已经知道哪个进程是罪魁祸首，不然可以使用“ps –lu 用户名”命令来显示所有进程的大小，如下所示：

```
F  S  UID  PID  PPID  C  PRI  NI  ADDR      SZ  WCHAN     TTY    TIME  COMD
8  S  5303 226  224   80 1    20  ff38f000 199 ff38f1d0  pts/3  0:01  csh
8  O  5303 921  226   29 1    20  ff38c000 143           pts/3  0:00  ps
```

标题为 SZ 的列就是以页面数表示的进程的大小（如果你真的想知道以 KB 表示的页面的大小，可以使用 pagesize 命令）。同样数次重复这个命令，可以发现任何动态分配内存的进程的大小都在增长。如果一个进程看上去不断地增长而从不缩小，它就有可能出现了内存泄漏。一个非常悲哀的现实是，管理动态内存是一项非常困难的编程任务。有些公共领域的 X-Window 应用程序因内存泄漏而臭名昭著。

系统经常可以使用不同的 malloc 函数库，有些在速度上做了优化，有些则重视空间的充分利用，另外一些则希望对调试有所帮助。输入命令：

```
man -s 3c malloc
```

可以浏览主文档页面，观察所有的 malloc 系列函数。要确认链接到了正确的函数库。Solaris 2.x 上的 SPARCWorks 调试器有一个扩展的特性来帮助检测内存泄漏，它们取代了 Solaris 1.x 上的一些特殊的 malloc 库函数。

软件信条

总裁和 printtool—— 一个内存泄漏的 Bug

内存泄漏最简单的形式是：

```
for(i = 0; i < 10; i++)
    p = malloc(1024);
```

这是软件的 exxon valdex[1]，它把你给它的所有东西都泄漏出去。

在每一次成功的迭代之后，p 的内容被改写，它原先所指向的那块内存便“泄漏”了。由于现在不存在指向它的指针，它既无法被访问，也无法被释放。大多数的内存泄漏并不像改写唯一指向该块内存的指针的内容（在该块内存释放之前）那么明显，所以它们更难确定和调试。

在 Sun 公司，出现了一个和 printtool 软件有关的有趣案例。公司总裁 Scott McNealy 的桌面系统上安装了一个操作系统的内部测试版本[2]。总裁先生很快注意到，过了几天以后，他的工作站变得越来越慢，对系统进行重启后问题马上解决。他报告了这个问题，没有什么东西能比一个公司总裁作出的 Bug 报告更让那些工程师紧张的了。

我们发现，问题是由 printtool 触发的，它是 print 命令的窗口界面。像 printtool 这样的软件更多的是由公司总裁这样的人使用而不是由操作系统的开发者使用，这也是问题未被发现的原因。删除 prittool 程序后，内存泄漏不再发生。但是使用 ps –lu scott 命令后显示 printtool 只是引起内存泄漏，它本身的体积并不增长。看来需要观察 printtool 所使用的系统调用。

printtool 的设计为它分配了一个命名管道（named pipe，一种特殊的文件，允许两个不相关的进程进行通信），并用它与命令行 printer 进程通信。每隔数秒，便有新的管道被创建，如果 printtool 没什么重要的东西要告诉 printer，它很快便被销毁。内存泄漏 Bug 的真正罪魁祸首是创建管道的系统调用。当创建管道时，系统便分配一些内核的内存来保存 vnode 数据结构，用于控制管道。但是，用于记录该结构的引用计数的代码却少减了 1 次。

结果，当用户使用的管道的真正数目减少到零时，引用计数仍然显示为 1，所以内核以为该管道仍被使用。这样，每当管道被关闭时应该释放的 vnode 便永远不会被释放。每次管道关闭的时候，内核中几百字节的内存便被泄漏。累计起来，每日数以 MB 计——只需两到三天，便可以使总裁先生所使用的系统慢得像乌龟。

我们在 vnode 引用计数的算法中修正了这个少减 1 次的 Bug，于是常规的内核内存便按预

[1] 油轮名，这艘油轮曾引起一次严重的漏油事故。1989 年 3 月 24 日，它在阿拉斯加的威廉王子海峡触礁，导致 1100 万加仑的原油倾泻到大海中，这是美国有史以来最严重的漏油事件。——译者注

[2] 事实上，这是一个很好的主意。让总裁先生运行软件的早期版本并参与内部测试过程会让每个人都不敢大意。它确保高层管理人员对产品的进展以及取得的改进有一个良好的认识。它可以给产品工程师提供去掉最后一些 Bug 的动力和资源。

想的那样及时得到回收。我们还对 printtool 进行了修改，让它使用一种更漂亮的算法，而不是连续不断地每隔数秒向 printer 做一次小报告。内存泄漏被堵上了，程序员们大大松了一口气，项目经理的脸上也重新出现了笑容，而总裁先生又可以使用 printtool 了。

操作系统内核同时动态管理它的内存使用。内核中的许多数据表是动态分配的，所以预先没有固定的限制。如果一个内核程序错误引起内存泄漏，机器的速度便会慢下来，有时机器干脆挂起或甚至不知所措。当内核程序请求内存时，它们通常会进行等待，直到有足够的内存可以分配为止。如果出现内存泄漏，最终可能导致可以分配的内存无法满足内核的需要，使得每个内核程序都无限制地等待，于是机器便被挂起。内核中的内存泄漏往往很快便被发现，因为绝大多数内核程序的使用都相当频繁。我们有一些专用软件工具用于测试和实行内核内存管理。

7.7 总线错误

当我从 20 世纪 70 年代末开始在 UNIX 上编程时，和许多人一样，我很快就遇到了两个常见的运行时错误：

```
bus error(core dumped)          总线错误（信息已转储）
```

和

```
segmentation fault(core dumped)     段错误（信息已转储）
```

当时这两个错误是非常折磨人的：错误信息对引起这两种错误的源代码错误并没有做简单的解释，上面的信息并未提供如何从代码中寻找错误的线索，而且两者之间的区别也并不是十分清楚，时至今日依然如此。

大多数的问题都是出于这样一个事实：错误就是操作系统所检测到的异常，而这个异常是尽可能地以操作系统方便的原则来报告的。总线错误和段错误的准确原因在不同的操作系统版本上各不相同。这里，我所描述的是运行于 SPARC 架构的 SunOS 出现的这两类错误以及产生错误的原因。

当硬件告诉操作系统一个有问题的内存引用时，就会出现这两种错误。操作系统通过向出错的进程发送一个信号与之交流。信号就是一种事件通知或一个软件中断，在 UNIX 系统编程中使用很广，但在应用程序编程中几乎不使用。在缺省情况下，进程在收到“总线错误”或“段错误”信号后将进行信息转储并终止。不过可以为这些信号设置一个信号处理程序（signal handler），用于修改进程的缺省反应。

信号是由于硬件中断而产生的。对中断的编程是非常困难的，因为它们是异步发生的（即发生时间是不可预测的）。因此，信号编程和调试也是很困难的。可以通过阅读信号的主文档和头文件 usr/include/sys/signal.h 了解更多相关的信息。

编程挑战

在 PC 上捕捉信号

现在，信号处理函数是 ANSI C 的一部分，与 UNIX 一样，它也同样适用于 PC。例如，PC 程序员可以使用 signal()函数来捕捉 Ctrl-Break 信号，防止用户用这种方法中断程序。

请在 PC 上编写一个捕捉 INT 1B（Ctrl-Break）信号的信号处理程序，让它打印一条友好的用户信息但并不退出程序。

如果你使用 UNIX，请编写一个信号处理程序，这样在收到 Ctrl-C（传递给一个 UNIX 进程的 Ctrl-C 用作一个 SIGINT 信号）信号后程序将重新启动而不是简单退出。可以使用 typedef 来帮助你定义信号处理块，详见第 3 章有关声明的描述。

在任何使用信号的源文件中，都必须在文件前面增加一行# include <singal.h>。

这条信息的 core dump 部分则来源于很早的过去，那时所有的内存都是由铁氧化物圆环（也就是 core，磁心）制造的。半导体作为内存的主要制造材料的时间已经超过了 15 年，但 core 这个词仍然被用作“内存”的同义词。

7.7.1　总线错误

事实上，总线错误几乎都是由未对齐的读或写引起的。它之所以称为总线错误，是因为出现未对齐的内存访问请求时，被堵塞的组件就是地址总线。对齐（alignment）的意思就是数据项只能存储在地址是数据项大小的整数倍的内存位置上。在现代的计算机架构中，尤其是 RISC 架构，都需要数据对齐，因为与任意的对齐有关的额外逻辑会使整个内存系统更大且更慢。通过迫使每个内存访问局限在一个 cache 行或一个单独的页面内，可以极大地简化（并加速）如 cache 控制器和内存管理单元这样的硬件。

我们表达“数据项不能跨越页面或 cache 边界”规则的方法多少有些间接，因为我们用地址对齐这个术语来陈述这个问题，而不是直截了当地说是禁止内存跨页访问，但它们说的是同一回事。例如，访问一个 8 字节的 double 数据时，地址只允许是 8 的整数倍。所以一个 double 数据可以存储于地址 24、8008 或 32768，但不能存储于地址 1006（因为它无法被 8 整除）。页和 cache 的大小是经过精心设计的，这样只要遵守对齐规则就可以保证一个原子数据项不会跨越一个页或 cache 块的边界。

这种数据必须对齐的存储要求总是让我们想起儿时的游戏——沿着人行道的边沿行走，但脚不能碰到人行道石头的裂缝上，“走在裂缝上，会折断你祖母的背”有点类似“提取未对齐地址数据然后低声诅咒，会引起一个总线错误”。也许这有点像弗洛依德学说或其他神秘的东西。母亲在多愁善感的年龄时曾被一个 Fortran I/O 通道吓坏。一个会引起总线错误的小程序是：

```
union { char a[10];
        int i;
      }u;
int *p = (int *)&(u.a[1]);
*p = 17;  /* p中未对齐的地址会引起一个总线错误！ */
```

这将导致一个总线错误，因为数组和 int 的联合确保数组 a 是按照 int 的 4 字节对齐的，所以“a+1”的地址肯定未按 int 对齐。然后我们试图往这个地址存储 4 字节的数据，但这个访问只是按照单字节的 char 对齐，这就违反了规则。一个好的编译器在发现不对齐的情况时会发出警告，但它并不能检测到所有不对齐的情况。

编译器通过自动分配和填充数据（在内存中）来进行对齐。当然，在磁盘或磁带上并没有这样的对齐要求，所以程序员在其上可以很愉快地不必关心数据对齐。但是，当他们把一个 char 指针转换为 int 指针时，就会出现神秘的总线错误。几年前，当检测到一个内存奇偶检验错误时也会产生总线错误。现在，内存芯片已经非常可靠，而且很好地得到了错误检测和修正电路的保护，所以在应用程序编程这一级，奇偶检验错误几乎不再听闻。总线错误也可能由于引用一块物理上不存在的内存引起。如果不遭遇一个淘气的驱动程序，你恐怕不大可能遭遇这种不幸。

7.7.2 段错误

大家对段错误或段违规（segmentation violation）应该已经很清楚了，因为前面对段模型已经做了解释。在 Sun 的硬件中，段错误由内存管理单元（负责支持虚拟内存的硬件）的异常所致，而该异常则通常是由解除引用一个未初始化或非法值的指针引起的。如果指针引用一个并不位于你的地址空间中的地址，操作系统便会对此进行干涉。一个会引起段错误的小型程序如下：

```
int *p = 0;
*p = 17;        /* 引起一个段错误  */
```

一个微妙之处是，不同的编程错误通常会导致指针具有非法的值。与总线错误不同，段错误更像是一个间接的症状而不是引起错误的原因。

一个更糟糕的微妙之处是，如果未初始化的指针恰好具有未对齐的值（对于指针所要访问的数据而言），它将会产生总线错误，而不是段错误。对于绝大多数架构的计算机而言确实如此，因为 CPU 先看到地址，然后再把它发送给 MMU。

编程挑战

测试使你的软件崩溃

完成上面的测试程序段。

试试运行它们，看看操作系统是怎样报告这些 Bug 的。

附加分：编写一个信号处理程序来捕捉总线错误和段错误信号，让它们打印一条对用户更为友好的信息，然后退出。

运行你的程序。

在你的代码中，对非法指针值的解除引用操作既可能会像上面这样显式地出现，也可能在库函数中出现（传递给它一个非法值）。令人不快的是，你的程序如果进行了修改（如在调试状态下编译或增加额外的调试语句），内存的内容便很容易改变，于是这个问题被转移到别处或干脆消失。段错误是非常难以解决的，而且只有非常顽固的段错误才会一直存在。当你看到同事神色严峻地带着逻辑分析器和示波器进入测试实验室时，便知道他们肯定遇到了真正的麻烦。

软件信条

SunOS 中的一个段违规 Bug

最近，我们不得不处理一个段违规问题，错误发生于 ncheck 实用程序运行于一个受损的文件系统之时。这是一个十分恼人的 Bug，因为在绝大多数情况下，使用 ncheck 的目的就是为了检查怀疑有所损坏的文件系统。

问题的症状是 ncheck 无法运行 printf，直接原因是解除引用一个空指针而引起段违规。导致问题的语句如下：

```
(void)printf("%s", p->name);
```

绝大多数 Yoyodyne Software 公司的程序员新手会用一种啰嗦的方法来修正这个问题：

```
if(p->name != NULL)
        (void)printf("%s", p->name);
else
        (void)printf("(null)");
```

不过，在现在这个情况下，可以改用条件操作符，它既可以简化代码，又可以保持引用的局部性：

```
(void)printf("%s", p->name ? p->name : "(null)");
```

许多人不愿意使用-? -:-这样的条件操作符，他们认为这种方法很容易把人搞混。但与下面这个 if 语句相比，条件操作符似乎更合理一些：

```
if（表达式） 表达式非零时的语句  else 表达式为零时的语句
  表达式？表达式非零时的语句：表达式为零时的语句
```

相形之下，条件操作符颇符合直觉，并允许我们高高兴兴地在一行内写下代码，而无须不必要地使代码膨胀。但是，千万不要在一个条件操作符内嵌套另一个条件操作符。如果这样做了，你很快就会发现要想明白代码的确切意思可不是件容易的事情。

通常导致段错误的几个直接原因如下所示。

- 解除引用一个包含非法值的指针。
- 解除引用一个空指针（常常由于从系统程序中返回空指针，并未经检查就使用）。
- 在未得到正确的权限时进行访问。例如，试图往一个只读的文本段存储值就会引起段错误。
- 用完了堆栈或堆空间（虚拟内存虽然巨大但绝非无限）。

下面这个说法可能过于简单，但在绝大多数架构的绝大多数情况下，总线错误意味着 CPU 对进程引用内存的一些做法不满，而段错误则是 MMU 对进程引用内存的一些情况发出抱怨。

以发生频率为序，最终可能导致段错误的常见编程错误如下所示。

1. **坏指针值错误**：在指针赋值之前就用它来引用内存，或者向库函数传送一个坏指针（不要上当！如果调试器显示系统程序中出现了段错误，并不是因为系统程序引起了段错误，问题很可能还在存在于自己的代码中）。第三种可能导致坏指针的原因是对指针进行释放之后再访问它的内容。可以修改 free 语句，在指针释放之后再将它置为空值。

   ```
   free(p);    p = NULL;
   ```

   这样，如果在指针释放之后继续使用该指针，至少程序能在终止之前进行信息转储。

2. **改写（overwrite）错误**：越过数组边界写入数据，在动态分配的内存两端之外写入数据，或改写一些堆管理数据结构（在动态分配的内存之前的区域写入数据就很容易发生这种情况）。

   ```
   p = malloc(256);  p[-1] = 0;  p[256] = 0;
   ```

3. **指针释放引起的错误**：释放同一个内存块两次，或释放一块未曾使用 malloc 分配的内存，或释放仍在使用中的内存，或释放一个无效的指针。一个极为常见的与释放内存有关的错误就是在 for(p = start; p; p = p -> next)这样的循环中迭代一个链表，并在循环体内使用 free(p)语句。这样，在下一次循环迭代时，程序就会对已经释放的指针进行解除引用操作，从而导致不可预料的结果。

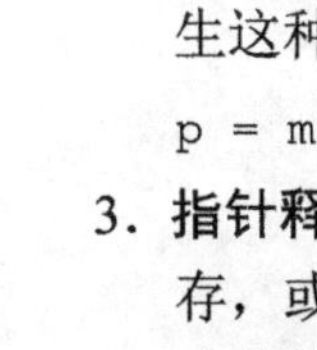

小启发

如何在链表中释放元素

在遍历链表时正确释放元素的方法是使用临时变量存储下一个元素的地址。这样就可以安全地在任何时候释放当前元素，而不必担心在取下一个元素的地址时还要引用它。代码如下：

```
struct node *p, *start, *tmp;
   for(p = start; p; p = tmp)
   {
       tmp = p -> next;
       free(p);
   }
```

软件信条

你的程序空间不够吗？

如果你的程序所需的内存超过了操作系统所能提供给它的数量，程序就会发出一条“段错误”信息并终止。可以用一种简单的方法把这种段错误与其他基于 Bug 的段错误区分开来。

要弄清程序是否用完了堆栈，可以在 dbx 命令下运行该程序：

```
% dbx a.out
(dbx) catch SIGSEGV

(dbx) run
...
signal SEGV (segmentation violation) in <some_routine> at 0xeff57708
(dbx) where
```

如果现在可以看到调用链，那说明堆栈空间还没有用完。

但是，如果看到像下面这样的提示：

```
fetch at 0xeffe7a60 failed -- I/O error
(dbx)
```

那么，堆栈很可能已经用完。上面这个十六进制数就是可以提取或映射的堆栈地址。

你也可以尝试在 C-shell 中调整堆栈段的大小限制。

```
limit stacksize 10
```

你可以在 C-shell 中调整堆栈段和数据段的最大值。上面语句的意思就是把堆栈段的上限调整为 10KB。试一下给你的程序一个更小的堆栈值，看看在它会不会更早出现段错误。再试试给程序一个更大的堆栈值，使它能够成功地运行。进程的总地址空间仍然受交换区大小的限制，可以用 swap –s 命令查看交换区的大小。

当程序出现坏指针值时，什么样的结果都有可能发生。一种广为接受的说法是，如果“你走运”，指针将指向你的地址空间之外，这样第一次使用该指针时就会使程序进行信息转储后终止。如果你“不走运”，指针将指向你的地址空间之内，并损坏（改写）它所指向的内存的任何信息。这将引起隐晦的Bug，非常难以捕捉。近年来，市场上出现了一些优秀的工具软件，可以帮助解决这方面的问题。

7.8 轻松一下——“Thing King”和“页面游戏”

下面这节内容是由Jeff Berryman于1972年所写，当时他工作于MAC项目，并运行着一个早期的虚拟内存系统。Jeff多少有些不平地评论道，他所有的作品中唯有这个最受欢迎，流传也最广。20多年过去了，它的内容对于现在仍然适用。

页游戏

这个说明是一份正式的非工作场合文档，属于Project MAC Computer Systems Research Division。它应该被复制并发布到缺少轻松气氛的地方，并可以随你所愿在其他的出版物中用作参考资料。

规则

1. 每位选手有几百万的Thing。
2. 所有的Thing都保存在箱子时，每箱保存4096个Thing。位于同一个箱子里的Thing称为“箱友”。
3. 箱子既可以存放在车间中，也可以存放在仓库里。车间总是太小，无法容纳所有的箱子。
4. 总共只有一个车间，但可以有好几个仓库。每位选手共享车间和仓库。
5. 每个Thing都有自己的Thing号。
6. 可以对Thing进行锻压，每位选手轮流进行锻压。
7. 只能锻压自己的Thing，不允许锻压其他选手的Thing。
8. Thing只有在车间里时才能被锻压。
9. 只有Thing King知道某个Thing是位于车间中还是位于仓库里。
10. 一个Thing未被锻压的时间越长，它就变得越脏。
11. 必须通过Thing King才能得到Thing。它所给的Thing数以8的整数倍计，这样可以有效地减少维护性开销。
12. 锻压一个Thing的方法就是给出它的Thing号。如果你所给出Thing的编号正好位于车间内，它就可以立即进行锻压。如果它位于仓库中，Thing King把装有该Thing的箱子从仓库中搬到车间内。如果车间内已没有空位置，它就选取最脏的箱子，不管它里面装的是你的Thing还是其他选手的Thing，把它以及内面所有的Thing都搬到仓库里。空出来的位置就存放装有所需Thing的箱子。然后，你就可以对该Thing进行锻压，而你并不知道该Thing原先是存放在仓库中。
13. 每位选手拥有的Thing数量与其他选手相同。Thing King始终知道哪个Thing是哪位选手的以及该轮到哪位选手进行锻压，所以你不可能意外地锻压了其他选手的Thing，即使该Thing的Thing号与你的Thing的Thing号相同。

说明

1. 根据传统，Thing King 坐在一张巨大划分成数段的桌子边，旁边是一些页（所谓的“桌页”），它们的任务是协助 Thing King 记住所有的 Thing 位于何处以及它们分别属于哪位选手。
2. 规则 13 的一个结果就是在各场游戏中，每位选手的 Thing 号都类似，即使选手数量不同。
3. Thing King 也有它自己的 Thing，其中有些也像其他 Thing 一样来回移动于车间和仓库之间。但 Thing King 的有些 Thing 过于沉重，只能一直存放在车间里。
4. 根据给定的规则，经常被锻压的 Thing 更可能被存放于车间内，而不经常被锻压的 Thing 则更可能被放置在仓库中，这出自于效率方面的考虑。

Thing King 万岁！

现在你觉得上面的描述较之下面的非寓言翻译版是不是更有趣一些呢？

规则

1. 每个进程拥有几百万的“字节”。
2. 字节存放于“页”中，每页 4096 字节。位于同一页上的字节具有“本地引用”关系。
3. 页既可以存放在内存中，也可以存放在磁盘中。内存一般不够大，无法容纳所有的页。
4. 总共只有一块内存，但可以有几个磁盘，所有进程共享内存和磁盘。
5. 每个字节都有自己的“虚拟地址”。
6. 进程可以对一个字节进行“引用操作”。每个进程轮流进行引用操作。
7. 每个进程只能引用自己的字节，不能引用其进程的字节。
8. 字节只有当它们位于内存中时才能被引用。
9. 只有“虚拟内存管理器”知道某个字节位于内存还是位于磁盘。
10. 一个字节不被引用的时间越长，它就越“旧”。
11. 进程必须通过虚拟内存管理器得到字节。它所给的字节数量是 2 的倍数或乘方数，这有助于减少开销。
12. 进程引用字节的方法就是给出它的虚拟地址。如果进程所给出的虚拟地址恰好位于内存中，那么进程就可以立即引用它。如果它位于磁盘中，虚拟内存管理器会把包含该字节的页移入到内存中。如果内存空间已满，它就寻找内存中最旧的页（可能是该进程自己的，也可能是其他进程的），把它换到磁盘中，腾出来的空间就存放包含你需要字节的页。然后，进程就可以引用该字节，但进程并不知道该页原先位于磁盘中。
13. 每个进程拥有的字节的虚拟地址与其他进程一样。虚拟内存管理器始终知道谁拥有哪个字节以及该轮到谁进行引用操作，所以一个进程不会无意引用其他进程的字节，即使两者的虚拟地址相同。

说明

1. 根据传统，虚拟内存管理器使用一张很大且分段的表，另外还有“页表”用于记住所有字节的位置以及它们的主人。

2. 规则 13 的一个结果就是各次运行中每位进程的虚拟地址都类似，即使进程的数量有所变化。
3. 虚拟内存管理器也拥有自己的一些字节，它们中的有些也和一般进程的字节一样在内存和磁盘中移来移去。但是，它的有些字节使用频率非常之高，所以常驻内存。
4. 按照上述规则，经常被引用的字节更有可能被存放在内存中，而不太被引用的字节则更可能被存放在磁盘中，这可以提高内存的使用效率。

虚拟内存管理器万岁！

解决方案

捕捉段错误信号的信号处理程序

```
#include <signal.h>
#include <stdio.h>
void handler(int s)
{
    if(s == SIGBUS)    printf(" now got a bus error signal\n");
    if(s == SIGSEGV)   printf(" now got a segmentation violation signal\n");
    if(s == SIGILL)    printf(" now got an illegal instruction signal\n");
    exit(1);
}
main()
{
    int *p = NULL;
    signal(SIGBUS, handler);
    signal(SIGSEGV, handler);
    signal(SIGILL, handler);
    *p = 0;
}
```

运行该程序，输出结果如下：

```
% a.out
    now got a segmentation violation signal
```

注意，这是一个用于教学目的的例子。ANSI 标准第 7.7.1.1 节指出，在我们现在这种情况下，当信号处理程序调用任何标准库函数时（如 printf），程序的行为是未定义的。

解决方案

使用 setjmp/longjmp 从信号中恢复

下面这个程序使用 setjmp/longjmp 和信号处理。这样，程序在收到一个 Ctrl-C（作为 SIGINT 信号传递给 UNIX 程序）时将重新启动，而不是退出。

```
#include <setjmp.h>
#include <signal.h>
#include <stdio.h>
jmp_buf buf;
void handler(int s)
{
   if(s == SIGINT) printf("now got a SIGINT signal\n");
   longjmp(buf, 1);
   /* 没有到达 */
}
main()
{
   signal(SIGINT, handler);
   if(setjmp(buf))
   {
      printf("back in main\n");
      return 0;
   }else
      printf("first time through");
loop:
   /* 在这里循环，等待 ctrl-C */
   goto loop;
}
```

运行这个程序，结果如下：

```
% a.out
first time through
^C now got a SIGINT signal
back in main
```

注意，系统并不支持在信号处理程序内部调用库函数（除非严格符合标准所限制的条件）。如果信号是在第一次使用 printf 时产生，那么在信号处理程序中的 printf 函数面对这种情况就会陷入困惑。我们在这里使用了投机手段，因为观察情况变化的最好方法莫过于交互式 I/O。你在现实的代码中绝不能使用这种伎俩，记住了吗？

第 8 章 为什么程序员无法分清万圣节和圣诞节

你是否已经受够了你的工作站的慢速度？想不想让你的程序的运行速度提高一倍？在 UNIX 系统中，只要一步步按下面这 3 个轻松的步骤进行即可实现。

1. 设计一个高性能的 UNIX vm 内核，并用代码实现。千万小心！你的算法需要比现在运行的那个的最快速度还要快一倍。
2. 把你的代码存为/kernel/unix.c 文件。
3. 运行下行命令

```
cc -O4 -o  /kernel/unix  /kernel/unix.c
```

然后，重新启动系统。

就是这么简单。记住，贝多芬就是用 C 语言编写了他的第一首交响乐。

——*A.P.L. Byteswayp* 的 *Big Book of Tuning Tips and Rugby Songs*

8.1 Portzebie 度量衡系统

当毕加索评论说计算机并不有趣时，我们当然知道他的真实目的只不过想让更多的人关注他的谈话罢了。艺术家的使命就是要挑战现有的口味，对其提出质询，或至少要确保每道菜都有著条。因此，我们在第 8 章展开一个计算机传说中程序员为什么不能分清万圣节和圣诞节的老问题，实在是再合适不过了。在讨论这个话题之前，我首先要提一下举世闻名的计算机科学家 Donald Knuth 的作品。Knuth 教授多年来一直执教于斯坦福大学，他撰写了 *The Art of Computer*

Programming[1]这部参考价值极高的鸿篇巨著，并设计了 TeX 排版系统。

一个鲜为人知的事实是，Knuth 教授的第一个作品并不是出现在位高名盛、视角锐利的科学期刊上，而是刊登于一个更为大众化的杂志上。1957 年 6 月，Donald Knuth 的 *The Potrzebie System of Weights and Measures* 一文出现在第 33 期 *MAD Magazine* 上。在这篇文章中，这位后来成为杰出计算机科学家的 Donald Knuth 拙劣地模仿了当时尚属新鲜事物的公制度量衡系统。Knuth 随后的大部分文章显得更加保守。我们对此感到遗憾，并想寻求它的根源。Potrzebie 系统中所有度量衡的基本用法都可以从厚厚的第 26 期 *MAD Magazine* 中找到。

Knuth 的文章提倡坚持使用那些 *MAD Magazine* 读者更为熟悉的加上公制单位的十进制前缀的非公制单位，如 potrzebies、whatmeworrys 和 axolotls。对许多 *MAD Magazine* 的读者来说，Knuth 的文章向他们适度地介绍了公制度量衡系统的概念。当时美国人并不熟悉 kilo、centi 以及其他一些公制前缀，所以 Knuth 的 Potrzebie 一文为人们理解它们铺平了道路。如果 Potrzebie 度量衡系统真地被采纳，也许后来美国的公制度量衡的试行会更成功。

和 Potrzbie 系统一样，关于程序员无法分清万圣节和圣诞节的笑话也依赖于编号系统的内部知识。程序员无法分清万圣节和圣诞节的原因是八进制的 31 等于十进制的 25，也就是说 10 月 30 日等于 12 月 25 日。

我给 Knuth 教授写了一封信，并附上本章的手稿，希望他能同意我引述这个故事。他不仅表示同意，而且在手稿上标注了许多校对和改进意见，并指出程序员也无法把 11 月 27 日同上面这两个日子区分开来。

本章精选了一些类似的也是依赖于编程内部知识的 C 语言习惯用法。部分例子是值得一试的有用提示，另外一些则是提醒你避开麻烦的挫折典故。我们从一种轻松愉快的方法开始，使图标代码具有自描述能力。

8.2　根据位模式构筑图形

图标（icon）或者图形（glyph）是一种小型的位模式映射于屏幕后产生的图像。一个位代表图像上的一个像素。如果一个位被设置，那么它所代表的像素就是“亮”的。如果一个位被清除，那么它所代表的像素就是“暗”的。所以一系列的整数值能够用于为图像编码。类似 Iconedit 这样的工具用来绘制图形，它们所输出的是一个包含一系列整型数的 ASCII 文件，可以被一个窗口程序所包含。它所存在的问题是程序中的图标只是一串十六进制数。在 C 语言中，典型的 16 × 16 的黑白图形可能如下：

[1] Knuth 教授后来确认，*The Art of Programming* 书名中的“Art”是指与他长期同事的 Art Evans。1967 年，当这几卷书开始出现时，Knuth 在 Carnegi Tech 举行了一个专题会，会上 Knuth 评论说他很高兴看到他的朋友 Art Evans 也在场，因为他已经把这几卷书以他的名字命名。当在场的人回过神来，领悟到这个恶作剧的意思时，无不捧腹大笑，而 Art 本人则比其他人更加惊诧。

后来，当 Knuth 获得 ACM 的图灵奖时，他在图灵奖的 Lecture 上再次提到了 Art，使这个恶作剧进入了正式的记录中。你可以从 *Communications of the ACM*,第 668 页，第 17 卷，第 12 号上看到这个玩笑。Art 声称：“这部巨著以我的名字命名并没有使我的生活得到太多改变。”

```
static unsigned short stopwatch[] = {
0x07C6,
0x1FF7,
0x383B,
0x600C,
0x600C,
0xC006,
0xC006,
0xDF06,
0xC106,
0xC106,
0x610C,
0x610C,
0x3838,
0x1FF0,
0x07C0,
0x0000
};
```

正如所看到的那样，这些 C 语言常量并未提供有关图形实际模样的任何线索。这里有一个惊人的#define 定义的优雅集合，允许程序建立常量，使它们看上去像是屏幕上的图形。

```
#define X  )*2+1
#define _  )*2
#define s  ((((((((((((((((0   /* 用于建立 16 位宽的图形 */
```

定义了它们以后，只要画所需要的图标或图形等，程序会自动创建它们的十六进制模式。使用这些宏定义，程序的自描述能力大大加强，上面这个例子可以转变为：

```
static unsigned short stopwatch[] =
{
    s _ _ _ _ _ X X X X X _ _ _ X X _,
    s _ _ _ X X X X X X X X X _ X X X,
    s _ _ X X X _ _ _ _ _ X X X _ X X,
    s _ X X _ _ _ _ _ _ _ _ _ X X _ _,
    s _ X X _ _ _ _ _ _ _ _ _ X X _ _,
    s X X _ _ _ _ _ _ _ _ _ _ _ X X _,
    s X X _ _ _ _ _ _ _ _ _ _ _ X X _,
    s X X _ X X X X X _ _ _ _ _ X X _,
    s X X _ _ _ _ _ X _ _ _ _ _ X X _,
    s X X _ _ _ _ _ X _ _ _ _ _ X X _,
    s _ X X _ _ _ _ X _ _ _ _ X X _ _,
    s _ X X _ _ _ _ X _ _ _ _ X X _ _,
    s _ _ X X X _ _ _ _ _ X X X _ _ _,
    s _ _ _ X X X X X X X X X _ _ _ _,
    s _ _ _ _ _ X X X X X _ _ _ _ _ _,
    s _ _ _ _ _ _ _ _ _ _ _ _ _ _ _ _
};
```

显然，与前面的代码相比，它的意思更为明显。标准 C 语言具有八进制、十进制和十六进制常量，但没有二进制常量，否则倒是一种更为简单的绘制图形位模式的方法。

如果抓住书的右下角，并斜着看上一页，可能会猜测这是一个用于流行窗口系统的“cursor busy”小秒表图形。我是在几年前从 Usenet comp.lang.c 新闻组学到这个技巧的。

千万不要忘了在绘图结束之后清除这些宏定义，否则很可能会给你后面的代码带来不可预测的后果。

8.3 在等待时类型发生了变化

第 1 章提到，当操作符的操作数类型不一致时会发生类型转换，这被称为“寻常算术转换”。它负责把两个不同的操作数类型转换成同一种普通类型，转换后的类型一般也就是结果类型。

C 语言中的类型转换比一般人想象中的要广泛得多。在涉及类型小于 int 或 double 的表达式中，都有可能出现类型转换。以下面的代码为例：

```
printf(" %d ", sizeof 'A');
```

这行代码打印出存储一个字符字面值类型的长度。你敢确定它的结果就是字符的长度，也就是 1 吗？那就运行一下代码试试。你会发现事实上的结果是 4（或者是你机器上 int 的长度）。字符常量的类型是 int，根据提升规则，它由 char 转换为 int。这个概念在 K&R C 中讲得过于简单了，它在第 39 页是这样描述的：

> 在表达式中，每个 char 都被转换为 int……注意所有位于表达式中的 float 都被转换为 double……由于函数参数也是一个表达式，所以当参数传递给函数时也会发生类型转换。具体地说，char 和 short 转换为 int，而 float 转换为 double。
>
> ——*The C Programming Language*

这个特性被称为类型提升。当它发生于整型类型时称为“整型提升”。ANSI C 延续了自动类型提升的概念，尽管在许多地方它已褪色。关于类型提升，ANSI C 标准有如下说明：

> 在执行下列代码段时
>
> ```
> char c1, c2;
> /*  ...   */
> c1 = c1 + c2;
> ```
>
> “整型提升”规则要求抽象机器把每个变量的值提升为 int 的长度，然后对两个 int 值执行加法运算，然后再对运算结果进行裁剪。如果两个 char 的加法运算结果不会发生溢出异常，那么在实际执行时只需要产生 char 类型的运算结果，可以省略类型提升。

类似，在下列代码段中

```
float f1, f2;
double d;
/*   ...   */
f1 = f2 * d;
```

如果编译器可以确定用 float 进行运算的结果跟转换为 double 后进行运算（例如，d 由类型为 double 的常量 2.0 所代替）的结果一样，那么也可以使用 float 来进行乘法运算。

——*ANSI C 标准，第 5.1.2.3 节*

表 8-1 提供了一个常见类型提升的列表。它们可以出现在任何表达式中，并不局限于涉及操作符和混合类型操作数的表达式。

表 8-1　　　　　　　　　　C 语言中的类型提升

源类型	通常提升后的类型
char	int
位段（bit-field）	int
枚举（enum）	int
unsigned char	int
short	int
unsigned short	int
float	double
任何数组	相应类型的指针

整型提升就是 char、short int 和位段类型（无论 signed 或 unsigned）以及枚举类型将被提升为 int，前提是 int 能够完整地容纳原先的数据，否则将被转换为 unsigned int。ANSI C 提到，如果编译器能够保证运算结果一致，也可以省略类型提升——这通常出现在表达式中存在常量操作数的时候。

软件信条

警惕！真正值得的注意之处——参数也会被提升！

另一个会发生隐式类型转换的地方就是参数传递。在 K&R C 中，由于函数的参数也是表达式，所以也会发生类型提升。在 ANSI C 中，如果使用了适当的函数原型，类型提升便不会发生，否则也会发生。在被调用函数的内部，提升后的参数被裁减为原先声明的大小。

这就是为什么单个 printf()格式符字串%d 能适用于几个不同类型，如 short、char 或 int，而不论实际传递的是上述类型的哪一个。函数从堆栈中（或寄存器中）取出的参数总是 int 类型，并在 printf[1]或其他被调用函数里按统一的格式处理。如果使用 printf 来打印比 int 长的类型如 Sun OS 上的 long long，就可以发现这个效果。除非使用 long long 格式化限定符%lld，否则无法获得正确的值。这是因为在缺少更多信息的情况下，printf 假定它所处理的数据是 int 类型的。

C 语言中的类型转换远比其他语言更为常见，其他语言往往将类型转换只用于操作数，使操作符两端的数据类型一致。C 语言也执行这项任务，但它同时也提升比规范类型 int 或 double 更小的数据类型（即使它们的类型匹配）。在隐式类型转换方面，有 3 个重要的地方需要注意。

- 隐式类型转换是语言中的一种临机手段，起源于简化最初的编译器的想法。把所有的操作数转换为统一的长度极大地简化了代码的生成。这样，压到堆栈中的参数都是同一长度的，所以运行时系统只需要知道参数的数目，而不需要知道它们的长度。把所有的浮点运算都以 double 精度进行就意味着 PDP-11 能够简单地设置为 double 运算模型，它只管按 double 精度执行运算，而无须顾及操作数的精度。
- 即使不理睬缺省的类型转换，也可以用 C 语言进行大量的编程工作，许多 C 程序员就是这样做的。
- 在理解隐式类型转换这档子事之前，不能称自己是专家级 C 程序员。隐式类型转换在涉及原型的上下文中显得非常重要，请看下一节。

8.4 原型之痛

ANSI C 函数原型的目的是使 C 语言成为一种更加可靠的语言。建立原型就是为了消除一种普通（但很难发现）的错误，即形参和实参之间类型不匹配。

ANSI C 的函数原型就是采取一种新的函数声明形式，把参数的类型也包含在声明之中。函数的定义也做了相应的改变以匹配声明。这样，编译器就可以在函数的声明和使用之间进行检查。为了更好地记住两者的区别，表 8-2 显示了新旧两种函数声明和定义的形式。

---

[1] 即使一个原型位于 printf()能及的范围之内，注意它的原型以省略号结尾：

```
int printf(const char *format, ...);
```

表示它是一个接受可变参数个数的函数，参数的信息（除了第一个以外）均未给出，此时一般的参数提升也始终会发生。

表 8-2　　K&R C 的函数声明与 ANSI C 原型的对比

K&R C	ANSI C

声明：
`int foo();`
	原型：
	`int foo(int a, int b);`
	或
	`int foo(int, int);`

定义：
`int foo(a, b)`
`int a;`
`int b;`
`{`
`...`
`}`
	定义：
	`int foo(int a, int b)`
	`{`
	`...`
	`}`

注意，K&R C 的函数声明与 ANSI C 的函数声明（原型）不同，K&R C 的函数定义也与 ANSI C 的函数定义不同。可以在 ANSI C 中使用 int foo(void);这样的形式来表示"没有参数"，尽管它看上去与传统的 C 不一样。

然而，ANSI C 并没有也不可能排它性地使用函数原型，因为这样做将使它无法兼容数以十亿行计的在 ANSI C 之前便已存在的 C 代码。标准并没有规定在函数声明中使用空括号（即未指定参数）是被正式废弃的，也没有说明继续使用这种形式会导致与标准的未来版本不兼容。在可以预见的将来，两种风格将会并存，原因就在于现存的大量旧式代码。所以，如果说原型是个"好东西"，那么我们是不是应该到处都使用它，并在维护旧式代码时为它们增加函数原型呢？绝非如此！

函数原型不仅改变了 C 语言的语法，而且引入了一种微妙的语义区别（不是人们所希望的）。从前面一节中得知，在 K&R C 中，如果向函数传递一个短于 int 的整数，函数实际所接收到的是 int，如果传递的是一个 float，函数实际接收到的是 double。在被调用函数的函数体内，这些值会根据函数定义时参数的声明类型自动裁剪为该类型。

此时，你可能会感到困惑，为什么要不嫌麻烦地将它们提升为更大的类型，然后又直接把它们裁剪为原来的大小呢？之所以要这样做，原意是为了简化编译器——所有的东西都是同一长度。如果只固定使用几种类型，将大大简化参数的传递，尤其是在非常老式的 K&R C 编译器中（不能传递 struct 作为参数）。这种编译器只允许 3 种类型作为参数：int、double 和指针。所有的参数都统一为标准长度，被调用函数会根据需要对它们进行裁剪。

相反，如果使用了函数原型，缺省参数提升就不会发生。如果参数声明为 char，则实际所传递的也是 char。如果使用新风格的函数定义（在函数名后面的括号内给出参数类型），编译器就会假定参数是准确声明的，于是便不进行类型提升，并据此产生代码。

8.5 原型在什么地方会失败

我们需要考虑 4 种情况。

1. **K&R C 函数声明和 K&R C 函数定义**
   能够顺利调用，所传递的参数会进行类型提升。
2. **ANSI C 函数声明（原型）和 ANSI C 函数定义**
   能够顺利调用，所传递的参数为实际参数。
3. **ANSI C 函数声明（原型）和 K&R C 函数定义**
   如果使用一个较窄的类型就会失败！函数调用时所传递的是实际类型，而函数期望接收的是提升后的类型。
4. **K&R C 函数声明和 ANSI C 函数定义**
   如果使用一个较窄的类型就会失败！函数调用时所传递的是提升后的类型，而函数期望接收的是实际类型。

所以，如果为一个 K&R C 函数定义增加函数原型，而原型的参数列表中有一个 short 参数，在参数传递时，这个原型将导致实际传递给函数的就是 short 类型的参数，而根据函数的定义，它期望接收的是一个 int 类型的参数。这样，函数从堆栈中抓取 4 字节（int）而不是 2 字节（short）。如此一来，不幸与 short 参数靠在一起的那 2 字节便无辜地成了垃圾的制造者。可以通过在原型中强迫使用宽类型，从而使代码在第 3、4 两种情况下仍能正常运作。但这种做法不仅背离了可移植性原则，而且会给维护代码的程序员带来困惑。下面的例子显示了两种失败的情况。

文件 1

```
/*  旧风格的函数定义，但它却具有原型 */
olddef(d, i)
float d;
char i;
{
printf("olddef: float = %f, char = %x \n", d, i);
}

/*  新风格的定义，但它却没有原型  */
newdef(float d, char i)
{
printf("newdef: float = %f, char = %x \n", d, i);
}
```

文件 2

```
/*  旧风格的定义，但它具有原型  */
int olddef(float d, char i);
```

```
main() {
  float d = 10.0;
  char j = 3;

  olddef(d, j);

  /*  新风格的定义，但它没有原型  */
  newdef(d, j);
}
```

期望的输出结果：

```
olddef: float = 10.0, char = 3
newdef: float = 10.0, char = 3
```

实际的输出结果：

```
olddef: float = 524288.000000, char = 4
newdef: float = 2.562500, char = 0
```

注意，如果把函数的定义放在它们被调用的同一个文件内（这里是文件 2），程序的行为就会不一样。编译器将会检测到 olddef()的不匹配，因为它现在可以同时看到原型和 K&R C 的函数定义。如果把 newdef()的定义放在它被调用之前，编译器就会平静地执行正确的操作，因为此时函数的定义就相当于原型，它保证了声明和定义的一致性。如果把函数的定义放在它被调用之后，编译器就会发出“类型不匹配”的错误信息。由于 C++要求所有函数必须具备原型，你可能会想用 C++编译器去编译那些旧式的 K&R C 代码，在编译器发出错误信息的地方逐个为函数添加原型。

编程挑战

如何使原型失败

尝试几个例子，弄清楚这里涉及的内容。在一个独立的文件里创建下列函数：

```
void banana_peel(char a, short b, float c)
{
    printf("char = %c, short = %d, float = %f \n", a, b, c);
}
```

在另一个独立的文件里，建立调用 banana_peel()的主程序。

1. 试试在使用原型和不使用原型这两种情况下调用它，再试试在原型和定义不匹配的情况下调用它。

2. 在每种情况下，在运行代码之前预测结果。编写一个 union，你可以向它存储一个值却取回另一个值（两个值的长度不同），检测你的预测是否正确。
3. 参数次序的改变（在函数的声明和定义中）是否会影响被调用函数接收参数的方式？解释其中的原因。你的编译器捕捉到多少种错误情况？

早些时候我曾提到原型允许编译器检查函数使用和声明之间的一致性。即使不曾把旧风格与新风格混合起来，这个用途也绝不会没有用武之地，因为谁也无法保证函数的原型肯定与对应的定义匹配。在实际编程中，我们通过把函数原型放置在头文件中，而把函数的定义放置在另一个包含了该头文件的源文件中来防止这种情况的发生。编译器能同时发现它们，如有不匹配就能检测到。如果程序员不这样做，烦恼很快就会向他袭来。

小启发

不要在函数的声明和定义中混用新旧两种风格

坚决不要在函数的声明和定义中混用新旧两种风格。如果函数在头文件里的声明是 K&R C 风格的，那么该函数的定义也应该使用 K&R C 风格的语法。

```
int foo();    int foo(a, b)  int a;   int b;   {   /*   ...    */  }
```

如果函数具有 ANSI C 原型，那么在它的定义中也使用 ANSI C 风格的语法。

```
int foo(int a, int b);        int foo(int a, int b)  {   /*   ...   */   }
```

可以建立一种可靠的机制来检查跨越多个文件的函数调用。在 printf 这种参数数目不定的函数中需要使用特别的技巧（当前就是如此）。它甚至可以应用于现存的语法。它所需要的就是在标准中规定每次调用函数时必须在参数名字、数量、类型以及函数的返回类型上与函数的定义保持一致。这种"预防艺术"确实存在，Ada 语言就是这样做的。C 语言也可以使用这种方法，不过需要在链接器之前进行一个额外的传递（重要提示：使用 lint 程序）。

在实践中，ANSI C 委员会的成员在扩展 C 语言方面相当谨慎——或许有些保守了。Rationale 中记录了他们为"是否应该去除现有的外部名字只有前 6 个字符才有意义并且大小写不敏感的限制"而痛苦不安的情形。最后，他们决定不去除这个限制，这使得一些语言专家觉得他们多少有些软弱。或许 ANSI C 委员会在这方面也应该做一番努力，规定一个完整的解析过程，即使它在链接器之前需要进行一次传递。应该放弃 C++那种烦琐的部分解析过程，并且规定自己的约定、语法、语义和限制。

8.6 不需要按回车键就能得到一个字符

MS-DOS 程序员在转到 UNIX 系统之后最先提出的一个问题就是“我如何在不按一下回车的情况下从终端读取一个字符？”在 UNIX 中，终端输入在缺省情况下是被“一锅端”的，也就是说整行输入是被一起处理的，这样行编辑字符（backspace、delete 等）可以不通过正在运行的程序就能发挥作用。通常，这是一种人们所希望的便捷办法，但它也意味着在读入数据时必须按一下回车键表示输入行结束后才能得到输入的数据。这种方法对于整行整行的输入是非常有效的，但有些程序需要在每按一键之后就得到这个字符，这就有些不便了。

这个“一次输入一个字符”的特性对于许多种类的软件来说都是非常重要的，但对于 PC 而言却是小菜一碟。C 函数库支持这个特性，通常使用一个称作 kbhit()的函数，如果一个字符正在等待被读取，它就会发出提示。Micorsoft 和 Borland 的 C 编译器提供了 getch()（或 getche()，它可以使字符在读取的同时回显到屏幕上）来获取单个字符，而不用等待整行结束。

人们经常感到疑问，为什么 ANSI C 不定义一个标准的函数来获取一次按键后的字符。由于没有一种标准的方法，每个系统都采用了不同的方法，这样便使程序失去了可移植性。反对将 kbhit()纳入标准的人认为：它在绝大多数情况下是用于游戏软件的，而且还存在其他许多未标准化的终端 I/O 特性。另外，你可能并不想要一个在某些操作系统中很难实现的标准库函数。赞成它纳入标准的人则认为：它在绝大多数情况下用于游戏软件，而游戏编写者并不需要很多的需要标准化的其他终端 I/O 特性。不论你支持哪个观点，事实上 X3J11 小组还是错过了一个使 C 语言成为一代学生程序员在 UNIX 上编写游戏的一种选择的机会（就是未吸纳这个特性）。

小 启 发

老板键

游戏软件比一般人想象的要重要得多。Microsoft 意识到了这一点，经过深思熟虑之后，它们在所有的游戏软件中提供了一个“老板键”。当你用眼角的余光扫描到老板正悄悄迫近时，只要一按老板键，游戏瞬间即会消失。当老板走到你的终端时，你好像正在聚精会神地工作一般。我们仍在寻找一种老板键，它可以使 MS-Windows 崩溃，露出它底层那套真实的窗口系统……[1]

在 UNIX 中，有两种方法可以实现逐字符的输入，一种很难，另一种很容易。容易的方

[1] 作者这句话具有讽刺味道，意思是 Windows 系统只不过是模仿了其他的窗口系统，如果有一个老板键一按，它那层华丽外衣一脱落，其本质就可能是别人的窗口系统（Apple 的 Mac）。——译者注

法就是让 stty 程序来实现这个功能。尽管它是一种间接实现的方法，但对程序而言并无大碍。

```
#include <stdio.h>
main()
{
int c;

/* 终端驱动处于普通的一次一行模式   */
system("stty raw");

/* 现在终端驱动处于一次一字符模式   */
c = getchar();

   system("stty cooked");
/* 终端驱动又回到一次一行模式   */
}
```

最后一行 system("stty cooked");是必要的，因为程序结束后，终端字符驱动特性的状态将延续下去。在程序把终端设为一种滑稽的模式之后，如果不作修改，它就会始终处于这种模式。这和设置环境变量明显不同，后者在进程结束后自动消失。

把 I/O 设置为 raw 状态可以实现阻塞式读入（blocking read），如果终端没有字符输入，进程就一直等待，直到有字符输入为止。如果需要非阻塞式读入，可以使用 ioctl()（I/O 控制）系统调用。它提供一个针对终端特性的良好控制层，可以告诉你在 SVr4 系统下是否有一个键被按下。下面的代码使用了 ioctl()，这样只有当一个字符等待被读入时进程才进行读取。这种类型的 I/O 被称为轮询，就好像你不断地询问设备的状态，看看它是否有字符要传给你。

```
#include <sys/filio.h>
int kbhit()
{
  int i;
  ioctl(0, FIONREAD, &i);
  return i;   /* 返回可以读取的字符的计数值 */
}

main()
{
  int i = 0;
  int c = ' ';

    system("stty raw -echo");
    printf("enter 'q' to quit \n");
    for(; c != 'q'; i++){
       if(kbhit()) {
       c = getchar();
       printf("\n got %c, on iteration %d", c, i);
```

```
        }
    }
    system("stty cooked echo");
}
```

小启发

调用库函数之后检查 errno

每次在使用系统调用（如 ioctl()）之后，检查一下全局变量 errno 是一种好的做法，errno 隶属于 ANSI C 标准。

如果一个库函数调用或系统调用遇到了问题，它将会设置 errno 的值以提示问题的原因。然而，只有当确实出现问题的时候，errno 的值才是有效的——库函数或系统调用会使用某种方法来提示这一点（一般是通过它的返回值）。

一个典型的用法大致如下：

```
errno = 0;
if(ioctl(0, FIONREAD, &i) < 0)
{
    if(errno == EBADF)  printf("errno: bad file number");
    if(errno == EINVAL)  printf("errno: invalid argument");}
```

你可以按自己的喜好尽可地做得花哨一些，并把检查过程封装在一个单一的函数中，当调试程序时它会在每次系统调用之后自行调用。这个方法在隔离错误方面确实大有帮助。当你知道确有错误发生时，库函数 perror()可以打印出错误信息。

如果你对这种单字符 I/O 感兴趣，应该也会对另外一些显示控制感兴趣。curses 函数库为它们提供了各种不同的可移植的程序。curses（令人联想到 cursor［光标］）是一个屏幕管理调用函数库，在所有流行的平台上均得到实现。下面使用 curses 取代 stty 对上面的 main 函数进行改写：

```
#include <curses.h>
/* 使用 curses 函数库和前面定义的 kbhit() 函数 */
main()
{
  int c = ' ', i = 0;

initscr();  /* 初始化 curses 函数  */
cbreak();
noecho();  /* 按键时不在屏幕上回显字符 */
```

```
    mvprintw(0, 0, "Press 'q' to quit\n");
    refresh();

    while(c != 'q')
    if(kbhit()){
        c = getch();  /* 不会阻塞，因为我们知道有一个字符正在等待  */
        mvprintw(1, 0, "got char '%c' on iteration %d \n", c, ++i);
        refresh();
    }

      nocbreak():
      echo();
      endwin();  /* 结束 curses  */
    }
```

用 cc foo.c –lcruses 命令进行编译。你应该注意到在使用了 curses 之后，输出结果非常清晰。有一本叫作 *UNIX Cruses Explained* 的好书，它很好地描述了 curses 函数库。curses 函数库只提供了基于字符的屏幕控制函数。与特定的位映射图形窗口化函数库相比，用 curses 函数库编写的软件在数量上要少得多，但用它编写的软件在可移植性方面却要强得多。

最后，还存在一种非轮询读取方式，每当操作系统准备好一些输入时，就会给你的进程发送一个信号。

如果程序使用了中断驱动的 I/O，当它不处理输入时可以在 main 函数里执行一些其他的处理。如果输入比较零散且程序还有许多其他事务要处理，这是一种非常有效的资源使用方式。中断驱动程序要复杂得多，使它正常运转的难度也大得多，但它可以使进程更有效地使用 CPU 时间，而不是白白浪费时间一直等待输入。现在，随着线程的进一步使用，人们对中断驱动 I/O 的使用也日益减少。

编程挑战

在你的系统中编写一个中断驱动的输入程序

中断驱动的输入是 MS-DOS 中令人耳目清新之处。系统提供了这些简朴的服务，你很容易把它们扔到一边，直接从 I/O 端口采集字符。在 SVr4 中，需要做下列工作。

1. 创建一个信号处理程序函数，当操作系统发送“字符已经就绪”的信号后，它就被调用以读取该字符。这个需要捕捉的信号是 SIGPOLL。
2. 信号处理程序应该读入一个字符，它每次被调用时都对自身进行重置。让它在屏幕上回显刚读取的字符，如果读入的字符是 q 就退出。注意，这仅适用于教学性质的程序。在实际工作中，如果在信号处理程序内调用了任何标准函数库的函数，其结果通常是未定义的。

3. 调用 ioctl()，通知操作系统每次从标准输入时需要向你发送一个信号。查看 streamio 的手册页，你将需要一个 I_SETSIG 命令，参数为 S_RDNORM。
4. 在信号处理程序建立后，程序可以做其他的事，直到输入到达。为输入设置一个计数器，在处理程序函数中打印出计数器的值。

每当通过键盘发送字符时，SIGPOLL 信号会发送到进程中。信号处理程序将读取该字符，并对自身进行重置，以便用于下一次处理。

8.7 用C语言实现有限状态机

有限状态机（Finite State Machine，FSM）是一个数学概念，如果把它运用于程序中，可以发挥很大的作用。它是一种协议，用于有限数量的子程序（状态）的发展变化。每个子程序进行一些处理并选择下一种状态（通常取决于下一段输入）。

FSM 可以用作程序的控制结构。FSM 对于那些以输入为基础，在几个不同的可选动作中进行循环的程序尤其合适。投币售货机就是一个 FSM 的好例子，它具有“接受硬币”“选择商品”“发送商品”和“找零钱”等数种状态。它的输入是硬币，输出是待售商品。

它的基本思路是用一张表保存所有可能的状态，并列出进入每个状态时可能执行的所有动作，其中最后一个动作就是计算（通常在当前状态和下一次输入字符的基础上，另外再经过一次表查询）下一个应该进入的状态。你从一个“初始状态”开始。在这一过程中，翻译表可能会告诉你进入了一个错误的状态，表示一个预期之外的或错误的输入。你不停地在各种状态间进行转换，直到到达结束状态。

在 C 语言中，有好几种方法可以用来表达 FSM，但它们绝大多数都是基于函数指针数组。一个函数指针数组可以像下面这样声明：

```
void (*state[MAX_STATES])();
```

如果知道了函数名，就可以像下面这样对数组进行初始化：

```
extern int a(), b(), c(), d();
int (*state[])() = { a, b, c, d};
```

可以通过数组中的指针来调用函数：

```
(*state[i])();
```

所有的函数必须接受同样的参数，并返回同种类型的返回值（除非把数组元素做成一个联合）。函数指针是很有趣的。注意，我们甚至可以去掉指针形式，把上面的调用写成：

```
state[i]();
```

甚至是：

```
(******state[i])();
```

这是一个在 ANSI C 中流行的不良方法：调用函数和通过指针调用函数（或任意层次的指针间接引用）可以使用同一种语法。至于数组，也有一个对应的方法。这种做法进一步恶化了本来就有缺陷的“声明与使用相似”的设计哲学。

编程挑战

编写一个 FSM 程序

用有限状态机实现第 3 章所描述的 C 语言声明分析器（见图 3-1）。

1. 用状态机图的方法为其编写程序，也许可以通过修改第 3 章曾经写过的 cdecl 程序来实现（你应该写过这个程序，是不是？）。
2. 首先，编写代码来控制状态的转换。让每个动作程序简单打印一条信息，显示它已被调用。然后，对它进入深入的调试。
3. 增加代码，处理并分析输入的声明。

分析环是一个简单的状态机，它的绝大多数状态转换都是按连续的顺序进行的，与输入无关。这意味着不需要建立一个转换表用于匹配状态/输入以获得下一个状态。你可以用一个简单的变量（类型为函数指针）。在每种状态下，需要做的一件事情就是给下一个状态赋值。在主循环中，程序将调用指针所指向的函数，并循环往复，直到结束函数调用或遇到一个错误的状态。

基于 FSM 的程序和不是基于 FSM 的程序在易编码性和调试方面该如何比较？是根据哪种程序更易于增加一个不同的动作，还是根据哪种程序更易于修改动作出现的次序？

如果想干得漂亮一点，可以让状态函数返回一个指向通用后续函数的指针，并把它转换为适当的类型。这样，就不需要全局变量了。如果不想搞得太花哨，可以使用一个 switch 语句作为一种简朴的状态机，方法是赋值给控制变量并把 switch 语句放在循环内部。关于 FSM 还有最后一点需要说明：如果你的状态函数看上去需要多个不同的参数，可以考虑使用一个参数计数器和一个字符串指针数组，就像 main 函数的参数一样。我们熟悉的 int argc、char *argv[]机制是非常普遍的，可以成功地应用在你所定义的函数中。

8.8 软件比硬件更困难

你是否觉得软件和硬件的名字弄反了——软件很容易修改，但在其他的各个方面都比硬件显得更困难[1]？因为软件是如此难于开发并获得正确的结果，作为程序员，我们需要找到尽可

[1] 英文中 hard 即可以表示“硬”，又可以表示“困难”，作者语义双关。——译者注

能容易的方法。其中一种方法（适用于所有语言，并不限于 C 语言）就是使代码便于调试。当你编写程序时，提供 debugging hook。

小启发

debugging hook

你知不知道绝大多数调试器都允许从调试器命令行调用函数？如果你拥有十分复杂的数据结构，它将会非常有用。你可以编写并编译一个函数，用于遍历整个数据结构并把它打印出来。这个函数不会在代码的任何地方被调用，但它却是可执行文件的一部分。它就是 debugging hook。

当调试代码并停在某个断点时，你可以很容易地通过手工调用你的打印函数来检查数据结构的完整性。如果你曾试过这种方法，就会把它一直牢记在心，否则它很可能被埋没。

在上一节，我们已经提示了可调试性编码。建议在为 FSM 编写代码时使用两个明显的阶段：首先进行状态转换，并只有当它们处于工作状态时才提供动作。不要把增量开发（incremental development）和显式代码调试（debugging code into existence）混为一谈，后者是程序员新手或那些开发时间非常紧的程序员常常采用的一种技巧。显式代码调试就是首先仓促地编写一个程序框架，然后在接下来几周的时间里通过修改无法运行的部分对程序进行连续的完善，直到程序能够工作。同时，任何人如果要依赖系统组件，可能会急得发疯。Sendmail 和 make 是两个广为人知的被认为原先是显式代码调试的程序。这就是为什么它们的命令语言是如此地考虑不周和难于学习。并不仅仅是你认为这样，所有人都觉得它们很麻烦。

可调试性编码意味着把系统分成几个部分，先让程序总体结构运行。只有基本的程序能够运行之后，你才为那些复杂的细节完善、性能调整和算法优化进行编码。

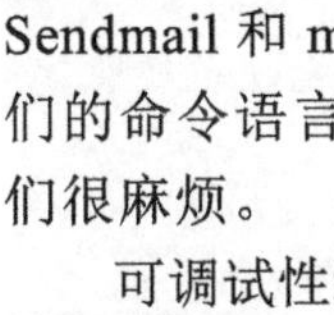

小启发

华丽的散列表

散列（Hash）表是一种提高访问表中数据元素的方法。它不是线性地搜索表中的元素，而是一下子跳到最相像的元素来存储值。

这是通过精心地向表载入元素来实现的。它并不是按照线性顺序，而是应用某种形式的转换（称为散列函数），把数据值和存储它的位置联系起来。散列函数会产生一个范围为 0~表的长度减 1 的值，它就是所需要存储的数据的索引。

如果这个位置已经被别的元素占领，那么就从这个位置起继续向前搜索，直到找到一个空的位置。

另一种解决位置冲突的办法是建立一个链表，挂在这个位置的后面，所有散列函数值为这个位置的元素都添加到这个链表中（既可以从链表头部插入，也可以从尾部追加）。甚至可以在这个位置后面再挂一个散列表。

当查找一个数据项时，不需要从表中第一个元素起挨个查找，而是先产生该数据项的散列函数值，并根据这个值找到表中相应的位置，然后从该位置开始查找该数据项。

散列表是一种被广泛使用和严格测试过的表查找优化方法，在系统编程中到处都有它的踪影：数据库、操作系统和编译器。

如果我搁浅到一个荒岛上，并只被允许带一种数据结构，那我毫无疑问选择散列表。

我的一位同事需要编写一个程序，要求在某一地点存储每个文件的文件名和相关信息。数据存储于一个结构表中，他决定使用散列表。这里就需要用到可调试性编码。他并不想一步登天，一次完成所有的任务。他首先让最简单的情况能够运行，就是散列函数总是返回一个 0。这个散列函数如下：

```
/* hash_file: 占位符，为将来更复杂的程序留下位置 */
int hash_filename(char *s)
{
return 0;
}
```

调用这个散列函数的代码如下：

```
/*
 * find_file: 定位以前建立的文件描述符，需要时可以新建一个
 */
file find_filename(char *s)
{
  int hash_value = hash_filename(s);
file f;

for(f = file_hash_table[hash_value]; f != NIL; f = f -> flink) {
    if(strcmp(f -> fname, s) == SAME) {
    return f;
    }
}
```

```
/* 文件未找到，建立一个新文件 */
f = allocate_file(s);
f -> flink = file_hash_table[hash_value];
file_hash_table[hash_value] = f;
return f;
}
```

它的效果就像是一个散列表还未被使用。所有的元素都存储在第 0 个位置后面的链表中。这使得程序很容易调试，因为无须计算散列函数的具体值。这个顶级程序员很快就完成了程序的剩余部分，因为他不需要担心散列的相互作用。当他对主程序的完美运行感到心满意足以后，又着手采取了一些优化措施，并决定激活散列表。这是一种在单个函数中进行的双线修改。下面是当前所使用的代码，他总结为“brain, pain, gain”（思考、痛苦、收获）。

```
int hash_filename(char *s)
{
  int length = strlen(s);
  return(length + 4 * (s[0] + 4 * s[length/2])) % FILE_HASH;
}
```

有时候，花点时间把编程问题分解成几个部分往往是解决它的最快方法。

编程挑战

编写一个散列程序

输入上面的代码片断，并补足必要的类型说明、数据和代码，使它能像程序一样运行。然后，显式调试它（这可是件恐怖的事）。

8.9 如何进行强制类型转换，为何要进行类型强制转换

“强制类型转换”（cast）这个术语从 C 语言一诞生就开始使用，既用于“类型转换”，也用于“消除类型歧义”。如果编写了下面这样的代码：

```
(float) 3
```

它就是一个类型转换，而且数据的实际二进制位发生了改变。如果这样写：

```
(float) 3.0
```

它就用于消除类型歧义，这样编译器可以从一开始就选用正确的位模式。有些人认为它之所以命名为强制类型转换，是因为它们可以把有些东西变得不完整。

你可以很容易地把某种类型的数据强制转换为基本类型的数据：在括号里写上新类型的名称（如 int），然后把它们放在需要转换类型的表达式前面。在强制转换一个更为复杂的类型时，转换的方法并不是那么显而易见。例如，你有一个 void 指针，并知道它事实上包含了一个函数指针，那么如何在一条语句中进行类型转换并调用该函数呢？

复杂的类型转换可以按以下 3 个步骤编写。

1. 查看一个对象的声明，它的类型就是想要转换的结果类型。
2. 删去标识符（以及任何如 extern 之类的存储限定符），并把剩余的内容放在一对括号里。
3. 把第 2 步产生的内容放在需要进行类型转换的对象的左边。

作为一个实际例子，程序员经常发现他们需要强制类型转换以便使用 qsort()库函数。这个库函数接收 4 个参数，其中一个是指向比较函数的指针。qsort()函数声明如下：

```
void qsort(void base, size_t nel, size_t width,
        int(*compar)(const void*, const void *));
```

当调用 qsort()函数时，可以向它传递一个你喜欢的比较函数。你的比较函数将接收实际的数据类型而不是 void*参数，就像下面这样：

```
int intcompare(const int *i, const int *j)
{
        return(*i - *j);
}
```

这个函数并不与 qsort()的 compar()参数完全匹配，所以需要进行强制类型转换[1]。我们假定有一个整数数组，它具有 10 个元素，现在需要对它们进行排序。根据上面列出的 3 个步骤，可以发现对 qsort()的调用将会是下面这种样子：

```
qsort(
        a,
         10,
         sizeof(int),
         (int (*)(const void *, const void *)) intcompare
);
```

作为一个不实用的例子，你可以建立一个指向如 printf()之类的函数的指针，使用

```
extern int printf(const char*, ...);
void *f = (void*)printf;
```

这样就可以通过一个经过适当类型转换的指针来调用 printf()函数了，方法如下：

```
(*(int(*)(const char*, ...))f)("Bite my shorts. Also my chars and ints\n");
```

[1] 如果你的计算机属于行为比较怪异，而且也不太流行的那种，它的指针长度根据它所指向的类型而异，这样你将不得不在比较函数内进行强制类型转换，而不是在函数调用时。如果有可能的话，赶紧转移到一个更好的计算机架构上。

8.10 轻松一下——国际 C 语言混乱代码大赛

C 语言结合了汇编语言的所有威力和汇编语言的所有易用性。

——古代农民的格言

对于任何编程语言，都可以用一种粗暴的方法来使用它。绝大多数的优秀程序员都能写出一些非常艰涩的代码，让你不忍卒读。有些代码你可以自豪地拿出来给隔壁办公室的程序员看，打赌他们猜不出代码的功能。有些代码时隔 6 个月以后连自己也不知道它是用来干什么的。可以用任何语言来编写这类程序，但使用 C 语言似乎更容易达到这个目的。

国际 C 语言混乱代码大赛（IOCCC）是一项年度竞赛，自 1984 年以来一直延续至今。它由 Landon Curt 和 Larry Bassel 在 USENET 上举办。它源于 Landen 阅读了 Bourne Shell 的源代码之后所发出的感叹："天哪！这太过分了。"他开始想象，如果有意把 C 语言的代码弄得混乱不堪（而不是在实际编程中偶尔出现的副作用），到底能达到什么程度。

大赛形成了一年一度的传统。在冬季里接收参赛作品，在春季里进行评判，在夏季的 Usenix 会议上公布获胜者。通常有 10 种类型的获胜者："对规则的最奇怪的滥用""最具创意的源代码布局""最优秀的单行代码"等。综合性的"最佳上镜"奖授予最难阅读、行为最为古怪（但能够运行）的 C 程序的作者。

IOCCC 有很多令人捧腹之处，而且它能够以令人惊异的方式扩展你的知识，不管你是自行编写还是事后分析获胜者的代码。例如，1987 年，贝尔实验室的 David Korn 提交了下面这个获奖作品：

```
main() { printf(&unix["\021%six\012\0"], (unix)["have"] + "fun" - 0x60); }
```

它打印的是什么东西？（提示：它跟 have fun 无关）David 编写了与 Bourne Shell 齐名的 Korn Shell，它被广泛认为比第 7 版的/bin/sh 清楚得多，大概是由于 IOCCC 扮演了安全阀的角色，黑客们已经痛痛快快地发挥了一回，所以就不想在实际代码里玩花样了。

1988 年的获胜者是 cdecl 程序的一个混乱版本，作者是 Gopi Reddy。回想一下，非混乱的 cdecl 程序大概用了 150 行代码，而这个混乱版本的代码只有 12 行。

```
#include<stdio.h>
#include<ctype.h>
#define w printf
#define p while
#define t(s)  (W = T(s))
char *X,*B,*L,I[99];M,W,V;D(){W==9?(w("'%.*s' is ",V,X),t(0)):W==40?(t(0),
D(),t(41)): W==42?(t(0),D(),w("ptr to ")):0;p(W==40?(t(0),w("func returning "),
t(41)):W==91?(t(0)==32?(w("array[0..%d] of ",atoi(X)-1),t(0)):w("array of "),t(
93)):0);}main(){p(w("input: "), B=gets(I))if(t(0)==9)L=X,M=V,t(0), D(),w("%.*s.
```

```
\n\n",M,L);}T(s){if(!s||s==W){p(*B==9||*B==32)B++;X=B;V=0;if(W=isalpha(*B)?9:i
sdigit(*B)?32:*B++)if(W<33)p(isalnum(*B))B++,V++;}return W;}
```

这类过度使用“?”和“,”操作符的混合代码，用现在的目光来看显得并不是特别有创意。但在当时，这种做法非常新奇，而且能够使程序的代码变得令人吃惊得简洁。至于上面这段代码是如何工作的，就留给读者好好分析吧。（哈！我总是想这么说）首先要找到两个子程序，即 T()和 D()。前者负责寻找下一个标记并确定它是标识符、数字还是其他内容；后者负责分析过程。请试着把这些代码翻译成非混乱的代码，先用预处理器运行，把有关内容格式化为原来的形式。然后把所有的？表达式改写为 if 语句。循环往复，直到代码清晰可读为止。

本章最后一个混乱 C 代码例子是一个 BASIC 解释器，作者是伦敦大学的研究生 Diomidis Spinellis，他只用了大约 1500 字符就完成了这个程序！程序附有一个指导手册，解释了如何使用解释器，并提供了一个 BASIC 程序实例。

软件信条

DDS-BASIC 解释器（1.00 版）

直接命令:

RUN　　LIST　　NEW　　BYE　　OLD 文件名　　SAVE 文件名

程序命令:

变量名 A 到 Z	变量在 RUN 时被初始为 0
FOR var = exp TO exp	NEXT 变量
GOSUB exp	RETURN
GOTO exp	IF exp THEN exp
INPUT 变量	PRINT 字符串
PRINT exp	var = exp
REM 任何文本	END

表达式（按优先级排列）:

加括号的表达式;

数字（0 开头表示八进制数，0x 开头表示十六进制数）、变量

单目操作符-

* /

+ -

= <>

> <

<= >=

*和+也用作布尔型的 AND 和 OR

布尔表达式把 0 作为 false，把 1 作为 true

编辑：

行编辑器使用每行重新登记

行号后面内容为空表示删除该行

输入格式：

行内标记的自由格式位置

行号前不允许有空格

在 OLD 或 SAVE 命令和文件名之间只能正好是一个空格

所有的输入必须都是大写的

限制：

行数：	1 ~ 10000
行长：	999 字符
FOR 嵌套层数：	26
GOSUB：	999 层
程序：	动态分配
表达式：	16 位机器为-32768 ~ 32767，32 位机器为-2147483648 ~ 2147483648

错误检查/错误报告：

不执行任何错误检查

信息“core dump”（信息转储）表示语法或语义错误

主机环境：

ANSI C、传统的 K&R C

ASCII 或 EBCDIC 字符集

48KB 内存

这里提供的 BASIC 程序实例是一个旧式的月球登陆车游戏：

```
10 REM Lunar Lander
20 REM By Diomidis Spinellis
30 PRINT "You are on the Lunar Lander about to leave the spacecraft."
60 GOSUB 4000
```

```
70 GOSUB 1000
80 GOSUB 2000
90 GOSUB 3000
100 H = H - V
110 V = ((V + G) * 10 - U * 2) / 10
120 F = F - U
130 IF H > 0 THEN 80
135 H = 0
140 GOSUB 2000
150 IF V > 5 THEN 200
160 PRINT "Congratulations! This was a very good landing."
170 GOSUB 5000
180 GOSUB 10
200 PRINT "You have crashed."
210 GOTO 170
1000 REM Initialise
1010 V = 70
1020 F = 500
1030 H = 1000
1040 G = 2
1050 RETURN
2000 REM Print values
2010 PRINT "Meter readings"
2015 PRINT "------------------"
2020 PRINT "Fuel (gal):"
2030 PRINT F
2040 GOSUB 2100 + 100 * (H <> 0)
2050 PRINT V
2060 PRINT "Height (m):"
2070 PRINT H
2080 RETURN
2100 PRINT "Landing velocity (m/sec):"
2110 RETURN
2200 PRINT "Velocity (m/sec):"
2210 RETURN
3000 REM User input
3005 IF F = 0 THEN 3070
3010 PRINT "How much fuel will you use?"
3020 INPUT U
3025 IF U < 0 THEN 3090
3030 IF U <= F THEN 3060
3040 PRINT "Sorry, you have not got that much fuel!"
3050 GOTO 3010
3060 RETURN
3070 U = 0
3080 RETURN
3090 PRINT "No cheating please! Fuel must be >= 0."
```

```
3100 GOTO 3010
4000 REM Detachment
4005 PRINT "Ready for detachment"
4007 PRINT "—— COUNTDOWN ——"
4010 FOR I = 1 TO 11
4020 PRINT 11 - I
4025 GOSUB 4500
4030 NEXT I
4035 PRINT "You have left the spacecraft."
4037 PRINT "Try to land with velocity less than 5 m/sec."
4040 RETURN
4500 REM Delay
4510 FOR J = 1 TO 500
4520 NEXT J
4530 RETURN
5000 PRINT "Do you want to play again? ( 0 = no, 1 = yes)"
5010 INPUT Y
5020 IF Y = 0 THEN 5040
5030 RETURN
5040 PRINT "Have a nice day."
```

如果把这些输入到一个叫作 LANDER.BAS 的文件里，就可以在 BASIC 解释器里用下列命令进行编译和运行：

```
OLD LANDER.BAS
RUN
```

BASIC 解释器本身的混乱代码如下：

```
#define O(b, f, u, s, c, a) \
b() { int o=f(); switch(*p++){X u:_ o s b(); X c:_ o a b(); default:p--;_ o;}}
#define t(e,d,_,C)X e:f=fopen(B+d,_);C;fclose(f)
#define U(y,z) while(p=Q(s,y)*p++=z,*p=' '
#define N for(i=0;i<11*R;i++)m[i]&&
#define I "%d %s\n", i, m[i]
#define X ;break;case
#define _ return
#define R 999
typedef char*A;int*C,E[R],L[R],M[R],P[R],l,i,j;char B[R],F[2];A m[12*R],
malloc(),p,q,x,y,z,s,d,f,fopen();A Q(s,o)A s,o;{for(x=s;*x;x++){for(y=x,z=
0;*z&&*y==*z;y++)z++;if(z>o&&!*z)_ x;}_0;}main(){m[11*R]="E";while(   puts
("OK"),gets(B))switch(*B){X'R':C=E;l=1;for(i=0;i<R;P[i++]=0);while(1){while
(!(s=m[l]))l++;if(!Q(s,"\"")){U("<>",'#');U("<=",'$');U(">=",'!');}d=B; while
(*F=*S){*s=='"'&&j++;if(j&1||!Q("\t",F))*d++=*s;s++;}*d--=j=0;if(B[1] !='=')
switch(*B){X'E':l=-1X'R':B[2]!='M'&&(l=*--C)X'I':B[1]=='N'?gets(p=B),P[*d]
=S():(*(q=Q(B,"TH"))=0,p=B+2,S()&&(p=q+4,l=s()-1)X'P':B[5]=='"'?*d=0,puts
(B+6):(p=B+5,printf("%d\n",S()))X'G':p=B+4,B[2]=='S'&&(*C++=1,p++),l=S()-1X
'F':*(q=Q(B,"TO"))=0;p=B+5;P[i=B[3]]=S();p=q+2;M[i]=S();L[i]=1X'N':++P[*d]<
=M[*d]&&(l=L[*d]);)else p=B+2,P[*B]=S();l++;}X'L':N printf (I) X'N': N free
```

```
(m[i]),m[i]=0 X'B':_ 0 t('S',5,"w",N fprintf(f,I))t('O',4,"r",while (fgets
(B,R,f))(*Q(B,"\n")=0,G()))X0:default:G();}_0;}G(){l=atoi(B);m[l]&&free(m[l]);(
p=Q(B,""))?strcpy(m[l]=malloc(strlen(p)),p+1):(m[l]=0,0);}O(S,J,'=',==,'#',!
=)O(J,K,'<','>',>)O(K,V,'$',<=,'!',>=)O(V,W,'+',+,'-',-)O(W,Y,'*',*,'/',/)Y
(){int o;_*p=='-'?p++,-Y():*p>='0'&&*p<='9'?strto l(p,&p,0): *p=='('?p++,o
=S(),p++,o:P[*p++];)
```

在输入时注意字母“l”和数字“1”的区别！如果它出现在赋值符的左边，那一定是字母“l”。

这是一个难以置信的程序，很值得我们用逆向工程法把它还原成非混乱的版本，然后观察它是如何工作的。如果它激发了你的想象力，你也可以试试去参加 IOCCC 大赛。只要阅读 Usenet 上的 comp.lang.c 新闻组，并遵循在晚秋时候贴在那里的指示就可以参赛。注意，获胜者属于世界上最好的程序员之一，但他所干的却是最坏的事。

解决方案

与原型有关的类型提升

```
main() {
union {
   double d;
   float f;
} u;

u.d = 10.0;
printf("put in a double, pull out a float f = %f \n", u.f);

u.f = 10.0;
printf(" put in a float, pull out a double d= %f \n", u.d);
}

a.out
put in a double, pull out a float f = 2.562500
put in a float, pull out a double d = 524288.000000
```

解决方案

异步 I/O

下面的代码会使基于 SVr4 的操作系统为每个来自标准输入的字符发送一个中断。

```
#include <errno.h>
#include <signal.h>
#include <stdio.h>
#include <stropts.h>
#include <sys/types.h>
#include <sys/conf.h>

int iteration = 0;
char crlf[] = {0xd, 0xa, 0};

void handler(int s)
{
   int c = getchar();  /* 读入一个字符 */
   printf("got char %c, at count %d %s", c, iteration, crlf);

   if(c == ’q’) {
           system("stty sane");
           exit(0);
   }
}

  main()
  {
      sigset(SIGPOLL, handler);  /* 建立处理程序 */
      system("stty raw -echo");
      ioctl(0, I_SETSIG, S_RDNORM);  /* 请求中断驱动的输入  */

      for(;;iteration++);
      /* 可以在这里进行一些其他的处理 */
  }
```

使用 sigset()而不是 signal()，就不必再每次都重新注册信号处理程序。下面是一个输出示例：

```
% a.out
got char a, at count 1887525
got char b, at count 5979648
got chat c, at count 7299030
got char d, at count 9802103
got char e, at count 11060214
got char q, at count 14551814
```

解决方案

用 FSM 实现 cdecl

```
#include <stdio.h>
#include <string.h>
```

```
#include <ctype.h>
#define MAXTOKENS 100
#define MAXTOKENLEN 64
enum type_tag { IDENTIFIER, QUALIFIER, TYPE };
struct token {
char type;
char string[MAXTOKENLEN];
};
int top = -1;
/* 在第一个标识符(identifier)前保存所有的标记(token) */
struct token stack[MAXTOKENS];
/* 保存刚读入的标记 */
struct token this;
#define pop stack[top--]
#define push(s) stack[++top]=s
enum type_tag
classify_string(void)
/* 判断标识符的类型 */
{
char *s = this.string;
if (!strcmp(s, "const")) {
    strcpy(s, "read-only");
    return QUALIFIER;
    }
    if (!strcmp(s, "volatile")) return QUALIFIER;
    if (!strcmp(s, "void")) return TYPE;
    if (!strcmp(s, "char")) return TYPE;
    if (!strcmp(s, "signed")) return TYPE;
    if (!strcmp(s, "unsigned")) return TYPE;
    if (!strcmp(s, "short")) return TYPE;
    if (!strcmp(s, "int")) return TYPE;
    if (!strcmp(s, "long")) return TYPE;
    if (!strcmp(s, "float")) return TYPE;
    if (!strcmp(s, "double")) return TYPE;
    if (!strcmp(s, "struct")) return TYPE;
    if (!strcmp(s, "union")) return TYPE;
    if (!strcmp(s, "enum")) return TYPE;
    return IDENTIFIER;
}
void gettoken(void)
{ /* 读入下一个标记，保存在"this"中 */
char *p = this.string;
/* 略过所有空白字符 */
while ((*p = getchar()) == ' ');
if (isalnum(*p)) {
    /* 在标识符中读入A-Z、1-9字符 */
```

```
        while (isalnum(*++p = getchar()));
        ungetc(*p, stdin);
        *p = '\0';
        this.type = classify_string();
        return;
    }
    this.string[1] = '\0';
    this.type = *p;
    return;
}
void initialize(),
get_array(), get_params(), get_lparen(), get_ptr_part(), get_type();
void (*nextstate)(void) = initialize;
int main()
/* 用有限状态机实现的 Cdecl */
{
 /* 在不同的状态间转换，直到指针为 null */
while (nextstate != NULL)
    (*nextstate)();
return 0;
}
void initialize()
{
gettoken();
while (this.type != IDENTIFIER) {
    push(this);
    gettoken();
}
printf("%s is ", this.string);
gettoken();
nextstate = get_array;
}
void get_array()
{
nextstate = get_params;
while (this.type == '[') {
    printf("array ");
    gettoken();/* 一个数字或']' */
    if (isdigit(this.string[0])) {
        printf("0..%d ", atoi(this.string) - 1);
        gettoken();/* 读取']' */
        }
        gettoken();/* 在']'之后读取 */
        printf("of ");
        nextstate = get_lparen;
 }
```

```
}
void get_params()
{
nextstate = get_lparen;
if (this.type == '(') {
    while (this.type != ')') {
        gettoken();
    }
    gettoken();
    printf("function returning ");
}
}
void get_lparen()
{
nextstate = get_ptr_part;
if (top >= 0) {
    if (stack[top].type == '(') {
        pop;
        gettoken();/* 在')'之后读取 */
        nextstate = get_array;
    }
}
}
void get_ptr_part()
{
nextstate = get_type;
if (stack[top].type == '*') {
    printf("pointer to ");
    pop;
    nextstate = get_lparen;
    } else if (stack[top].type == QUALIFIER) {
    printf("%s ", pop.string);
    nextstate = get_lparen;
}
}
void get_type()
{
nextstate = NULL;
/* 处理在读入标识符之前被放在堆栈里的所有标记 */
while (top >= 0) {
    printf("%s ", pop.string);
}
printf("\n");
}
```

第9章 再论数组

绝不要在妈妈的房间里吃东西，也绝不要跟有博士头衔的人玩牌。

并且，千万千万，绝不要忘了C语言在表达式中把一个类型为T的数组的左值当作是指向该数组第一个元素的指针。

——*C程序员名言（传说）*

9.1 什么时候数组与指针相同

第4章着重强调了数组和指针并不一致的绝大多数情形。本章的开始部分讲述的就是可以把它们看作是相同的情形。在实际应用中，数组和指针可以互换的情形要比两者不可互换的情形更为常见。让我们分别考虑“声明”和“使用”（使用它们传统的直接含义）这两种情况。

声明本身还可以进一步分成3种情况：

- 外部数组（external array）的声明；
- 数组的定义（记住，定义是声明的一种特殊情况，它分配内存空间，并可能提供一个初始值）；
- 函数参数的声明。

所有作为函数参数的数组名总是可以通过编译器转换为指针。在其他所有情况下（最有趣的情况就是“在一个文件中定义为数组，在另一个文件中声明为指针”，第4章已有所描述），数组的声明就是数组，指针的声明就是指针，两者不能混淆。但在使用数组（在语句或表达式中引用）时，数组总是可以写成指针的形式，两者可以互换。图9-1对这些情况做了总结。

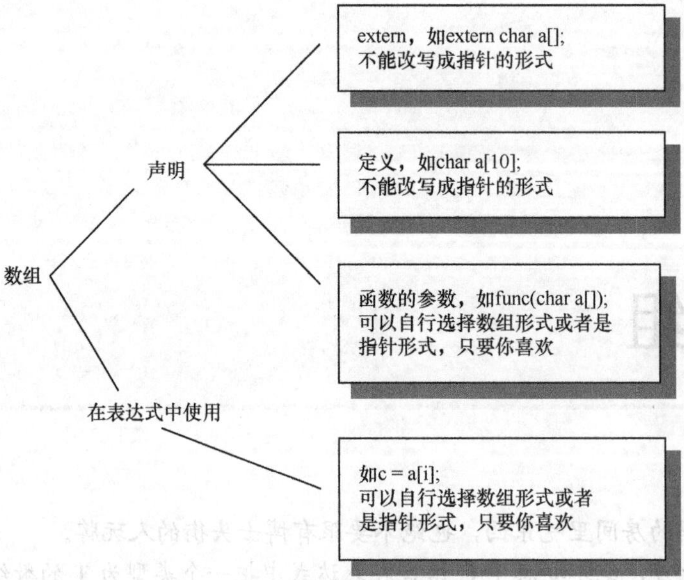

图 9-1　数组和指针相同的时候

然而，数组和指针在由编译器处理时是不同的，在运行时的表示形式也是不一样的，并可能产生不同的代码。对编译器而言，一个数组就是一个地址，一个指针就是一个地址的地址。你应该根据情况做出选择。

9.2　为什么会发生混淆

为什么人们会错误地认为数组和指针是可以完全互换的呢？这是因为他们阅读了标准的参考文献！

The C Programming Language 第 99 页的底部是：

As format parameters in a function definition（作为函数定义的形式参数），

然后翻到第 100 页，紧接前句：

```
    char s[];
and（和）
    char* s;
are equivalent（是一样的；）...
```

鸣呼！真是不幸，这么重要的一句话竟然在 K&R 第二版中被分印在两页上！人们在阅读后一句话时，很容易忘掉它的前面还有一句“作为函数定义的形式参数”（也就是说它只限于这种情况），尤其是整句话的重点在于“数组下标表达式总是可以改写为带偏移量的指针表达式”。

The C Programming Language, Ritchie, Johnson, Lesk & Kernighan 在 *The Bell System Technical Journal*,第 57 卷，第 6 号，1978 年 7-8 月，第 1991-2019 页记录道：
“包含一个通用规则，就是当一个数组名出现在一个表达式中时，它会被转换为一个指向该数组第一个元素的指针。”

这个关键的名词“表达式”并未在文献中精确定义。

当人们学习编程时，一开始总是把所有的代码都放到一个函数里。随着水平的进步，他们把代码分别放到几个函数中。在水平继续提高后，他们最终学会了如何用几个文件来构造一个程序。在这个过程中，他们可以看到大量的作为函数参数的数组和指针。在这种情况下，两者是可以完全互换的，如下所示：

```
char my_array[10];
char *my_ptr;
...
i = strlen(my_array);
j = strlen(my_ptr);
```

程序员还可以看到许多类似下面的语句：

```
printf("%s %s", my_ptr, my_array);
```

它清楚地展示了数组和指针的可互换性。人们很容易忽视这只是发生在一种特定的上下文环境中，也就是它们作为一个函数调用的参数使用。更糟的是，你可以编写如下语句：

```
printf("array at location %x holds string %s", a, a);
```

在同一条语句中，既把数组名作为一个地址（指针），又把它作为一个字符数组。这条语句之所以可行，是因为 printf 是一个函数，所以数组实际上是作为指针来传递的。我们也习惯了在 main 函数的参数中看到 char **argv 或 char *argv[]这样的形式，它们也是可以互换的。同样，这个之所以成立是因为 argv 是一个函数的参数，但它仍然诱使程序员错误地总结出“C 语言在地址运算方法上是一致且规则的”。若在头脑里已经存在这样一个概念，再加上平时常常可以见到数组下标表达式被写成指针的形式，久而久之，便很容易把数组和指针混淆。

下面这个“软件信条”非常重要，我会对它进行解释，它将多次出现在本章和第 10 章的内容中。请提起精神，并折个书角，以后回过头来阅读它的次数多着呢！

软件信条

什么时候数组和指针是相同的

C 语言标准对此做了如下说明。

规则 1. 表达式中的数组名（与声明不同）被编译器当作一个指向该数组第一个元素的指

针[1]（具体释义见 ANSI C 标准第 6.2.2.1 节）。

规则 2.　下标总是与指针的偏移量相同（具体释义见 ANSI C 标准第 6.3.2.1 节）。

规则 3.　在函数参数的声明中，数组名被编译器当作指向该数组第一个元素的指针（具体释义见 ANSI C 标准第 6.7.1 节）。

简而言之，数组和指针的关系颇有点像诗和词的关系：它们都是文学形式之一，有不少共同之处，但在实际的表现手法上又各有特色。下面将详细描述这几个规则的实际含义。

9.2.1　规则 1："表达式中的数组名"就是指针

上面的规则 1 和规则 2 合在一起理解，就是对数组下标的引用总是可以写成"一个指向数组的起始地址的指针加上偏移量"。例如，假如我们声明：

```
int a[10], *p, i = 2;
```

就可以通过以下任何一种方法来访问 a[i]：

```
p = a;
p[i];
```

```
p = a;
*(p + i);
```

```
p = a + i;
*p;
```

事实上，可以采用的方法更多。数组引用 a[i]在编译时总是被编译器改写成*(a+i)的形式。C 语言标准要求编译器必须具备这个概念性的行为。也许遵循这个规则的捷径就是记住方括号[]表示一个取下标操作符，就像加号表示一个加法运算符一样。取下标操作符接受一个整数和一个指向类型 T 的指针，所产生的结果类型是 T，一个在表达式中的数组名于是就成了指针。只要记住：在表达式中，指针和数组是可以互换的，因为它们在编译器里的最终形式都是指针，并且都可以进行取下标操作。就像加法一样，取下标操作符的操作数是可以交换的（它并不在意操作数的先后顺序，就像在加法中 3+5 和 5+3 并没有什么不一样）。这就是为什么在一个 a[10]的声明中，下面两种形式都是正确的：

```
a[6] = ....;
6[a] = ....;
```

在实际的产品代码中，上面第二种形式从来不曾使用。确实，它除了可以把新手搞晕之外，实在没有什么实际意义。

[1] 对钻牛角尖的人而言，它确实存在几个极少见的例外，就是把数组作为一个整体来考虑。在下列情况下，对数组的引用不能用指向该数组第一个元素的指针来代替：

- 数组作为 sizeof()的操作数——显然此时需要的是整个数组的大小，而不是指针所指向的第一个元素的大小；
- 使用&操作符取数组的地址；
- 数组是一个字符串（或宽字符串）常量初始值。

编译器自动把下标值的步长调整到数组元素的大小。如果整型数的长度是 4 字节，那么 a[i+1]和 a[i]在内存中的距离就是 4（而不是 1）。对起始地址执行加法操作之前，编译器会负责计算每次增加的步长。这就是为什么指针总是有类型限制，每个指针只能指向一种类型的原因所在——因为编译器需要知道对指针进行解除引用操作时应该取几个字节，以及每个下标的步长应取几个字节。

9.2.2 规则 2：C 语言把数组下标作为指针的偏移量

把数组下标作为指针加偏移量是 C 语言从 BCPL（C 语言的祖先）继承过来的技巧。在人们的常规思维中，在运行时增加对 C 语言下标的范围检查是不切实际的。因为取下标操作只是表示将要访问该数组，但并不保证一定要访问。而且，程序员完全可以使用指针来访问数组，从而绕过下标操作符。在这种情况下，数组下标范围检测并不能检测所有对数组的访问的情况。事实上，下标范围检测被认为并不值得加入到 C 语言中。

还有一种说法是，在编写数组算法时，使用指针比使用数组“更有效率”。

这个颇为人们所接受的说法在通常情况下是错误的。使用现代的产品质量优化的编译器，一维数组和指针引用所产生的代码并不具有显著的差别。不管怎样，数组下标是定义在指针的基础上的，所以优化器常常可以把它转换为更有效率的指针表达形式，并生成相同的机器指令。让我们再看一下数组/指针这两种方案，并把初始化从循环内部的访问中分离出来：

```
int a[10], *p, i;
```

变量 a[i]可以用图 9-2 所示的各种方法来访问，效果完全一样。

即使编译器使用的是较原始的翻译方法，两者产生不一样的代码，用指针迭代一个一维数组常常也并不比直接使用下标迭代一个一维数组来得更快。不论是指针还是数组，在连续的内存地址上移动时，编译器都必须计算每次前进的步长。计算的方法是偏移量乘以每个数组元素占用的字节数，计算结果就是偏移数组起始地址的实际字节数。步长因子常常是 2 的乘方（如 int 是 4 字节，double 是 8 字节等），这样编译器在计算时就可以使用快速的左移位运算，而不是相对缓慢的加法运算。一个二进制数左移 3 位相当于它乘以 8。如果数组中的元素的大小不是 2 的乘方（如数组的元素类型是一个结构），那就不能使用这个技巧了。

然而，迭代一个 int 数组是人们最容易想到的。如果一个经过良好优化的编译器执行代码分析，并把基本变量放在高速的寄存器中来确认循环是否继续，那么最终在循环中访问指针和数组所产生的代码很可能是相同的。

在处理一维数组时，指针并不见得比数组更快。C 语言把数组下标改写成指针偏移量的根本原因是指针和偏移量是底层硬件所使用的基本模型。

数组访问	中间代码
`for(i = 0; i < 10; i++)` `a[i] = 0;`	把左值（a）装入R1（可以提到循环外） 把左值（i）装入R2（可以提到循环外） 把[R2]装入R3 如果需要，对R3的步长进行调整 把R1+R3的结果装入R4中 把0存储到[R4]

指针备选方案1
`p = a;`
`for(i = 0; i < 10; i++)`
`p[i] = 0;`
	把左值（p）装入R0（可以提到循环外）
	把[R0]装入R1（可以提到循环外）
	把左值（i）装入R2（可以提到循环外）
	把[R2]装入R3
	如果需要，对R3的步长进行调整
	把R1+R3的结果装入R4中
	把0存储到[R4]。

指针备选方案2
`p = a;`
`for(i = 0; i < 10; i++)`
`*(p + i) = 0;`
	与指针备选方案1相同
	（想一想，为什么？）

指针备选方案3
`p = a;`
`for(i = 0; i < 10; i++)`
`*p++ = 0;`
	把p所指对象的大小装入R5（可以提到循环外）
	把左值（p）装入R0（可以提到循环外）
	把[R0]装入R1
	把0存储到[R1]
	把R5+R1的结果装入R1
	把R1存储到[R0]

上面这些例子显示了不同的备选方案经过翻译后所产生的中间代码。如果采用优化措施，那么中间代码可能跟这里显示的不一样。R0、R1等代表CPU的寄存器。在图9-2中，我们用：

R0存储p的左值	R1存储a的左值或p的右值
R2存储i的左值	R3存储i的右值

[R0]表示间接载入或写入，其地址就是寄存器的内容（这是许多汇编语言所使用的一个普通概念）。“可以提到循环外”表示这个数据不会被循环修改，在每次循环时可不必执行该语句，因此可以加快循环的速度。

图 9-2　数组/指针的中间代码比较

9.2.3 “作为函数参数的数组名”等同于指针

规则3也需要进行解释。首先，让我们回顾一下 *The C Programming Language* 中所提到的一些术语。

术 语	定 义	例 子
形参（parameter）	它是一个变量，在函数定义或函数声明的原型中定义。它又称为“形式参数”（formal parameter）	int power(int base, int n); base 和 n 都是形参
实参（argument）	在实际调用一个函数时所传递给函数的值。它又称为“实际参数”（actual paramenter）	i = power(10, j); 10 和 j 都是实参。在同一个函数的多次调用时，实参可以不同

标准规定，作为“类型的数组”的形参的声明应该调整为“类型的指针”。在函数形参定义这个特殊情况下，编译器必须把数组形式改写成指向数组第一个元素的指针形式。编译器只向函数传递数组的地址，而不是整个数组的副本。不过，现在让我们重点观察一下数组，隐性转换意味着3种形式是完全等同的。因此，在my_function()的调用上，无论实参是数组还是真的指针都是合法的。

```
my_function(int *turnip)    { ... }
my_function(int turnip[])    {  ...  }
my_function(int turnip[200])  {  ...  }
```

9.3 为什么C语言把数组形参当作指针

之所以要把传递给函数的数组参数转换为指针，是出于效率的考虑，这个理由常常也是对违反软件工程做法的一种辩解。Fortran 的 I/O 模型使用起来相当麻烦，因为它必须“有效地”复用现有的IBM 704汇编程序I/O库（尽管相当笨拙，而且已经过时）。全面的语义检查被可移植的C编译器所排斥，其理由很牵强，他们认为把lint程序作为一个单独的程序，“效率”会更高一些。大多数现代的ANSI C编译器在错误检查方面做了增强，也算是对这个决定的不认同吧。

把作为形参的数组和指针等同起来是出于效率原因的考虑。在C语言中，所有非数组形式的数据实参均以传值形式（对实参制作一份副本并传递给调用的函数，函数不能修改作为实参的实际变量的值，而只能修改传递给它的那份副本）调用。然而，如果要复制整个数组，无论在时间上还是在内存空间上的开销都可能是非常大的。而且在绝大部分情况下，你其实并不需要整个数组的副本，而只想告诉函数在那一时刻对哪个特定的数组感兴趣。要达到这个目的，可以考虑的方法是在形参上增加一个存储说明符（storage specifier），表示它是传值调用还是传址调用。Pascal 语言就是这样做的。如果采用“所有的数组在作为参数传递时都转换为指向数组起始地址的指针，而其他的参数均采用传值调用”的约定，就可以简化编译器。类似地，函数的返回值绝不能是一个函数数组，而只能是指向数组或函数的指针。

有些人喜欢把它理解成除数组和函数之外的所有的 C 语言参数在缺省情况下都是传值调用，数组和函数则是传址调用。数据也可以使用传址调用，只要在它前面加上取地址操作符(&)，这样传递给函数的是实参的地址而不是实参的副本。事实上，取地址操作符的主要用途就是实现传址调用。“传址调用”这个说法从严格意义上说并不十分准确，因为编译器的机制非常清楚——在被调用的函数中，你只拥有一个指向变量的指针而不是变量本身。如果你取实参的地址或对它进行复制，就能体会到两者的差别。

数组形参是如何被引用的

图 9-3 展示了对一个下标形式的数组形参进行访问所需要的几个步骤。

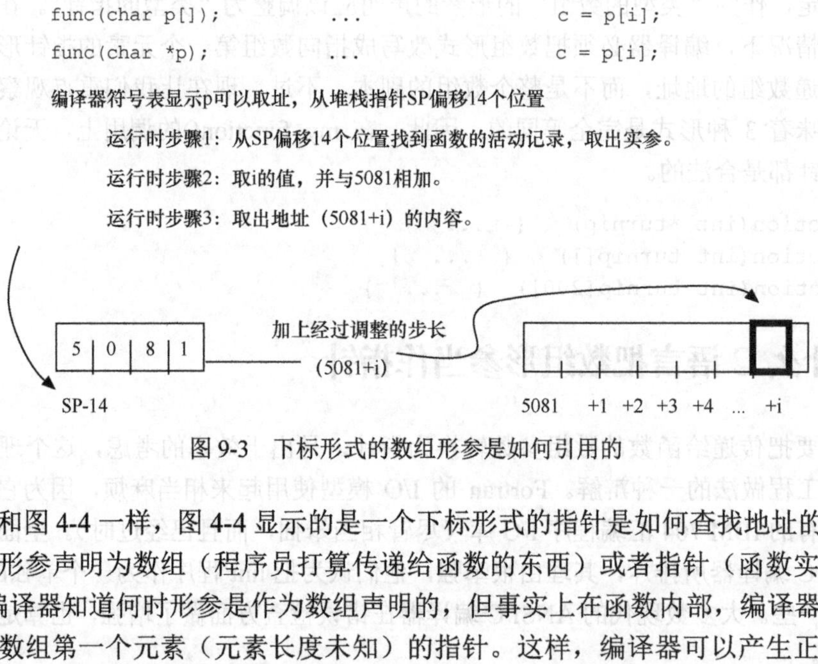
func(char p[]);   ...   c = p[i];
func(char *p);   ...   c = p[i];
编译器符号表显示p可以取址，从堆栈指针SP偏移14个位置
运行时步骤1：从SP偏移14个位置找到函数的活动记录，取出实参。
运行时步骤2：取i的值，并与5081相加。
运行时步骤3：取出地址（5081+i）的内容。
5 0 8 1
加上经过调整的步长
(5081+i)
SP-14
5081 +1 +2 +3 +4 ... +i

图 9-3 下标形式的数组形参是如何引用的

注意它和图 4-4 一样，图 4-4 显示的是一个下标形式的指针是如何查找地址的。C 语言允许程序员把形参声明为数组（程序员打算传递给函数的东西）或者指针（函数实际所接收到的内容）。编译器知道何时形参是作为数组声明的，但事实上在函数内部，编译器始终把它当作一个指向数组第一个元素（元素长度未知）的指针。这样，编译器可以产生正确的代码，并不需要对数组和指针这两种情况作仔细区分。

不管程序员实际所写的是哪种形式，函数并不自动知道指针所指的数组共有多少个元素，所以必须要有个约定，如数组以 NUL 结尾或者另有一个附加的参数表示数组的范围。当然并不是每种语言都是这样做的，比如 Ada，它的每个数组都有一些附加信息，表示每个元素的长度、数组的维数以及下标范围。

在下列定义中：

```
func(int * tunip) { ... }
```

或

```
    func(int turnip[]) {   ...   }
```

或

```
    func(int turnip[200]{   ...   }
```

```
int my_int;    /*  数据定义  */
int *my_int_ptr;
int my_int_array[10];
```

你可以合法地使用下列任何一个实参（见表 9-1）来调用上面任何一个原型的函数。它们常常用于不同的目的。

表 9-1　　　　　　　　　　　数组/指针实参的一般用法

调用时的实参	类　型	通常目的
`func(&my_int);`	一个整型数的地址	一个 int 参数的传址调用
`func(my_int_ptr);`	指向整型数的指针	传递一个指针
`func(my_int_array);`	整型数组	传递一个数组
`func(&my_int_array[i]);`	一个整型数组某个元素的地址	传递数组的一部分

相反，如果处于 func()函数内部，就没有一种容易的方法分辨这些不同的实参，因此也无法知道调用该函数是用于何种目的。所有属于函数实参的数组在编译时被编译器改写为指针。因此，在函数内部对数组参数的任何引用都将产生一个对指针的引用。图 9-3 显示了它的实际操作过程。

因此，很有意思的是，没有办法把数组本身传递给一个函数，因为它总是被自动转换为指向数组的指针。当然，在函数内部使用指针，所能进行的对数组的操作几乎跟传递原本的数组没有差别。只不过，如果想用 sizeof（实参）来获得数组的长度，所得到的结果不正确而已。

这样，在声明这样一个函数时，你就有了选择余地：可以把形参定义成数组，也可以定义成指针。不论选择什么，编译器都会注意到该对象是一个函数参数的特殊情况，它会产生代码对该指针进行解除引用操作。

编程挑战

玩转数组/指针实参

编写并执行一个程序，验证前面的说法。

1. 定义一个函数，它接受一个字符数组参数 ca。在函数内部，打印出&ca、&(ca[0])和&(ca[1])的值。
2. 另外定义一个函数，它接受一个字符指针参数 pa。在函数内部，打印出&pa、&(pa[0])、&(pa[1])和++pa 的值。
3. 建立一个全局字符数组 ga 并用英文字母初始化。调用两个使用它作为参数的函数，并比较两个函数所打印的值。
4. 在 main 程序中打印出&ga、&(ga[0])和&(ga[1])的值。
5. 在运行程序之前，先写下预计打印出的值，并说明原因。如果预期值和程序实际打印的值有出入，解释其中的原因。

如果你想让代码看上去清楚明白，就必须遵循一定的规则！我们倾向于始终把参数定义为指针，因为这是编译器内部所使用的形式。如果名不副实，那就是一种很可疑的编程风格。但从另一方面看，有些人觉得 int table[]比 int *table 更能表达程序员的意图。table[]这种记法清楚地表明了 table 内里有好几个元素，提示函数对它们进行处理。

注意，有一种操作只能在指针里进行而无法在数组中进行，那就是修改它的值。数组名是不可修改的左值，它的值是不能改变的，见图 9-4（几个函数并排放在一起以便比较，它们都是同一个文件的一部分）。

指针实参

```
fun1(int *ptr)
{
  ptr[1] = 3;
  *ptr = 3;
  ptr = array2;
}
```

数组实参

```
fun2(int arr[])
{
  arr[1] = 3;
  *arr = 3;
  arr = array2;
}
```

非实参的指针

```
int array[100],array2[100];
main()
{
  array[1] = 3;
  *array = 3;
  array = array2;  /*失败*/
}
```

图 9-4　数组实参的有效操作

语句 array = array2;将引起一个编译时错误，错误信息是“无法修改数组名”。但是，arr = array2 却是合法的，因为 arr 虽然声明为一个数组，但实际上却是一个指针。

9.4　数组片段的下标

可以通过向函数传递一个指向数组第一个元素的指针来访问整个数组，也可以让指针指向任何一个元素，这样传递给函数的就是从该元素之后的数组片段。有些人（主要是 Fortran

程序员）用另一种方法扩展这种技巧。他们向函数传递数组前面一个位置的地址（a[-1]），这样就可以使数组的下标从 1 到 N，而不是从 0 到 N-1。

如果你和许多 Fortran 程序员一样在编程算法中已经习惯了数组下标为 1 到 N，那么这个技巧对你可能很有吸引力。不幸的是，这个手段完全为标准所不容（标准第 6.3.6 节，“附加操作符”（Additive operators）做了明确禁止），而且这个做法确实被特别地标注为可能引起未定义的行为，所以你千万不要告诉别人是我告诉了你这个方法。

要取得 Fortran 程序员需要的效果其实非常简单，只要在数组的声明中让它的长度比所需要的多 1，这样数组的下标范围就是 0 到 N，然后只使用 1 到 N 就行了。不必疑惑，不必惊诧，就是这么简单。

9.5 数组和指针可交换性的总结

警告：在你阅读并理解前面的章节之前不要阅读这一节的内容，因为它可能会使你的脑子永久退化。

1. 用 a[i]这样的形式对数组进行访问总是被编译器“改写”或解释为像*(a+1)这样的指针访问。
2. 指针始终就是指针。它绝不可以改写成数组。当指针作为函数参数时，你可以用下标形式访问指针，而且你知道实际传递给函数的是一个数组。
3. 在特定的上下文中，也就是它作为函数的参数时（也只有这种情况），一个数组的声明可以看作是一个指针。作为函数参数的数组（就是在一个函数调用中）始终会被编译器修改成为指向数组第一个元素的指针。
4. 因此，当把一个数组定义为函数的参数时，既可以选择把它定义为数组，也可以定义为指针。不管选择哪种方法，在函数内部事实上获得的都是一个指针。
5. 在其他所有情况中，定义和声明必须匹配。如果定义了一个数组，在其他文件对它进行声明时也必须把它声明为数组，指针也是如此。

9.6 C 语言的多维数组

有些人声称 C 语言没有多维数组，这是不对的。ANSI C 标准在第 6.5.4.2 节和第 69 号脚注上表示：

当几个“[]”修饰符连续出现时（方括号里面是数组的范围），就是定义一个多维数组。

9.6.1 但所有其他语言都把这称为“数组的数组”

那些人的意思是 C 语言没有像其他语言那样的多维数组，如 Pascal 或 Ada。在 Ada 中，可以像图 9-5 那样声明一个多维数组。

```
apples : array(0..10, 1..50) of real;
```

或者声明一个数组的数组：

Ada

```
type vector is array(1..50) of real;
    orange : array(0..10) of vector;
```

图 9-5　Ada 的例子

但是不把苹果和梨混为一谈。在 Ada 中，多维数组和数组的数组是两个完全不同的概念。

Pascal 则采用了一种相反的方法。在 Pascal 中，数组的数组和多维数组是可以完全互换的，并且在任何时候都是等同的。在 Pascal 中，可以像图 9-6 那样声明和访问一个多维数组。

```
var M : array[a..b] of array[c..d] of char;
    M[i][j] := c;
```

习惯上人们采用方便的简写形式：

Pascal

```
var M : array[a..b, c..d] of char;
    M[i, j] := c;
```

图 9-6　Pascal 的例子

The Pascal User Manual and Report[1]清楚地说明了数组的数组与多维数组是等同的，两者可以互换。Ada 语言在这方面的限制更严一些，它严格地维持了数组的数组和多维数组之间的区别。在内存中它们看上去是一样的，但在哪个类型具有兼容性以及可以被赋值给一个数组的数组的单独的行的问题上，两者存在明显的差别。这有点像在 int 和 float 之间选择变量的类型：所选择的类型最大限度地反映了底层的数据。在 Ada 中，当具有独立可变的下标时，如用笛卡儿坐标确定某一点的位置，一般会选择多维数组。当数据在层次上更加鲜明时，如某个数组具有[12]月[5]周[7]日这样的形式来代表某事物的日常记录，但有时也需要同时操纵整个星期或月时，一般选择数组的数组。

小启发

在不同的语言中，"多维数组"的含义各有什么不同

Ada 语言标准明确说明数组的数组和多维数组是不一样的。

Pascal 语言标准明确说明数组的数组和多维数组是一样的。

1　*The Pascal User Manual and Report*, Spring-Verlag, 1975，第 39 页。

C 语言里面只有一种别的语言称为数组的数组的形式，但 C 语言称它为多维数组。

C 语言的方法多少有点独特：定义和引用多维数组的唯一方法就是使用数组的数组。尽管 C 语言把数组的数组当作是多维数组，但不能把几个下标范围如[i][j][k]合并成 Pascal 式的下标表达式风格如[i,j,k]。如果你清楚地明白自己在做什么，也介意产生不合规范的程序，可以把[i][j][k]这样的下标值计算为相应的偏移量，然后只用一个单一的下标[z]来引用数组。当然，这不是一种值得推荐的做法。同样糟糕的是，像[i, j, k]这样的下标形式（由逗号分隔）是 C 语言合法的表达形式，只是它并非同时引用这几个下标（它实际上所引用的下标值是 k，也是就逗号表达式的值）。C 语言支持其他语言中一般称作“数组的数组”的内容，但却称它为多维数组，这样就模糊了两者的边界，使许多人对两者混淆不清（如图 9-7 所示）。

在C语言中，可以像下面这样声明一个10×20的多维字符数组：

```
char carrot[10][20];
```

或者声明一种看上去更像“数组的数组”形式：

```
typedef char vegetable[20];

vegetable carrot[10];
```

不论哪种情况，访问单个字符都是通过 carrot[i][j]的形式，

编译器在编译时会把它解析为*(*(carrot + i) + j)的形式。

图 9-7 数组的数组

尽管在术语上称作“多维数组”，但 C 语言实际上只支持“数组的数组”。如果你的思维模式可以把数组看作是一种向量（即某种对象的一维数组，它的元素可以是另一个数组），就能极大简化编程语言中这个相当复杂的领域。

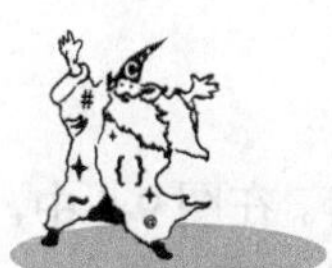

小启发

C 语言中的数组就是一维数组

当提到 C 语言中的数组时，就把它看作是一种向量（vector），也就是某种对象的一维数组，数组的元素可以是另一个数组。

9.6.2 如何分解多维数组

必须仔细注意多维数组是如何分解为几个单独的数组的。如果我们声明如下的多维数组：

```
int apricot[2][3][5];
```

可以按图 9-8 所示的任何一种方法为它在内存中定位。

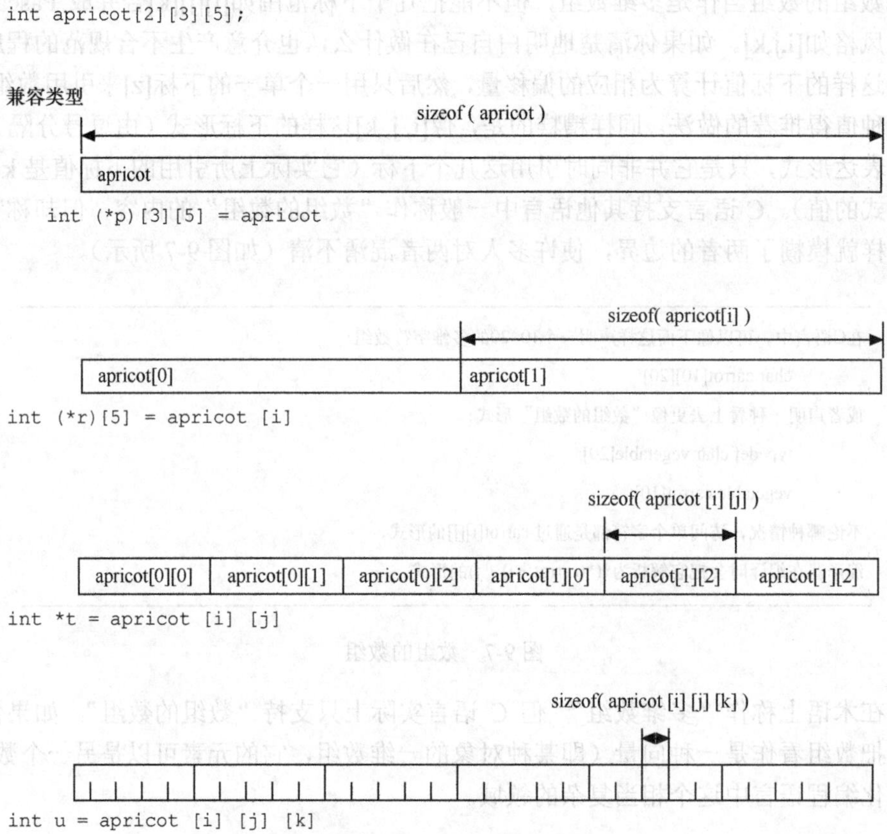

图 9-8 多维数组的存储

正常情况下，赋值发生在两个相同的类型之间，如 int 与 int、double 与 double 等。在图 9-8 中，可以看到在“数组的数组的数组”中，每一个单独的数组都可以看作是一个指针。这是因为在表达式中的数组名被编译器当作“指向数组第一个元素的指针”（本书第 195 页的规则 1）。换句话说，不能把一个数组赋值给另一个数组，因为数组作为一个整体不能成为赋值的对象。之所以可以把数组名赋值给一个指针，就是因为这个“在表达式中的数组名被编译器当作一个指针”的规则。

指针所指向的数组的维数不同，其区别会很大。使用上面例子中的声明：

```
r++;
t++;
```

将会使 r 和 t 分别指向它们各自的下一个元素（两者所指向的元素本身都是数组）。它们所增长的步长是很不相同的，因为 r 所指向的数组元素的大小是 t 所指向的数组的元素大小的 3 倍。

编程挑战

数组万岁！

使用下面的声明：

```
int apricot[2][3][5];

 int (*r)[5] = apricot[0];
 int *t = apricot[0][0];
```

编写一个程序，打印出 r 和 t 的十六进制初始值（使用 printf 的%x 转换符，打印十六进制值），对这两个指针进行自增（++）操作，并打印它们的新值。

在运行程序之前，预测一下指针每次增长的步长是多少字节，可参考图 9-8。

9.6.3 内存中数组是如何布局的

在 C 语言的多维数组中，最右边的下标是最先变化的，这个约定被称为“行主序”。由于“行/列主序”这个术语只适用于恰好是二维的多维数组，所以更确切的术语是“最右的下标先变化”，如图 9-9 所示。绝大部分语言都采用了这个约定，但 Fortran 却是一个主要的例外，它采用了“最左的下标先变化”，也就是“列主序”。在不同的下标变化约定中，多维数组在内存中的布局也不相同。事实上，如果把一个 C 语言的矩阵传递给一个 Fortran 程序，矩阵就会被自动转置——这是一个非常厉害的邪门密笈，偶尔还真会用到。

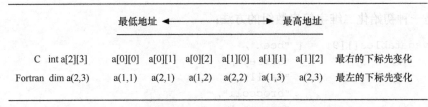

	最低地址 ←——				——→ 最高地址		
C int a[2][3]	a[0][0]	a[0][1]	a[0][2]	a[1][0]	a[1][1]	a[1][2]	最右的下标先变化
Fortran dim a(2,3)	a(1,1)	a(2,1)	a(1,2)	a(2,2)	a(1,3)	a(2,3)	最左的下标先变化

图 9-9 行主序 vs.列主序

在 C 语言中，多维数组最大的用途是存储多个字符串。有人指出“最右边的下标先变化”在这方面具有优势（每个字符串中相邻的字符在内存中也相邻存储）。但在“最左边的下标先变化”的多维数组（如 Fortran）中，情况并不如此。

9.6.4 如何对数组进行初始化

在最简单的情况下，一维数组可以通过把初始值都放在一对花括号内来完成初始化。如果在数组的定义里未标明它的长度，C 语言约定按照初始化值的个数来确定数组的长度。

```
float  banana[5] = { 0.0, 1.0, 2.72, 3.14, 25.625 };
float  honeydew[] = { 0.0, 1.0, 2.72, 3.14, 25.625 };
```

只能够在数组声明时对它进行整体的初始化。之所以存在这个限制，并没有过硬的理由。

多维数组可以通过嵌套的花括号进行初始化：

```
short cantaloupe[2][5] = {
  {10, 12, 3, 4, -5},
  {31, 22, 6, 0, -5},
};
int rhubarb[][3] = { {0, 0, 0}, {1, 1, 1}, };
```

注意，既可以在最后一个初始化值的后面加一个逗号，也可以省略它。同时，也可以省略最左边下标的长度（也只能是最左边的下标），编译器会根据初始化值的个数推断出它的长度。

如果数组的长度比所提供的初始化值的个数要多，剩余的几个元素会自动设置为 0。如果元素的类型是指针，那么它们被初始化为 NULL；如果元素的类型是 float，那么它们被初始化为 0.0。在流行的 IEEE 754 标准浮点数实现中（IBM PC 和 Sun 系统都使用了这个标准），0.0 和 0 的位模式是完全一样的。

编程挑战

检查位模式

写一个简单的程序，检查在你的系统中，浮点数 0.0 的位模式是否与整型数 0 的位模式相同。

下面是一种初始化二维字符串数组的方法：

```
char vegetables[][9] = { "beet",
                         "barley",
                         "basil",
                         "broccoli",
                         "beans" };
```

一种有用的方法是建立指针数组。字符串常量可以用作数组初始化值，编译器会正确地把各个字符存储于数组中的地址。因此：

```
char *vegetables[] = { "carrot",
                       "celery",
```

```
                    "corn",
                    "cilantro",
                    "crispy fried patatoes" };    /* 没问题   */
```

注意它的初始化部分与字符"数组的数组"初始化部分是一样的。只有字符串常量才可以初始化指针数组。指针数组不能由非字符串的类型直接初始化：

```
int *weights[] = {                    /* 无法成功编译   */
                    {1, 2, 3, 4, 5},
                    {6, 7},
                    {8, 9, 10}
                 };                    /* 无法成功编译    */
```

如果想用这种方法对数组进行初始化，可以创建几个单独的数组，然后用这些数组名来初始化原先的数组。

```
int row_1[] = {1, 2, 3, 4, 5, -1};  /* -1 是行结束标志 */
int row_2[] = {6, 7, -1};
int row_3[] = {8, 9, 10, -1};

int *weight[] = {
                 row_1,
                 row_2,
                 row_3
};
```

下一章在讨论指针时会对这方面的内容作进一步的描述。不过，现在让我们还是先轻松一下。

9.7 轻松一下——软件/硬件平衡

要想成为一名成功的程序员，必须对软件/硬件的平衡有一个良好的理解。这里有一个例子，我是从朋友的朋友那里听来的。许多年以前，有一家大型的邮购公司使用一台旧的 IBM 古董级的大型机来维护客户姓名和地址数据库。这种机器根本没有批处理控制机制（Batch Control Mechanism）。

这种 IBM 系统已经过时了，所以它很自然地被一个 Burroughs 系统所取代。看看这是什么年代的事情，Burroughs（或称为"Rubs-rough"[使劲地擦]，这是人们对它的字母顺序稍作变换后的戏称）自 20 世纪 80 年代中期与 Sperry 合并生产 Unisys 之后便销声匿迹了。当时正是数据处理大行其道的时候，这台 IBM 机器一直忙个不停，连夜班也加上了。夜班操作员的唯一任务就是等待，直至白天的工作结束，然后在夜间每隔一定时间启动一个新的任务，总共要启动 4 个任务。

数据处理的管理者 Rude Goldberg 认识到，如果他可以找到一种方法让机器每隔一定时间启动一个批处理任务，他就可以解放夜班操作员，让他去上白班。IBM 表示可以为系统的软件进行升级，提供批处理功能，但索价高达数万美元。没人愿意为这样一台快被淘汰的机器花这么多的钱。结果，这台机器被分成几部分，每个部分都与一个终端相连。这样就可以安排夜间的工作了，机器的每一部分都由不同的终端进行启动。每个终端都可以进行独立设置，只要一按回车键，任务就会启动。管理者接着设计并建造了 4 个设备，称之为“幽灵手指”，如图 9-10 所示。

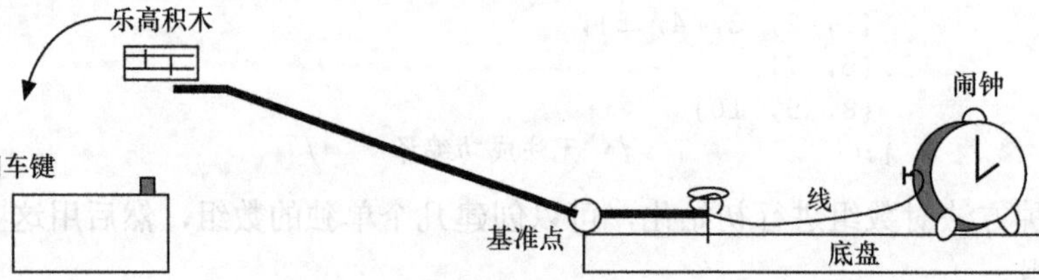

图 9-10　幽灵手指

每天晚上，在每个终端的控制下启动“幽灵手指”。凌晨 2 时，第一个闹钟响起，闹钟上的发条会卷紧一根线，拉出一个栓，使一块乐高积木块掉到回车键上。然后乐高积木块迅速跳起，以免键反弹或重复击键，这样任务便启动了。

尽管每个人都对这种设计感到好笑，但它整整工作了 6 个月，直到新系统上马！新系统投入使用还没几个小时，Burroughs 和 IBM 的系统工程师都请求得到这样一块幸存下来的 Rube Goldberg 设备。这正是成功软件/硬件平衡的实质所在。

解决方案

玩转数组/指针参数

```
char ga[] = "abcdefghijklm";

void my_array_func(char ca[10])
{
   printf(" addr of array param = %#x \n",&ca);
   printf(" addr (ca[0]) = %#x \n", &(ca[0]));
   printf(" addr (ca[1]) = %#x \n", &(ca[1]));
   printf(" ++ca = %#x \n\n", ++ca);
}

void my_pointer_func(char *pa)
{
   printf(" addr of ptr param = %#x \n", &pa);
   printf(" addr (pa[0]) = %#x \n", &(pa[0]));
```

```
    printf(" addr (pa[1]) = %#x \n", &(pa[1]));
    printf(" ++pa = %#x \n", ++pa);
}

main()
{
    printf(" addr of global array = %#x \n", &ga);
    printf(" addr (ga[0]) = %#x \n", &(ga[0]));
    printf(" addr (ga[1]) = %#x \n\n", &(ga[1]));
    my_array_func(ga);
    my_pointer_func(ga);
}
```

输出结果如下:

```
% a.out
    addr of global array = 0x20900
    addr (ga[0]) = 0x20900
    addr (ga[1]) = 0x20901

    addr of array param = 0xeffffa14
    addr (ca[0]) = 0x20900
    addr (ca[1]) = 0x20901
    ++ca = 0x20901

    addr of ptr param = 0xeffffa14
    addr (pa[0]) = 0x20900
    addr (pa[1]) = 0x20901
    ++pa = 0x20901
```

初看上去似乎有点奇怪，数组参数的地址和数组参数的第一个元素的地址竟然不一样，但事实就是如此。

你可以跟C程序员新手打赌，看看在这种情况下用 sizeof()会是什么结果，你或许可以赢一大把钱。

第 10 章

再论指针

千万不要忘了，当你把一个手指指向别人的时候，你还有另外 3 个手指指向了你自己……

——*多疑间谍的格言*

10.1 多维数组的内存布局

多维数组在系统编程中并不常用。所以，毫不奇怪的是，C 语言并未像其他语言所要求的那样定义了详细的运行时程序来支持这个特性。对于某些结构（如动态数组），程序员必须使用指针显式地分配和操纵内存，而不是由编译器自动完成。另外还有一些结构（作为参数的多维数组），在 C 语言中并没有一般的形式来表达。本章将讲述这些主题。现在，每个人都已经熟悉了多维数组在内存中的布局。假设我们具有以下声明：

```
char pea[4][6];
```

有些人把二维数组看作是排列在一张表格中的一行行的一维数组，如图 10-1 所示。

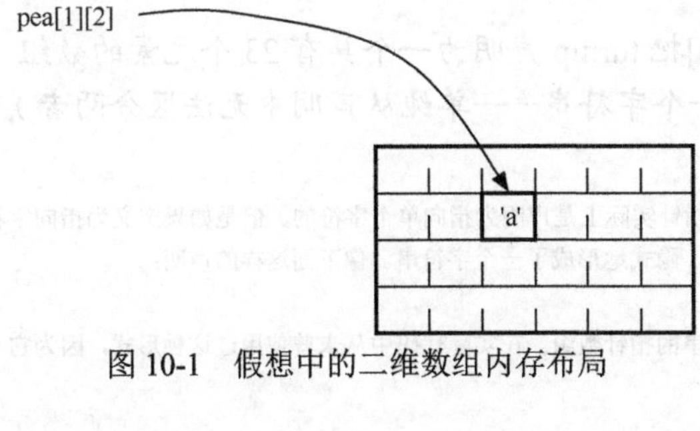

图 10-1　假想中的二维数组内存布局

事实上系统绝不允许程序按照这种方式来存储数据。单个元素的存储和引用实际上是以线性形式排列在内存中的，如图 10-2 所示。

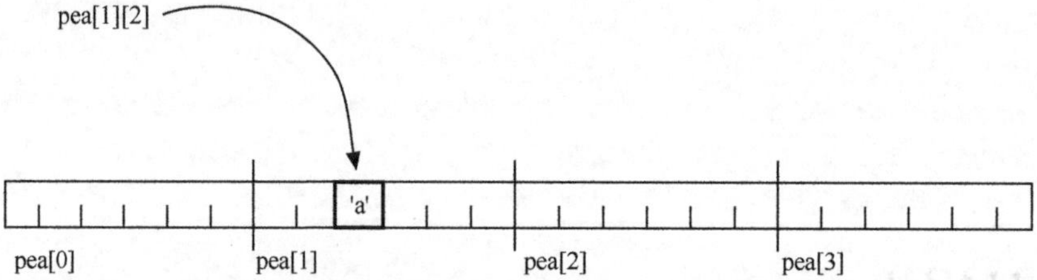

图 10-2　实际上的二维数组内存布局

数组下标的规则告诉我们如何计算左值 pea[i][j]：首先找到 pea[i]的位置，然后根据偏移量[j]取得字符。因此，pea[i][j]将被编译器解析为：

```
*(*(pea + i) + j)
```

但是（这正是关键所在！），pea[i]的意思将随 pea 定义的不同而变化。我很快将解释这个表达式，但首先让我们看一下 C 语言中最常见、最重要的数据结构：指向字符串的一维指针数组。

10.2　指针数组就是 Iliffe 向量

可以通过声明一个一维指针数组，其中每个指针指向一个字符串[1]来取得类似二维字符数组的效果。这种形式的声明如下：

```
char *pea[4];
```

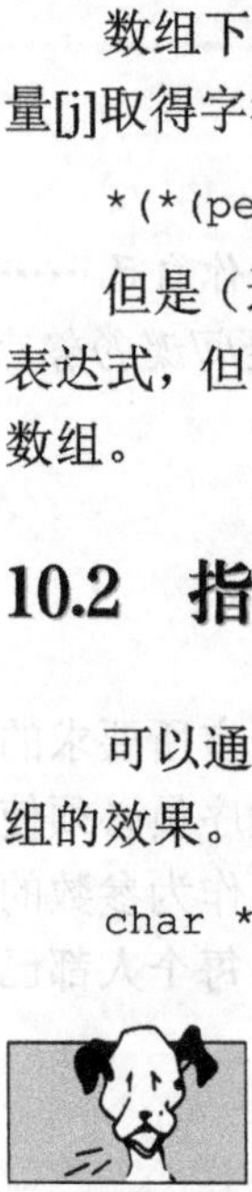

软件信条

注意声明的语法

注意 char *turnip[23]把 turnip 声明为一个具有 23 个元素的数组，每个元素的类型是一个指向字符的指针（或者一个字符串——单纯从声明中无法区分两者）。可以假想它两边加上了

1　这里我们略微进行了简化——指针实际上是声明为指向单个字符的。但是如果定义为指向字符的指针，就存在一种可能性，就是其他字符可能紧邻着它存储，隐式地形成了一个字符串。像下面这样的声明：

```
char (* rhubarb[4])[7];
```

才是真正声明了一个指向字符串的指针数组。在实际代码中从未曾使用过这种形式，因为它不必要地限制了所指向的数组的长度（只能恰好为 7）。

括号——(char *)tunip[23]。这跟从左至右读时看上去的样子（一个指向"具有 23 个字符类型元素的数组"的指针）不一样。这是因为下标方括号的优先级比指针的星号高。关于声明语法的分析，第 3 章已经作了详细介绍。

用于实现多维数组的指针数组有多种名字，如"Iliffe 向量""display"或"dope 向量"。display 在英国也用来表示一个指针向量，用于激活一个在词法上封闭的过程的活动记录（作为"一个静态链接后面跟一个链表"的替代方案）。这种形式的指针数组是一种强大的编程技巧，在 C 语言之外取得了广泛的应用。图 10-3 显示了这样的结构。

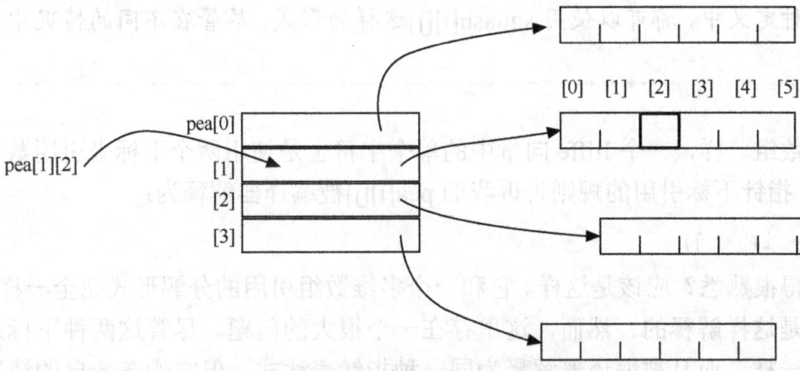

图 10-3 指向字符串的指针数组

这种数组必须用这样一种指针进行初始化，即指针指向为字符串分配的内存。既可以在编译时用一个常量初始值，也可以在运行时用下面这样的代码进行初始化：

```
for(j = 0; j <= 4; j++)
    pea[j] = malloc(6);
```

另一种方法是一次性地用 malloc 分配整个 x×y 个数据的数组：

```
malloc(row_size * column_size * sizeof(char) );
```

然后使用一个循环，用指针指向这块内存的各个区域。整个数组保证能够存储在连续的内存中，即按 C 分配静态数组的次序存储。它减少了调用 malloc 的维护性开销，但缺点是当处理完一个字符串时无法单独将其释放。

软件信条

当你看见 squash[i][j]这样的形式时，你不知道它是怎样被声明的！

两个下标的二维数组和一维指针数组所存在的一个问题是：当你看到 squash[i][j]这样的引用形式时，你并不知道 squash 是声明为：

```
int squash[23][12];    /* int 类型的二维数组 */
```

或是

```
int *squash[23];       /* 23 个 int 类型指针的 Iliffe 向量 */
```

或是

```
int **squash;          /* int 类型的指针的指针 */
```

甚至是

```
int (*squash)[12];     /* 类型为 int 数组（长度为 12）的指针 */
```

这有点类似于在函数内部无法分辨传递给函数的实参究竟是一个数组还是一个指针。当然，出于同样的理由：作为左值的数组名被编译器当作是指针。

在上面几种定义中，都可以使用 squash[i][j]这样的形式，尽管在不同的情况中访问的实际类型并不相同。

与数组的数组一样，一个 Iliffe 向量中的单个字符也是使用两个下标来引用数组中的元素（如 pea[i][j]）。指针下标引用的规则告诉我们 pea[i][j]被编译器解释为：

```
*(*(pea + i) + j)
```

是不是觉得很熟悉？应该是这样。它和一个多维数组引用的分解形式完全一样，在许多 C 语言图书中就是这样解释的。然而，这里存在一个很大的问题。尽管这两种下标形式在源代码里看上去是一样，而且被编译器解释为同一种指针表达式，但它们在各自的情况下所引用的实际类型并不相同。表 10-1 和表 10-2 显示了这种区别。

表 10-1　　　　一个数组的数组 char a[4][6]

char a[4][6]—— 一个数组的数组

在编译器符号表中，a 的地址为 9980

运行时步骤 1：取 i 的值，把它的长度调整为一行的宽度（这里是 6），然后加到 9980 上。

运行时步骤 2：取 j 的值，把它的长度调整为一个元素的宽度（这里是 1），然后加到前面所得出的结果上。

运行时步骤 3：从地址（9980+i*scale-factor1+j*scale-factor2）中取出内容。

a[i][j]

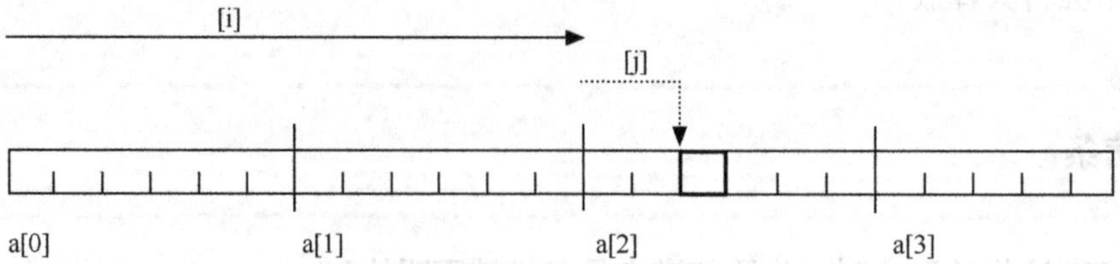

char a[4][6]的定义表示 a 是一个包含 4 个元素的数组，每个元素是一个 char 类型的数组（长度为 6）。所以查找到第 4 个数组的第 i 个元素（前进 i*6 字节），然后找到数组中的第 j 个元素。

表 10-2　　字符串指针数组中的 char *p[4]

char *p[4]—— 一个字符串指针数组

在编译器的符号表中，p 的地址为 4624

运行时步骤 1：取 i 的值，乘以指针的宽度（4 字节），并把结果加到 4624 上。

运行时步骤 2：从地址（4624+4*i）取出内容，为 5081。

运行时步骤 3：取 j 的值，乘以元素的宽度（这里是 1 字节），并把结果加到 5081 上。

运行时步骤 4：从地址（5081+j*1）取出内容。

p[i][j]

p[i][j]

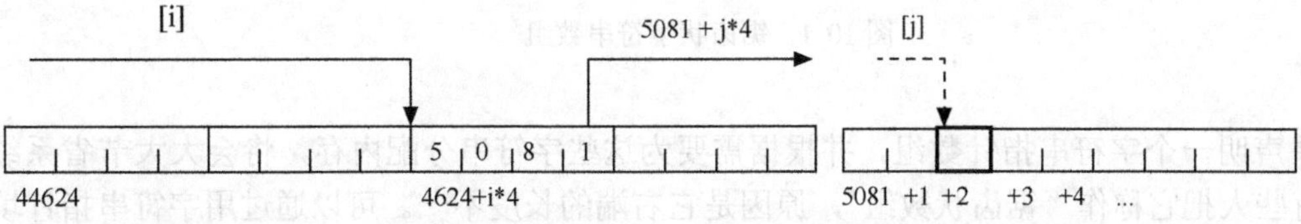

char *p[4]的定义表示 p 是一个包含 4 个元素的数组，每个元素为一个指向 char 的指针。所以除非指针已经指向字符（或字符数组），否则查找过程无法完成。假定每个指针都给定了一个值，那么查询过程先找到数组的第 i 个元素（每个元素均为指针），取出指针的值，加上编移量 j，以此为地址，取出地址的内容。

这个过程之所以可行，是因为第 9 章的规则 2：一个下标始终相当于指针的偏移量。因此，turnip[i]选择一个元素，也就是一个指针，然后使用下标[j]引用指针，产生*（指针+j），它所指向的是一个单字符。这仅仅是 a[2]和 p[2]的一种扩展，它们的结果都是一个字符，正如我们在前一章所见到的那样。

10.3　在锯齿状数组上使用指针

Iliffe 向量是一种旧式的编译器编写技巧，最初用于 Algol-60。它们原先用于提高数组访问的速度，以及在内存有限的机器中只存储数组的部分数据。在现代的系统中，这两个用途都已毫无必要，但 Iliffe 向量在另外两个方面仍然具有价值：存储各行长度不一的表以及在一个函数调用中传递一个字符串数组。如果需要存储 50 个字符串，每个字符串的最大长度可以达到 255 个字符，可以声明下面的二维数组：

```
char carrot[50][256];
```

它声明了 50 个字符串，其中每一个都保留 256 字节的空间，即使有些字符串的实际长度只有一两个字节。如果经常这样做，内存的浪费会很大。一种替代方法就是使用字符串指针数组，注意它的所有第二级数组并不需要长度都相同，如图 10-4 所示。

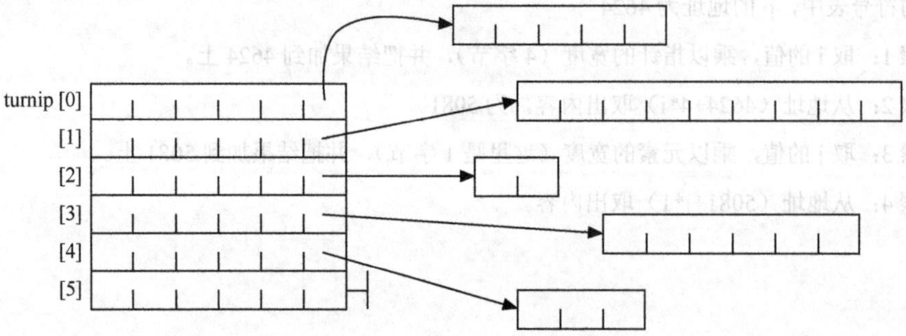

图 10-4　锯齿状字符串数组

如果声明一个字符串指针数组，并根据需要为这些字符串分配内存，将会大大节省系统资源。有些人把它称作“锯齿状数组”，原因是它右端的长度不一。可以通过用字符串指针填充 Iliffe 向量来创建一个这种类型的数组。字符串指针既可以直接使用现有的，也可以通过分配内存创建一份现有字符串的副本。图 10-5 显示了这两种方法。

```
char *turnip[UMPTEEN];
char my_string[] = "your message here";
```

```
/*  共享字符串  */
turnip[i] = &my_string[0];
```

```
/*  复制字符串  */
turnip[j] =
   malloc( strlen(my_string) + 1 );
strcpy(turnip[j], my_string);
```

图 10-5　创建一个锯齿状数组

只要有可能，尽量不要选择复制整个字符串的方法。如果需要从两个不同的数据结构访问它，复制一个指针比复制整个数组快得多，空间也节省很多。另一个可能影响性能的因素是 Iliffe 向量可能会使字符串分配于内存中不同的页面中。这就违反了局部引用的规则（一次读写的数据位于同一页面上），并导致更加频繁的页面交换，具体如何取决于怎样访问数据以及访问的频度。

小启发

数组和指针参数是如何被编译器修改的

“数组名被改写成一个指针参数”的规则并不是递归定义的。数组的数组会被改写为“数组的指针”，而不是“指针的指针”。

实参		所匹配的形参	
数组的数组	`char c[8][10];`	`char(*)[10];`	数组指针
指针数组	`char *c[15];`	`char **c;`	指针的指针
数组指针（行指针）	`char (*c)[64];`	`char (*c)[64];`	不改变
指针的指针	`char **c;`	`char **c;`	不改变

之所以能在 main()函数中看到 char **argv 这样的参数，是因为 argv 是个指针数组（即 char *argv[]）。这个表达式被编译器改写为指向数组第一个元素的指针，也就是一个指向指针的指针。如果 argv 参数事实上被声明为一个数组的数组（也就是 char argv[10][15]），它将被编译器改写为 char(* argv)[15]（也就是一个字符数组指针），而不是 char **argv。

只适用于高级学生的材料

让我们花点时间，回顾一下图 9-8，看看图左边标为“兼容类型”的变量是如何与对应的被声明为函数参数的数组（如上表所示）正确匹配的。

这并不令人吃惊。图 9-8 显示了表达式中的数组名是如何变成指针的；上面的表格显示了作为函数参数的数组名是如何变成指针的。这两种情况都受一个相似规则的支配，就是在特定的上下文环境中，数组名被改写为指针。

图 10-6 显示了所有有效代码的组合。我们可以发现：

- 3 个函数都接受同样类型的参数，就是一个[2][3][5] int 型三维数组或是一个指向[3][5] int 型二维数组的指针；
- 3 个变量（apricot p、*q）都匹配所有 3 个函数的参数声明。

编程挑战

检验一下

输入图 10-6 中的 C 代码，亲手运行一下。

```
my_function_1( int fruit[2][3][5] ) { ;  }
my_function_2( int fruit [][3][5] ) { ; }
my_function_3( int (*fruit)[3][5] ) { ; }
```

```
int apricot[2][ 3][5];

my_function_1( apricot );
my_function_2( apricot );
my_function_3( apricot );
```

```
int (*p)[3][5] = apricot;

my_function_1( p );
my_function_2( p );
my_function_3( p );
```

```
int (*q)[2][3][5] = &apricot;

my_function_1( *q );
my_function_2( *q );
my_function_3( *q );
```

图 10-6　所有有效代码的组合

10.4　向函数传递一个一维数组

在 C 语言中，任何一维数组均可以作为函数的实参。形参被改写为指向数组第一个元素的指针，所以需要一个约定来提示数组的长度。一般有两个基本方法：

- 增加一个额外的参数，表示元素的数目（argc 就是起这个作用）；
- 赋予数组最后一个元素一个特殊的值，提示它是数组的尾部（字符串结尾的'\0'字符就是起这个作用）。这个特殊值必须不会作为正常的元素值在数组中出现。

二维数组的情况要复杂一些，数组被改写为指向数组第一行的指针。现在需要两个约定，其中一个用于提示每行的结束，另一个用于提示所有行的结束。提示单行结束可以使用一维数组所用的两种方法，提示所有行结束也可以这样。我们所接收的是一个指向数组第一个元素的指针。每次对指针执行自增操作时，指针就指向数组中下一行的起始位置，但怎么知道指针到达了数组的最后一行呢？我们可以增加一个额外的行，行内所有元素的值都是不可能在数组正常元素中出现的，能够提示数组超出了范围。当对指针进行自增操作时，要对它进行检查，看看它是否到达了那一行。另一种方法是，定义一个额外的参数，提示数组的行数。

10.5 使用指针向函数传递一个多维数组

使用上一节所描述的笨拙方法，可以解决标记数组范围这个难题。但是还存在一个问题，就是如何在函数内部声明一个二维数组参数，这才是真正的麻烦所在。C 语言没有办法表达“这个数组的边界在不同的调用中可以变化”这个概念。C 编译器必须要知道数组的边界，以便为下标引用产生正确的代码。从技术上说，也可以在运行时处理才知道数组的边界，而且很多其他语言就是这样做的，但这种做法违背了 C 语言的设计理念。

我们能够采取的最好方法就是放弃传递二维数组，把 array[x][y]这样的形式改写为一个一维数组 array[x+1]，它的元素类型是指向 array[y]的指针。这样就改变了问题的性质，而改变后的问题是我们已经解决了的。在数组最后的那个元素 array[x+1]里存储一个 NULL 指针，提示数组的结束。

软件信条

在 C 语言中，没有办法向函数传递一个普通的多维数组

这是因为我们需要知道每一维的长度，以便为地址运算提供正确的单位长度。在 C 语言中，我们没有办法在实参和形参之间交流这种数据（它在每次调用时会改变）。因此，你必须提供除了最左边一维以外的所有维的长度。这样就把实参限制为除最左边一维外所有维都必须与形参匹配的数组。

```
invert_in_place(int a[][3][5]);
```

用下面两种方法调用都可以：

```
int b[10][3][5];  invert_in_place(b);
int b[999][3][5]; invert_in_place(b);
```

但像下面这样任意的三维数组：

```
int fails1[10][5][5];  invert_in_place(fails1); /* 无法通过编译 */
int fails2[999][3][6]; invert_in_place(fails2); /* 无法通过编译 */
```

却是无法通过编译器这一关的。

二维或更多维的数组无法在 C 语言中用作一般形式的参数。你无法向函数传递一个普通的多维数组。可以向函数传递预先确定长度的特殊数组，但这个方法并不能满足一般情况。最显而易见的方法是声明一个方法 1 这样的原型。

10.5.1　方法 1

```
my_function(int my_array[10][20]);
```

这是最简单的方法，但同时也是作用最小的方法。因为它迫使函数只处理 10 行 20 列的 int 型数组。我们想要的是一个确定更为普通的多维数组形参的方法，使函数能够操作任意长度的数组。注意，多维数组最主要的一维的长度（最左边一维）不必显式写明。所有的函数都必须知道数组其他维的确切长度和数组的基地址。有了这些信息，它就可以一次“跳过”一个完整的行，到达下一行。

10.5.2　方法 2

我们可以合法地省略第一维的长度，像下面这样声明多维数组：

```
my_function(int my_array[][20]);
```

但这样做法仍不够充分，因为每一行都必须正好是 20 个整数的长度。函数也可以类似地声明为：

```
my_function(int(*my_array)[20]);
```

参数列表中（* my_array）周围的括号是绝对需要的，这样可以确保它被翻译为一个指向 20 个元素的 int 数组的指针，而不是一个由 20 个 int 指针元素构成的数组。同样，我们对“最右边一维的长度必须为 20”感到不快。

软件信条

一致性数组

按照最初的设计，Pascal 也具有和 C 语言同种的功能缺陷——没有办法向同一个函数传递长度不同的数组。事实上 Pascal 的情况更糟，因为它甚至不能支持一维数组的情况，而 C 语言倒可以实现。数组边界是函数原型的一部分，如果实参数组的长度不能与形参完全匹配，就会产生一个类型不匹配错误。像下面这样的 Pascal 代码是非法的：

```
var apple : array[1..10] of integer;
precedure invert( a: array[1..15] of integer;
invert(apple);   {无法通过编译}[1]
```

[1] 花括号是 Pascal 的注释形式。——译者注

为了弥补这个缺陷，Pascal标准化语言协会构思了一个概念，称为一致性数组(conformation arrays)——或许取名为“confuse'em arrays”（混淆他们的数组）更为合适。它是一种协议，用于实参和形参之间数组长度的通信。对于一般的程序员而言，这个方法的工作原理并非一眼可见，而且它也不存在于其他的主流语言中。你必须像下面这样编写代码：

```
precedure a(fname: array[lo..hi: integer] of char);
```

数据名 lo 和 hi（当然也可以取其他的名字）所对应的数组边界在每次调用时根据实际参数进行填充。经验显示，许多程序员认为这种形式只会把事情搞得更乱。在解决了普通情况的数组参数传递问题后，语言的设计者把最简单的字符长度固定的数组这种情况搞成了非法代码：

```
1 procedure a(fname: array[1..70] of char);
E --------------------------^---Expected identifier
```

这种语言定义的方式很显然与许多程序员预期的行为背道而驰。时至今日，我们已经接到无数的技术支持电话请求帮助。在 Sun 的编译器小组里，每隔数月“Pascal 编译器 Bug”的报告便上升一个数量级。Pascal 的一致性数组另外还存在一个问题，例如，一个一致性字符数组并不具有字符串类型（因为它的类型无法用任何数组类型来表示），所以即使它是一个字符数组，它也不能作为字符串参数传递！一致性数组形参会给 Pascal 程序员带来更多的烦恼，也许只有交互式 I/O 比它更麻烦。更糟糕的是，有些人正在讨论要不要在 C 语言中增加一致性数组。

10.5.3　方法 3

我们可以采取的第三种方法是放弃二维数组，把它的结构改为一个 Iliffe 向量。也就是说，创建一个一维数组，数组中的元素是指向其他东西的指针。回想一下 main()函数的两个参数，我们已经习惯了看到 char * argv[];的形式，有时也能看到 char ** argv;这样的形式，它能提醒我们怎样分析这个声明。可以简单地传递一个指向数组参数的第一个元素的指针，如下所示（用于二维数组）：

```
my_function(char **my_array);
```

注意：只有在把二维数组改为一个指向向量的指针数组的前提下才可以这样做！

Iliffe 向量这种数据结构的美感在于：它允许任意的字符串指针数组传递给函数，但必须是指针数组，而且必须是指向字符串的指针数组。这是因为字符串和指针都有一个显式的越界值（分别为 NUL 和 NULL），可以作为结束标记。至于其他类型，并没有一种类似的通用且可靠的值，所以并没有一种内置的方法知道何时到达数组某一维的结束位置。即使是指向字符串的指针数组，通常也需要一个计数参数 argc 来记录字符串的数量。

10.5.4　方法 4

我们可以采取的最后一种方法是放弃多维数组的形式，提供自己的下标方式。当 Groucho Marx 评论“如果你把小红莓煮成苹果酱那样，它们尝起来会比大黄更像李子”时，他脑子里想的肯定就是这种错综复杂的迂回方法。

```
char_array[row_size * i + j] = ...
```

这很容易误入歧途，而且会让你困惑，如果可以手工做这些事情，那么为什么还需要使用编译器呢？

总之，如果多维数组各维的长度都是一个完全相同的固定值，那么把它传递给一个函数毫无问题。如果情况更普通一些，也更常见一些，就是作为函数的参数的数组的长度是任意的，我们用下面的方法进行进一步的分析。

- 一维数组——没有问题，但需要包括一个计数值或者是一个能够标识越界位置的结束符。被调用的函数无法检测数组参数的边界。正因为如此，gets()函数存在安全漏洞，从而导致了 Internet 蠕虫的产生。
- 二维数组——不能直接传递给函数，但可以把矩阵改写为一个一维的 Iliffe 向量，并使用相同的下标表示方法。对于字符串来说，这样做是可以的。对于其他类型，需要增加一个记数值或者能够标识越界位置的结束符。同样，它依赖于调用函数和被调用函数之间的约定。
- 三维或更多维的数组——都无法使用，必须把它分解为几个维数更少的数组。

不支持多维数组作为参数传递是 C 语言存在的一个内在限制，这使得用 C 语言编写某些特定类型的程序时非常困难（如数值分析算法）。

10.6　使用指针从函数返回一个数组

前一节分析了怎样把数组作为参数传递给函数。本节换个方向讨论数据的转换：从函数返回一个数组。

严格地说，无法直接从函数返回一个数组。但是，可以让函数返回一个指向任何数据结构的指针，当然也可以是一个指向数组的指针。记住，声明必须在使用之前。一个声明的例子是：

```
int (*paf())[20];
```

这里，paf 是一个函数，它返回一个指向包含 20 个 int 元素的数组的指针。它的定义可能如下：

```
int (*paf())[20] {
    int (*pear)[20];        /* 声明一个指向包含 20 个 int 元素的数组的指针 */
    pear = calloc(20, sizeof(int));
```

```
    if(!pear) longjmp(error, 1);
    return pear;
}
```

你用下面这样的方法来调用函数：

```
int (*result)[20];              /* 声明一个指向包含20个int元素的数组的指针 */
        ...
result = paf();                 /* 调用函数 */
(*result)[3] = 12;              /* 访问结果数组 */
```

或者玩个花样，定义一个结构：

```
struct a_tag {
            int array[20];
        } x, y;
struct a_tag my_function() { ... return y }
```

用下面的方法来使用：

```
x = y;
x = my_function();
```

如果要访问数组中的元素，可以用下面的方法：

```
x.array[i] = 38;
```

千万要注意，不能从函数中返回一个指向函数的局部变量的指针（详见第2章）。

小启发

为什么NULL指针会导致printf函数崩溃？

有一个经常被问到的问题是："为什么向printf()函数传递一个NULL指针会导致程序崩溃？"人们似乎觉得可以像下面这样编写代码：

```
char *p = NULL;
  /* ... */
printf("%s", p);
```

并认为它不会崩溃。客户有时会抱怨："它在我的HP/IBM/PC上就不会崩溃。"他们希望当printf()传入一个NULL指针时，它会打印出空字符串。

问题在于C标准规定%s说明符的参数必须是一个指向字符数组的指针。由于NULL并不是一个这样的指针（它是一个指针，但它并不指向一个字符数组），所以这个调用将陷入"未定义行为"。

由于程序员在编码时出现了一些错误，问题是“你是希望尽早还是尽晚发现错误？”如果你坚持 printf 应该能够处理一个 NULL 指针（将它作为合法的参数），那么，对于其他在 libc 中的库函数，是否也应该这样做呢？如果传递给 strcmp()函数的一个参数是一个 NULL 指针，那么 strcmp()函数又该怎样处理它呢？你希望让 printf 尽可能地揣摩程序员的意图（很可能使程序在以后陷入更大的麻烦），还是想让程序尽可能早地发现错误？

Sun libc 选择了第二种方法。其他一些 libc 厂商则选择了第一种方法，也许它对程序员更为友好，但在安全性上却打了折扣。这也涉及一致性问题，你希望对 libc 中的其他函数也进行扩展，允许 NULL 指针参数吗？

10.7　使用指针创建和使用动态数组

当预先并不知道数据的长度时，可以使用动态数组。绝大多数具有数组的编程语言都能够在运行时设置数组的长度。它们允许程序员计算需要处理的元素的数目，然后创建一个刚好能容纳这些元素的数组。历史比较悠久的语言，如 Algol-60、PL/I 和 Algol-68 等，也具备这个功能；比较新的语言，如 Ada、Fortran90 和 GNU C（由 GNU C 编译器实现的语言版本）等，也允许声明长度可在运行时设置的数组。

然而，在 ANSI C 中，数组是静态的——数组的长度在编译时便已确定不变。在这个领域，C 语言的支持很弱，你甚至不能使用像下面这样的常量形式：

```
const int limit = 100;
char plum[limit];
          ^^^
      error:integral constant expression expected（错误，期待整型常量表达式）
```

我们不想问“为什么一个 const int 不能被当作一个整型常量表达式”这样令人尴尬的问题。在 C++中，这样的语句是合法的。

在 ANSI C 中引入动态数组应该是比较容易的，因为这个特性所需要的“前向艺术”（prior art）功能已经存在。所需要做的就是把标准第 5.5.4 节中下面这一行

```
direct-declarator [ constant-expression opt ]
```

改为

```
direct-declarator [ expression opt ]
```

如果去除这个人为限制，数组的定义事实上会更简单一些。如果真能这样做的话，C 语言的功能将会得到增强，而且仍然能与 K&R C 保持兼容。由于委员会强烈希望与 C 语言最初的简单设计保持一致，所以这个方案仍然没有被采纳。幸运的是，除此之外仍然有办法实现动态数组的功能（代价就是我们必须亲自做一些指针操作）。

小启发

从程序的信息中得到启发

使用 strings 实用程序从二进制文件内部查看程序可能产生的错误信息是很有帮助的。如果 strings 已经被国际化并且可以把信息输出到另一个文件中，你甚至不需要查看这个二进制文件。如果用 strings 检查 yacc 程序，会发现它的错误信息在最近的两个版本中有着显著的不同。特别是，错误信息：

```
% strings yacc
         :
    too many states（太多的状态）
```

变成了

```
% strings yacc
         :
    cannot expand table of states（无法扩展状态表）
```

原因是 yacc 程序被升级，它的内部表（internal table）现在是动态分配的，可以根据需要进行扩张。

软件信条

有意义的错误信息

在编译器中有时也会出现有趣的字符串。据说，下列字符串都是从 Apollo C 编译器中找到的：

```
00  cpp says it's hopeless but trying anyway（cpp 表示希望渺茫，但它尽量试试）
14  parse error: I just don't get it （解析错误，我无法理解它）
77  you learned to prgram in Fortran, didn't you? （你是从 Fortran 学习编程的，
```
是不是？）

我最喜欢的一个是：

```
033  linker attempting to "duct tape" this "gerbil" of a program
```

（链接器试图“牢牢绑住”程序中的“活蹦乱跳的沙鼠”）

也许这就是链接器又称作捆绑器的原因……

这些（可能是伪造的）信息对于程序员而言可以当作是玩笑。但是，我们只能适度地使

用幽默。有一位程序员（不是 Sun 公司的）在网络驱动程序中编写了一条信息，内容是“Bad bcb: we’re in big trouble now.”（Bad bcb：我们现在遇到了大麻烦）。这条信息位于一条 switch 语句的 default 子句中，根据协议手册，这条 switch 语句中的 default 子句是绝不会被执行的。

自然，事实上这条语句被执行了。而且，直到系统投入生产使用后才出现这条语句被执行的情况。接收到这条信息的顾客站点有十几个大型机昼夜不停地运行，由操作员负责管理。所有的控制台信息都被打印出来，操作员将根据信息记录日志文件，确认信息已被阅读。

当这条信息出现时，操作员叫来了他的上司。当时大约是早上 6 点，上司赶紧打电话给厂商的程序员。而这位程序员所在的地方是凌晨 3 点左右（太平洋时间），那位上司向程序员解释道，由于他们的机器必须连续不停地运行，所以操作员必须非常认真地对待所有的信息，他希望厂商能说明一下这条信息表示什么意思。

注意，这条信息并无亵渎之意，它告诉程序员哪里出了问题。但问题在于它不必要地向顾客发出了警告。经过快速修改之后，这个程序马上推出了新版本。这条信息变成了：

```
"buffer control block 35 checksum failed.（缓冲区控制块 35 检验和失败）"
"packet rejected - inform support - not urgent.（分组被拒绝-信息支持-并非紧急）"
```

对于此类的罕见信息，用两行文字来表示是可行的。

信息应该具有启发性，而非煽动性，并且要避免使用诸如带有亵渎性、口语化、幽默或者夸张的非专业用语。尤其是，如果你规规矩矩地这样做，就可以避免在凌晨 3 点钟被叫醒。

现在我们讨论在 C 语言中如何实现动态数组。请系紧安全带，这次的学习之旅可是非常地颠簸！它的基本思路就是使用 malloc()库函数（内存分配）来得到一个指向一大块内存的指针。然后，像引用数组一样引用这块内存，其机理就是一个数组下标访问可以改写为一个指针加上偏移量。

```
#include <stdlib.h>
#include <stdio.h>
  ...
int size;
char *dynamic;
char input[10];
printf("Please enter size of array: ");
size = atoi(fgets(input, 7, stdin));
dynamic = (char *)malloc(size);
...
dynamic[0] = 'a';
dynamic[size-1] = 'z';
```

动态数组对于避免预定义的限制也是非常有用的。这方面的经典例子是在编译器中。我们不想把编译器符号表的记录数量限制在一个固定的数目上，但也不想一开始就建立一个非常巨大的固定长度的表，这样会导致其他操作的内存空间不够。到目前为止，这些内容还是比较容易理解的。

小 启 发

报告 Bug 有助于提高产品的质量

几年前，我们在其中一个 Pascal 编译器上增加了一些代码。这样，它就会根据需要对记录头文件名的内部表进行增长。一开始，这个表具有 12 个空的 slot。当源文件嵌套的头文件的层数超过 12 时，表格会自动进行增长以处理这种情况。

所有真正意义上的软件或多或少都会存在一些 Bug。在这个例子里，一位程序员编码有误。结果，当编译器试图增长表格时，程序就进行信息转储（并中止）。这个结果非常糟糕，无论用户输入什么内容，编译器都不应该中止。

结果，在欧洲的一个大客户那里，这个错误造成了一个特别的问题。这位客户有一套大型的 Pascal 软件，用于发电控制，他们想把它移植到 Sun 的工作站中。这套软件的大多数程序所嵌套的头文件层数都超过了 12，所以他们经常发现编译器进行信息转储。此时，客户犯了两个错误；一是他们没有报告这个错误；二是他们没有对这个问题进行深入调查。

对报告的问题进行修正是优先级最高的任务，但我们只能修正所知道的问题（即向我们报告的问题）。在 Pascal 中，头文件嵌套层数很深的情况极为罕见（头文件机制甚至不是标准 Pascal 的一部分）。无论是我们的测试程序还是其他客户都不曾报告这个问题。结果，这家电力公司发现在编译器的新版本中这个问题依然存在。

但此时这个问题却给这家公司造成了很大危机，数百万美元投资面临打水漂的危险。多位公司副总（我们公司的和他们公司的）中断了高尔夫球活动，匆匆聚在一起商讨对策。结果，对方公司派遣了一位资深工程师飞到美国与我会面，要求修正这个 Bug。我是编译器部门第一个见到这个 Bug 的重要人物！我们立即修正了这个 Bug，让这位工程师带着打好补丁的编译器回家。但我同时对一个事实深感震惊，如果他们稍微花点时间调查一下这个问题的起因，只要稍做修改就可能很轻易地解决这个 Bug。这个故事的教训是两方面的。

1. 向客户支持中心报告你所发现的所有的产品缺陷。我们只能修正我们知道的 Bug，而且它可能在其他地方发生（我们的另一个挫折来源是有些政府机构报告了问题，但出于“安全理由”拒绝向我们提供产生问题的代码，即使他们对代码进行了一番安全方面的处理）。
2. 禅宗思想和软件维护的艺术都建议，你应该花点时间调查任何所发现的 Bug，也许这些 Bug 可以很容易就解决掉。

我们真正需要实现的是使表具有根据需要自动增长的能力，这样它的唯一限制就是内存的总容量。如果不是直接声明一个数组，而是在运行时在堆上分配数组的内存，就可以实现这个目标。有一个库函数 realloc()，它能够对一个现在的内存块大小进行重新分配（通常是使之扩大），同时不会丢失原先内存块的内容。当需要在动态表中增长一个项目时，可以进行如下操作。

1．对表进行检查，看看它是否真的已满。
2．如果确实已满，使用 realloc()函数扩展表的长度，并进行检查，确保 realloc()操作成功进行。
3．在表中增加所需要的项目。

用 C 代码表示，大致如下：

```
int   current_element = 0;
int   total_element = 128;
char *dynamic = malloc(total_element);

void add_element(char c){
    if(current_element == total_element - 1){
        total_element *= 2;
        dynamic = (char *)realloc(dynamic, total_element);
        if(dynamic == NULL) error("Coundn't expand the table");
    }
    current_element++;
    dynamic[current_element] = c;
}
```

在实践中，不要把 realloc()函数的返回值直接赋给字符指针。如果 realloc()函数失败，它会使该指针的值变成 NULL，这样就无法对现有的表进行访问。

编程挑战

动态增长你的数组

编写一个 main()程序，使用上面提到的那个函数。检查一下原先的数组，并填充足够的元素，使之调用 realloc()函数进行扩张。

附加分：

在 add_element()函数中增加几条语句，使它可以负责动态内存区域的初始内存分配。这样做有什么优点和缺点？该怎样使用 setjmp()/longjmp()来优雅地处理表增长过程中出现的错误？

这种模拟动态数组的技巧在 SunOS 5.0 版本中得到了广泛的使用。所有重要的固定长度的表（人们在实际使用中受到限制）都进行了修改，使之能够自动增长。这个技巧在其他许多系统软件中也得到了使用，如编译器和调试器。但这个技巧并不是在所有地方都应该使用，理由如下。

- 当一个大型表格突然需要增长时，系统的运行速度可能会慢下来，而且这在什么时候发生是无法预测的。内存分配成倍增长是最关键的原因。
- 重分配操作很可能把原先的整个内存块移到一个不同的位置，这样表格中元素的地址便不再有效。为避免麻烦，应该使用下标而不是元素的地址。
- 所有的增加和删除操作都必须通过函数来进行，这样才能维持表的完整性。只是这样一来，修改表所涉及的内容就比仅仅使用下标要多得多。
- 如果表的项目数量减少，可能应该缩小表并释放多余的内存。这样内存收缩的操作对程序的运行速度有很大的影响。每次搜索表格时，编译器最好能够知道任一时刻表的大小。
- 当某个线程对表进行内存重新分配时，你可能想锁住表，保护表的访问，防止其他线程读取表。对于多线程代码，这种锁总是必要的。

数据结构动态增长的另一种方法是使用链表，但链表不能进行随机访问。你只能线性地访问链表（除非把频繁访问的链表元素的地址保存在缓冲区内），而数组则允许随机访问，这可能在性能上造成很大的差别。

10.8 轻松一下——程序检验的限制

工程师所存在的问题是他们采取欺骗手段以获得结果。
数学家所存在的问题是他们研究一些玩具性的问题以获得结果。
程序检验员所存在的问题是他们在玩具性的问题上采取欺骗手段以获得结果。

——匿名人士

夏日的某一天，Usenet 网络的 C 语言论坛上出现了一篇言辞尖锐的帖子，使读者颇感惊奇。发帖者（为保护隐私，姓名从略）要求在程序中普遍采用正式的程序检验，因为“如果不这样做，程序只是一种黑客的作品罢了”。他的论据包括在一个 3 行的 C 程序中加入 45 行的检验，以维护程序的正确性。简短起见，我对这个帖子做了压缩。下面是它的内容。

表 10-3 程序检验的帖子

来源：一位程序检验的支持者
日期：1991 年 5 月 15 日，星期五，美国太平洋时间 12:43:52
主题：Re：不使用临时变量交换两个值

续表

有人问我下面的程序段（用于交换两个值）能否达到目的：
`*a ^= *b;      /* 执行 3 个连续的异或操作 */`
`*b ^= *a;`
`*a ^= *b;`
我的回答如下：
在满足下面两种标准的前提下执行下面这个序列：这几个操作都是原子操作；它在执行时不会发生硬件失败、内存空间不够或数学运算失败等问题。
`*a ^= *b; *b ^= *a; *a ^= *b;`
之后，*a 和*b 的值将是 f3(a)和 f3(b)。其中，
`f3 = lambda x.(x == a ? f2(a) ^ f2(b) : f2(x))`
`f2 = lambda x.(x == b ? f1(b) ^ f1(a) : f1(x))`
`f1 = lambda x.(x == a ? *a ^ *b : *x)`
或用一种可读性更好的形式表示：
`f3(a) = f2(a) ^ f2(b), f3(x) = f2(x) else`
`f2(b) = f1(b) ^ f1(a), f2(x) = f1(X) else`
`f1(a) = *a ^ *b, f1(x) = *x else`
（前提是*a 和*b 已经定义，也就是 a != NULL，b != NULL）。
这样一来，这段代码只会产生两种结果（源于 beta reduction），即
如果 a 和 b 相同：f3(a) = f3(b) = 0
如果 a 和 b 不同：f3(a) = b, f3(b) = a。
相关的可靠性验证和调试：
数学检验和验证是唯一可靠的技巧。否则的话，程序就是工程黑客的作品罢了。与人们通常想象的相反，所有的 C 程序都容易根据这种方法通过数学分析来进行驾驭。

吃惊的读者对于几分钟之后的该作者的跟帖更感惊讶……

表 10-4　　对程序检验帖的跟帖

来源：一位程序检验的支持者
日期：1991 年 5 月 15 日，星期五，美国太平洋时间 13:07:34
主题：Re：不使用临时变量交换两个值
我先前所写的：
这样一来，这段代码只会产生两种结果（源于 beta 缩减）

续表

也就是： 如果 a 和 b 相同：f3(a) = f3(b) = 0 如果 a 和 b 不同：f3(a) = b, f3(b) = a。 实际上应该是： f3(a) = *b, 且 f3(b) = *a...

不仅这个检验存在两个错误，而且他所“检验”的 C 程序事实上也不正确！大家都知道在 C 语言中不可能不使用临时变量来交换两个值（在一般情况下）。在此例中，如果 a 和 b 指向重叠的对象，这个算法就会失败。另外，如果其中一个变量存储于寄存器中或者是一个位段，这个算法也不可行，因为无法取得寄存器或者位段的地址。如果*a 和*b 是长度不同的类型，或者它们其中之一指向一个数组，该算法同样不行。

可能还有人并不信服，仍然认为在程序之初加入检验是可行的。下面抄录的是一个典型的单检验条件，取自一个实际的程序，它被认为是正确的。这个条件取自一个傅里叶变换（一种聪明的信号波形分析）的检验中，它出现于 1973 年的一篇报道 *On Programming* 中，作者是纽约大学 Courant 学院的 Jacob Schwartz。

如果发现还是有人认为在程序中提供检验是可行的，就用下面这个问题考考他。我们对这个检验只进行了一个改动，请找到这处改动。根据那里出现的信息找到这个修正是可能的。答案位于本章的末尾。

一个取自快速傅里叶变换程序的单检验条件

程序员健康警告：千万不要过于投入！

我列出这个恐怖的程序检验的目的是让你确信程序检验是不可行的！

你愿不愿意整天注视这几页的代码？很有可能在仅仅引入这些条件时就引入错误。连完整的检验本身写起来都不能确保是正确的，更何况要让它检验程序的完整性、一致性和正确性。

有些人建议，如果有自动程序校对器，就可以操纵这个复杂的概念。但怎么能够确信一个自动程序校对器就不存在 Bug？难道让校对器对其自身进行校对？有一个问题可以很清楚地说明校对器是不够充分的。如果你问一个可能的说谎者：“你会说谎吗？”即使他回答说“不”，你难道能够相信吗？

更多阅读材料

要想知道更多有关程序检验的问题，有一篇文章非常值得一读。它的题目是 *Social Processed*

and Proofs of Theorems and Programs，刊登于 *Communications of the ACM*，第 22 卷，第 5 号，1979 年 5 月，作者是 Richard de Millo、Richard Lipton 和 Alan Perlis。这提供了为什么现在程序检验尚不可行的背景（很有可能将来也不可行）。程序检验要证明的主要观点就是当前程序校对的处理并不是一种实用的建议。现在我们只能沉湎于“工程黑客”了。

解决方案

程序检验修改的答案

好！我承认，我并没有在检验中修改任何内容。但仔细阅读了这段复杂文本的人有没有发现这一点呢？程序检验是不可行的，因为绝大多数程序员发现它们太难阅读了。

第11章

你懂得C，所以C++不在话下

C++之于C，就像Algol-68[1]之于Algol。

——*David L. Jones*

如果你觉得C++还不够复杂，那你知道protected abstract virtual base pure virtual private destructor是什么意思吗？你上次用到它又是什么时候呢？

——*Tom Cargill, C++ Journal,1990年秋*

11.1 初识OOP

你懂得C，所以C++不在话下，是吗？也许如此。大部分C++图书都有三四百页厚，排版密密麻麻。你如果沉湎于它的细节之中，很容易迷失方向，无法从中寻找到它的真正要旨。另一方面，从实用的角度讲，C++是ANSI C的一个超集，它基本上兼容ANSI C。不过C语言的有些特性在C++中并不支持。但是，要想从C++中获益，或甚至完全理解它，必须理解一些基础概念。这就是人们在谈论使用C++编程时"object-oriented paradigm"（面向对象编程模型）和"转换思维"的意思。我去掉了C++中的一些神秘之处，尽量用平实的语言来描述C++，把它与你所熟悉的C语言特性联系起来，帮助你尽快入门。

这有点类似于窗口接口编程模型。有时我们需要从窗口系统的角度学习改写自己的程序，

[1] Algol-68是一种庞大的语言，它基于一种小巧而有效的语言Algol-60。Algol-68难以理解，难以实现，难以使用。但几乎每个人都认为它"非常强大"。Algol-68取代了Algol-60，成功地使后者销声匿迹。但由于使用不便，Algol-68也很快退出了历史舞台。有些人觉得C和C++的关系颇像两个Algol之间的关系。

此时的控制逻辑就要转变成主窗口循环处理。面向对象编程（OOP）也差不多，但它是从改写数据类型的角度对程序进行改写。

OOP 并不是一个新鲜想法，Simula-67 是这个概念的先驱，迄今（本书写作时）已超过 25 年了。面向对象编程很自然地把对象的使用作为程序设计的中心主题。软件对象的定义有很多种，其中绝大多数定义都同意面向对象的关键就是把一些数据和对这些数据进行操作的代码组合在一起，并用某种时髦手法将它们做成一个单元。许多编程语言把这种类型的单元称为 class（类）。关于面向对象编程的廉价定义也有很多，通常只有在你理解了 OOP 是什么以后才能对这些定义品头论足。其中一种定义如下：

面向对象编程的特点是继承和动态绑定。C++通过类的派生支持继承，通过虚拟函数支持动态绑定。虚拟函数提供了一种封装类体系实现细节的方法。

嗯，看明白了吗？我将带领大家进行一次 C++的轻松之旅，只讲述那些需要高度重视的内容。我们将省掉很多不太重要的细节，这样，理解 C++语言框架的任务便大大减轻。我们的方法是领会一些 OOP 的关键概念，并总结 C++的相关特性是如何支持它们的。这里提到的概念是按照逻辑顺序依次出现的，后面出现的概念一般都建立在前面出现的概念的基础上。有些编程实例有意与日常生活行为相关联，如挤橙汁。当然挤橙汁一般并不是通过软件方法来实现的。这里，我们将调用函数来进行这个操作，把焦点集中于抽象概念而不是底层实现细节中。首先，让我们总结一些术语，并使用在 C 语言中已经熟悉的概念来描述它们（见表 11-1）。

表 11-1　　面向对象编程的关键概念

术　语	定　义
抽象（abstraction）	它是一个去除对象中不重要的细节的过程，只有那些描述了对象的本质特征的关键点才被保留。抽象是一种设计活动，其他的概念都是提供抽象的 OOP 特性
类（class）	类是一种用户定义类型，就好像是 int 这样的内置类型一样。内置类型已经有了一套针对它的完善操作（如算术运算等），类机制也必须允许程序员规定他所定义的类能够进行的操作。类里面的任何东西被称为类的成员
对象（object）	某个类的一个特定变量，就像 j 可能是 int 类型的一个变量一样。对象也可以被称作类的实例（instance）
封装（encapsulation）	把类型、数据和函数组合在一起，组成一个类。在 C 语言中，头文件就是一个非常脆弱的封装实例。它之所以是一个微不足道的封装例子，是因为它的组合形式是纯词法意义上的，编译器并不知道头文件是一个语义单位
继承（inheritance）	这是一个很大的概念——允许类从一个更简单的基类中接收数据结构和函数。派生类获得基类的数据和操作，并可以根据需要对它们进行改写，也可以在派生类中增加新的数据和函数成员。在 C 语言里不存在继承的概念，没有任何内容可以模拟这个特性

1985 年以前，C++的名字是“C with Classes”，但现在人们已经在其中加入了非常多的特性。从当时的角度看，“C with Classes”是 C 语言的一个相当合理的扩展，很容易解释、实现和教学。随即，人们对这门语言投入了极大的热情，至今未曾衰减。有许多特性被加入到 C++中（有厨房洗水槽之称）。为了制止这种趋势，曾有人建议 C++“在增加特性方面应该保守”，也就是在 C++中增加新特性应该服从等比增长规则。你想增加多重继承吗？可以！不过异常和模板就只能割爱了！

现在的 C++是一个相当庞大的语言。具体地说，一个 C 编译器的前端大约有 40000 行代码左右，而一个 C++编译器的前端的代码可能是它的两倍，甚至更多。

11.2 抽象——取事物的本质特性

面向对象编程从面向对象设计开始，而面向对象设计从抽象开始。

什么是“对象”？请使用我们新发现的技巧“抽象”，考虑一下现实世界事物的相似之处，如一辆小汽车和一个软件，它们的共同特性列于表 11-2 中。

表 11-2　抽象实例

汽车实例	对象特征	软件实例：排序程序
“Car”	整个事物具有一个名字	“sort”
输入：燃料和汽油 输出：交通运输	定义良好的输入和输出	输入：一个未排序的文件 输出：一个已排序的文件
发动机、传感器、泵等	由更小的自包含的对象组成	模块、头文件、函数、数据结构
世界上存在很多汽车，有许多不同的品种	可有很多的实例对象	它的实现应该允许几个用户同时排序，例如不需要依赖一个全局的临时工作空间
燃料泵并不依赖并影响挡车板清洗器	更小的自包含的对象无相互作用，除非它是通过定义良好的接口进行	用于读取记录的程序应该与关键的比较程序独立
计时器的计时变化并不是驾车者的任务，所以驾驶员不能直接控制计时器对其进行修改	不能直接操纵或甚至看到实现细节	用户应该并不需要知道或进一步利用程序所使用的特定的排序算法（如快速排序、堆排序、Shell 排序等）
可以更换一个更好的发动机，而无须更改驾驶员的操作方法	可以在不修改用户接口的情况下修改实现	实现者应该能够在不影响用户使用的前提下替换一种更好的排序算法

软件信条

关键概念：抽象

抽象的概念就是观察一群“事物”（如汽车、发票或正在执行的计算机程序），并认识到它们具有一些共同的主题。你可以忽略不重要的区别，只记录能表现事物特征的关键数据项（如许可证号码、预定数量或地址空间边界等）。当你这样做的时候，就是在进行“抽象”，所存储的数据类型就是“抽象数据类型”。抽象听上去像是一个艰深的数学概念，但不要被它糊弄——它只不过是对事物的简化而已。

注意，在软件的属性里，有许多以“应该”的形式出现。OOP 语言如 C++提供了一些特性，把上面的这些“愿望”变成了“现实”。在软件中，抽象是非常有用的，因为它允许程序员实现下列目标。

- 隐藏不相关的细节，把注意力集中在本质特征上。
- 向外部世界提供一个“黑盒”接口。接口确定了施加在对象之上的有效操作的集合，但它并不提示对象在内部是怎样实现它们的。
- 把一个复杂的系统分解成几个相互独立的组成部分。这可以做到分工明确，避免组件之间不符合规则的相互作用。
- 重用和共享代码。

C 语言通过允许用户定义新的类型（struct、enum）来支持抽象。用户定义类型几乎和预定义类型（int、char 等）一样方便，使用形式也几乎一样。我们说“几乎一样方便”是因为 C 语言并不允许在用户定义类型中重新定义*、<<、[]、+等预定义操作符。C++则消除了这个障碍。C++同时提供自动和受控制的初始化、数据在生命期结束后自动清除以及隐式类型转换。这些特性有些是 C 语言所不支持的，有些在 C 语言里不是很方便。

抽象建立了一种抽象数据类型，C++使用类（class）这个特性来实现它。它提供了一种自上而下的观察数据类型属性的方法来看待封装：把用户定义类型中的各种数据和方法组合在一起。它同时也提供了一种自底向上的观点来看待封装：把各种数据和方法组合在一起实现一种用户定义类型。

11.3　封装——把相关的类型、数据和函数组合在一起

当把抽象数据类型和它们的操作捆绑在一起的时候，就是在进行“封装”。非 OOP 语言没有完备的机制来实现封装。我们没有办法告诉 C 编译器“这 3 个函数只对这个特定的结构

类型才有效”，也没有办法防止程序定义一个新的函数，以未经检查的和不一致的方式访问这个结构。

软件信条

关键概念——类把代码和相关的数据封装（捆绑）在一起

在程序设计演化的最初阶段，汇编程序只能在位和字上进行操作。随着高级语言的出现，程序员可以很容易地访问各种日益增长的硬件操作数：float、double、long、char 等。有些高级语言使用了强类型，确保只有在某种类型的变量上才能有效地进行某种类型的操作。这是类的启蒙形式，因为它把数据项和可能施加在它们上面的操作固定在一起。这些操作通常限制在每条单独的硬件指令上，如“浮点数乘法”。

随着程序设计语言的进一步发展，它们允许程序员将各种数据类型组合在一起形成用户定义的记录（在 C 语言中是结构）。但没有办法对函数进行限制，使它们不能随心所欲地操作数据以及对用户定义类型的私有字段进行访问。如果一个结构是完全可见的，它的任何部分都可能以任何方式被修改。人们无法把函数固定到数据类型上，使它们清晰地成为一体。

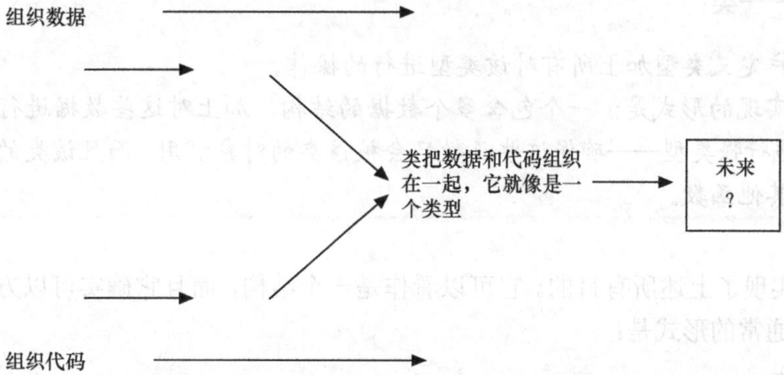

程序设计艺术的当前状态是面向对象语言，它们通过把用户定义的数据结构和用户定义的能够在这些数据结构上进行操作的函数捆绑在一起，实现了数据的完整性。别的函数无法访问用户定义类型的内部数据。这样，强类型就从预定义类型扩展到用户定义类型。

11.4 展示一些类——用户定义类型享有和预定义类型一样的权限

C++的类机制实现了 OOP 的封装要求，类就是封装的软件实现。类也是一种类型，就像 char、int、double 和 struct rec *都是类型一样。因此，你必须声明该类的变量以便进行有用的工作。类和类型一样，可以对它进行很多操作，如取得它的大小或声明它的变量等。

对象和变量一样，可以对它进行很多操作，如取得它的地址、把它作为参数传递、把它作为函数的返回值、使它成为常量值等。一个对象（一个类的变量）可以像声明其他任何变量一样被声明：

```
Vegetable carrot;
```

这里，Vegetable 是一个类的名字（稍后详述如何创建一个类本身），而 carrot 是该类的一个对象。类的名字以大写字母开头是一个很好的习惯。

C++类允许用户定义类型：

- 把用户定义类型和施加在它们上面的操作组合在一起；
- 具有和内置类型一样的特权和外观；
- 可以用更基本的类型创建更复杂的类型。

软件信条

关键概念——类

类就是用户定义类型加上所有对该类型进行的操作。

类经常被实现的形式是：一个包含多个数据的结构，加上对这些数据进行操作的函数的指针。编译器施行强类型——确保这些函数只会被该类的对象调用，而且该类的对象无法调用除它们之外的其他函数。

C++的类实现了上述所有目的。它可以看作是一个结构，而且它确实可以方便地用一个结构来实现。类通常的形式是：

```
class 类名{
                访问控制: 声明
                    ⋮
                访问控制: 声明
      };
```

11.5 访问控制

访问控制是一个关键字，它说明了谁可以访问接下来声明的数据或函数。访问控制可以是以下 3 种。

public	属于 public 的声明在类的外部可见，并可按需要进行设置、调用和操纵。一般的原则是不要把类的数据设置为 public，因为让数据保持私有才符合面向对象编程的理论之一：只有类本身才能改变自己的数据，外部函数只能调用类的成员函数，这就保证了类的数据只会以合乎规则的方式被更新
protected	属于 protected 的声明的内容只能由该类本身的函数和从该类所派生的类的函数使用
private	属于 private 的声明只能被该类的成员函数使用。private 声明在类外部是可见的（名字是已知的），但却是不能访问的

另外还有两个关键字也会影响访问控制，它们是 friend 和 virtual。这两个关键字每次只能用于一条声明，而上述 3 个关键字每个后面可以跟一大串声明。另外一点不同的是，friend 和 virtual 这两个关键字后面不跟冒号。

friend	属于 friend 的函数不属于类的成员函数，但可以像成员函数一样访问类的 private 和 protected 成员。friend 可以是一个函数，也可以是一个类
virtual	到现在为止我还没有覆盖这一主题，所以这个话题暂时搁下，容后再述

我向 C++标准化组织提交了一个正式文档（文档号 X3J16/93-0121），建议所有 5 个访问控制关键字都以 p 开头，关键字 friend 应该改名为 protégé（这同时可以促进 C++的国际化，并表达一种关系的不对称性，friend 显然无法做到这一点）。关键字 virtual 应该更名为 placeholder，而描述性的术语 pure 跟访问控制毫无关联，所以应该更名为 empty。这样做可以稍微提高这门语言的词法规整性。如果委员会喜欢这个试验，他们可以把它进一步扩展到语言更有意义的语法领域[1]。可惜的是，委员会对我的建议并没有做出反应……

11.6 声明

C++类的声明就是正常的 C 声明，内容包括函数、类型（包括其他类）或数据；类把它们捆在一起。类中的每个函数声明都需要一个实现，它既可以在类里面实现，也可以在类外部实现（这是通常的做法）。这样，类的总体情况大致如下：

```
class Fruit { public: peel();  slice();  juice();
              private: int weight, calories_per_oz;
           };
           //  类的一个实例
Fruit melon;
```

记住，C++的注释始于//，直至行尾。

[1] 这并不是我异想天开的建议：ANSI C 中命名不当的 const 关键字造成了非常现实的问题。这是个机会，可以使 C++避免类似的问题，使 C++里面这个棘手的地方保持一致性。

编程挑战

尝试编译和运行一个 C++程序

是时候尝试一个 C++程序了。C++源文件通常具有扩展名.cpp、.cc 或.c。请创建一个这样的文件，输入上一页的代码，并增加一个“hello, world”主程序。声明几个 Fruit 类的对象。

在许多系统中，通常用下面的命令调用 C++编译器：

```
cc fruit.cpp
```

和 C 相比，你必须显式地用 C++编译器来调用它。编译并运行 a.out 文件。恭喜！虽然很简单，但你确实成功编写了一个 C++类。

当成员函数在类的外部实现时，前面必须附加一些特别的前缀。这个前缀就是::，它仿佛在大声呐喊“嗨！我很重要！我表示有些东西属于一个类”。反之，看一下正常的 C 函数声明：

```
返回值　函数名（参数列表）｛　/*　实现　*/　｝
```

成员函数（又称为方法）的形式则是：

```
返回值　类名::函数名（参数列表）　｛　/*　实现　*/｝
```

::被称为全局范围分解符。跟在它前面的标识符就是进行查找的范围。如果::前面没有标识符，就表示查找范围为全局范围。如果 peel()成员函数的实现是在类的内部，那么它的形式大致如下：

```
class Fruit { public: void peel() { printf("in peel"); }
                              slice();
                              juice();
                      private: int weight, calories_per_oz;
};
```

如果它的实现是在类的外部，则形式大致如下：

```
class Fruit { public: void peel();
                              slice();
                              juice();
                  private: int weight, calories_per_oz;
};

void Fruit::peel() { printf("in peel"); }
```

这两种方法在语义上是等价的，但第二种形式更为常见，它的好处是可以通过使用头文件，使源代码的组织形式更为清晰。第一种形式通常用于非常简短的函数，它的代码在编译时在声明处自动展开，这样在运行时就不必付出函数调用的代价。由于它会使编译后的代码变长，所以只适用于非常简短的函数。

编程挑战

编写成员函数体

为 Fruit 类的 slice()和 juice()成员函数编写函数体。你可以从复制 peel 的函数体开始做起。

1. 在现实的系统中，这些成员函数可能需要操纵机器人的手臂来完成对水果的所需操作。但作为练习，我们简单地使每个成员函数打印一条消息，显示它们已被调用。
2. 给予这些函数适当的参数和返回类型。例如，slice()函数应该接受一个整型参数，表示需要切片的数量。juice()函数应该返回一个浮点值，表示所获得的果汁量（以毫升计）等。当然，类定义中成员函数声明的原型应当与它们定义时的形式相匹配。
3. 试试访问类中 private 部分的数据成员，首先从成员函数内部访问它们，然后从类的外部访问它们，看看有什么结果。

11.7 如何调用成员函数

让我们看一下调用类的成员函数的有趣方法。你必须在需要调用的成员函数前面附上类的实例名（或称类的变量，也就是对象）。

```
Fruit melon, orange, banana;

main() {
        melon.slice();
        orange.juice();
        return 0;
}
```

只有这样做，这些成员函数才能被调用，并执行各自的任务。这有点像一些预定义的操作符，当我们书写 i ++ 时，要表达的意思是“取 i 对象，对它执行后缀形式的自增操作”。调用一个类对象的成员函数相当于面向对象编程语言所使用的“向对象发送一条信息”这个术语。

每个成员函数都有一个 this 指针参数，它是隐式赋给该函数的，它允许对象在成员函数内部引用对象本身。注意，在成员函数内部，你应该发现 this 指针并未显式出现，这也是语言本身所设计的。

```
class Fruit { public: void peel();
  private: int weight, calories_per_oz;
```

```
};

void Fruit::peel() { printf("this ptr = %p", this);
                     this->weight--;
                      weight--;}

Fruit apple;
printf("address of apple=%x", &apple);
apple.peel();
```

编程挑战

调用成员函数

1. 调用在前面的例子中所编写的 slice()和 juice()成员函数。
2. 试验一下 this 指针是否是隐式传递给每个成员函数的第一个参数。

构造函数和析构函数

绝大多数类至少具有一个构造函数。当创建类的一个对象时，会隐式地调用构造函数，它负责对象的初始化。与之相对应，类也存在一个清理函数，称为析构函数。当对象被销毁（超出其生存范围或进行 delete 操作，回收它所使用的堆内存）时，会自动调用析构函数。析构函数不如构造函数常用，它里面的代码一般用于处理一些特殊的终止要求以及垃圾收集等。有些人把析构函数当作一种保险方法来确保当对象离开适当的范围时，同步锁总能够被释放。所以他们不仅清除对象，还清理对象所持有的锁。构造函数和析构函数是非常需要的，因为类外部的任何函数都不能访问类的 private 数据成员。因此，你需要类内部有一个特权函数来创建一个对象并对其进行初始化。

相对于 C 语言而言，这是一个小小的飞跃。在 C 语言中，只能使用赋值符号在变量定义时对它进行初始化，或干脆使它保持未初始化状态。可以在 C++的类中声明多个构造函数，并通过参数来区分它们。构造函数的名字总是和类的名字一样：

```
Classname :: Classname (arguments) {...};
```

以 Fruit 类为例：

```
class Fruit { public: peel(); slice(); juice();
            Fruit(int i, int j);   //构造函数
               ~Fruit();     //析构函数
               private: int weitht, calories_per_oz;
               };
```

```
//构造函数体
Fruit::Fruit(int i, int j){weight = i; calories_per_oz = j;}

//对象声明时由构造函数进行初始化
Fruit melon(4, 5), banana(12, 8);
```

构造函数是必要的，因为类通常包含一些结构，而结构又可能包含许多字段。这就需要复杂的初始化。当创建类的一个对象时，会自动调用构造函数，程序员永远不应该显式地调用构造函数。至于全局和静态对象，会在程序开始时自动调用它们的构造函数，而当程序终止时，会自动调用它们的析构函数。

构造函数和析构函数违反了 C 语言中“一切工作自己负责”的原则。它们可以使大量的工作在程序运行时被隐式地完成，减轻了程序员的负担。这也违背了 C 语言的哲学，即语言中的任何部分都不应该通过隐藏的运行时程序来实现。

编程挑战

做一些清除工作

为 Fruit 类的析构函数编写函数体，里面包含一条 printf()语句，并在一个内层的域中声明一个 Fruit 类的对象。需要在程序的头部添加#include<stdio.h>语句。然后，重新编译和运行 a.out 文件，看看当对象离开了它的生命域时是否调用了析构函数。

11.8 继承——复用已经定义的操作

当一个类沿用或定制它的唯一基类的数据结构和成员函数时，它就使用了单继承。这就建立了一个类体系，类似于一种科学分类法。每一层都是对上一层的细化。类型继承是 OOP 的精华之一，这个概念在 C 语言中确实不存在。你要做好思想准备，迎接这个“概念上的飞跃”。

软件信条

关键概念：继承

从一个类派生另外一个类，使前者所有的特征在后者中自动可用。它可以声明一些类型，这些类型可以共享部分或全部以前所声明的类型。它也可以从多个基类型中共享一些特征。

继承通常在概念上提供越来越多的细化。一般从较为简单的基类（如交通工具）派生出更为明确的派生类（如载客小汽车、救火车或运货车等）。它既可裁剪，也可以增加可用的操作。shape 类可能是 C++文献中用来说明继承这个特性的流行例子。基类是较为抽象的 shape（形状），从它可以派生出许多更为确定的 circle（圆）、square（正方形）和 pentagon（五边形）类。我觉得如果我们一开始就考虑一个"类继承"的现实世界的例子，动物王国的林奈分类法（如图 11-1 所示）会更合理一些。另一个类似的例子是 C 语言中的类型，它们显示了继承与 C 语言中的类型模型是如何相关的。

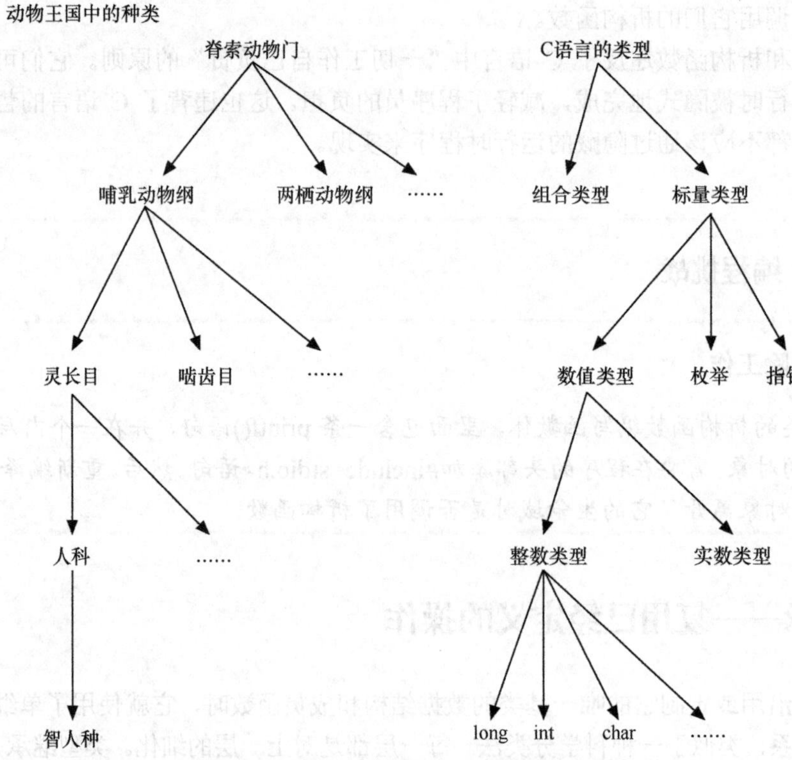

图 11-1　继承体系的两个现实世界的例子

动物王国中的分类法具有如下特点。

- 脊索动物门包括所有具有脊索（简单地说，就是脊椎[1]）的动物，也只有具有脊索的动物才属于脊索动物门。在动物王国中共有 32 个门。
- 所有的哺乳动物具有一根脊椎。因为它们派生于脊索动物门，所以继承了这个特性。哺乳动物有它们独有的特征，即它们用乳汁乳育后代，它们的下颌只有一根骨头，它们具有毛发，它们的内耳具有一定的骨结构，它们的牙齿分为两代（如乳牙和恒牙）等。

[1] 脊椎是脊索的一种，具有脊椎的动物属于脊椎动物亚门。由于脊索动物门中不属于脊椎动物亚门的动物极为罕见，所以可以近似地把脊椎动物亚门看成是脊索动物门。——译者注

- 灵长目动物继承了哺乳动物的所有特征（包括哺乳动物从脊索动物继承而来的脊椎），它们也有自己独有的特性，即长在前面的眼睛，有一个巨大的脑壳，有一种特殊模样的门牙。
- 人科继承了灵长目和它们的更远祖先的所有特性。它们自身也有一些独有的特征，包括骨架上的一些改变以适合两脚直立行走。智人（现代人的学名）种是人科唯一现存的种类，其他属于人科的一些种类均已灭绝。

对 C 语言的类型体系稍作抽象，可进行类似分析，如下所示。

- C 语言中的所有类型要么是组合类型（composite type，如数组、结构等，它们由相同的更小的元素组成），要么是标量类型（scaler type）。标量类型具有一个特性，即它的每个值都是原子值（并非由其他类型所组成的）。
- 数值类型继承了标量类型的所有特性，它们另外增加了一个特性，就是它们可以记录算术量。
- 整数类型继承了数值类型的所有特性，此外它们还拥有自己的独有特性，就是它们都是整数（没有小数部分）。

char 也属于整数类型，它的取值范围较小（−128～127）。

尽管我们可以像上面一样从理论上把继承应用到所熟悉的 C 语言类型中，但是，这个继承模型对于 C 程序员来说并没有实用价值。C 语言并不允许程序员创建一等公民（与内置类型同一级别）的新类型，继承了其他数据类型的属性的数据类型为数极少。所以，程序员无法在现实的程序中使用这个类型体系。OOP 的一个重要部分就是推断出你的应用程序中抽象数据类型的体系结构。C++所创造的且 C 语言无法通过正当途径轻易实现的主要新奇玩意儿就是继承。继承允许程序员使类型体系结构显式化，并利用它们之间的关系来控制代码。

让我们实现一个 Apple（苹果）类，它具有 Fruit（水果）类的所有特征，并拥有两个自身独有的特征。下面是两个在苹果上可以进行但在其他类型的水果上不太适合的操作。

- 制作苹果串。你无法制作梨串，因为梨比苹果更稠密，水份也更多。制作苹果串可以通过成员函数 bob_for()来实现。
- 制作苹果蜜饯（英国人所说的“太妃糖苹果”）。人们并不在葡萄上浇饴糖，即使在加利福尼亚州人们也不这样干。制作苹果蜜饯可以通过成员函数 make_candy_apple()来实现。

所以，我们让苹果类继承水果类的所有操作，并增加两个自己特有的成员函数。不要为应该怎样实现这些成员函数而劳神。显然，它们与寻常的计算模型相去甚远。记住，我们关心的是新概念，不要被那些独特的算法迷失方向。

软件信条

C++如何进行继承

继承在两个类之间（而不是两个函数之间）进行。

基类的例子如下：

```
class Fruit
{
 public:
     peel();
     slice();
     juice();
   private:
     int weight, calories_per_oz;
 };
```

派生类的例子如下：

```
class Apple : public Fruit
{
  public:
     void make_candy_apple(float weight);
     void bob_for(int tub_id, int number_of_attempts);
};
```

对象声明的例子如下：

```
Apple teachers;
```

上面的例子表示派生类 Apple 是基类 Fruit 的特殊类型。Apple 类声明第一行的 public 关键字确定了派生类以外的对象对基类的访问控制。这个话题要是在这里完全展开就太大了，所以略去不讲。

继承的语法初看上去令人感到不太舒服。派生类的名字后面跟一个冒号，然后是基类的名字。这种形式非常简洁，它并不提供太多提示，告诉我们哪个是基类哪个是派生类，而且它并不传递任何跟类型说明有关的信息。它并不是建立在现有的 C 语言惯用法的基础上，所以传统经验也帮不了我们。

不要把在一个类内部嵌套另一个类与继承混淆。嵌套只是把一个类嵌入另一类的内部，它并不具有特殊的权限，跟被嵌套的类也没有什么特殊的关系。嵌套通常用于实现容器类（就是实现一些数据结构的类，如链表、散列表、队列等）。现在 C++增加了模板（template）这个特性，它也用于实现容器类。

继承表示派生类是基类的一个变型，它们之间如何相互访问，则是由许多详细的语义来决定。与嵌套类（一个较小的对象是一个较大对象的许多组成部分之一）不同，继承表示一个对象是一个更为普通的父对象的特型。我们不会认为哺乳动物内嵌套了一条狗，而会认为狗继承了哺乳动物的特征。请设身处地思考自己所面对的情形，选择合适的用法。

11.9　多重继承——从两个或更多的基类派生

C 语言很容易让你在开枪时伤着自己的脚，C++使这种情况很少发生。但是，一旦发生这种情况，它很可能轰掉你整条腿。

——*Bjarne Stroustrup*

多重继承允许把两个类组合成一个，这样结果类对象的行为类似于这两个类的对象中的任何一个。它把树形类体系变成了格形。

继续我们的水果比喻。我们可能有一个称作沙司的类，并注意到有些水果类的对象也能用作沙司。这给予类型体系一种多重继承的特征，表示如下：

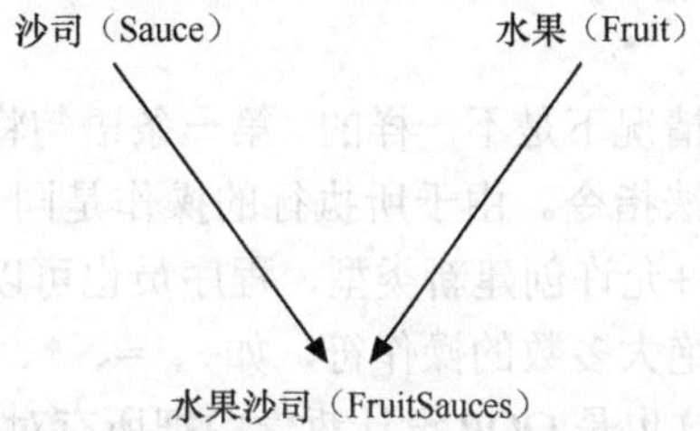

可能会出现的对象声明如下：

```
FruitSauce  orange, cranberry;     //这些实例既是沙司也是水果
```

多重继承比单重继承要少见得多，对于它是否应该存在于语言中也曾经是激烈辩论的话题。多重继承在一些 OOP 语言（如 SmallTalk）中并不存在，但在另一些 OOP 语言（如 Eiffel）中却存在。我们应该注意到，在现实中类型体系更像图 11-3，而不是图 11-2。

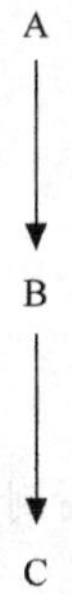

图 11-2　直接继承

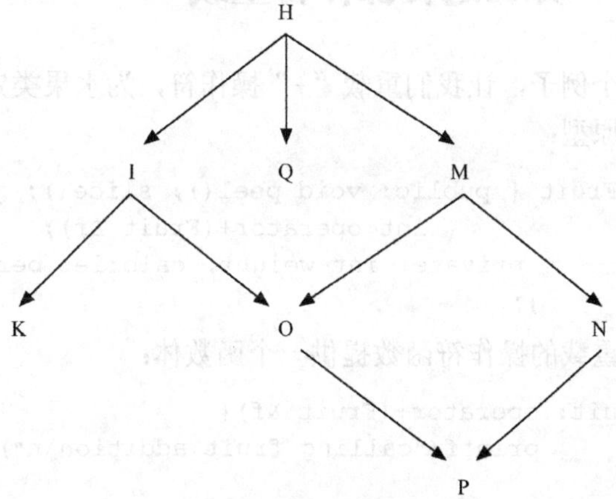

图 11-3　多重继承

多重继承看上去很困难，无论在实现上和使用上都是一个容易产生错误的特性。有些人认为，迄今为止尚无令人信服的例子证明哪种设计是必须采用多重继承的。

11.10　重载——作用于不同类型的同一操作具有相同的名字

重载（overload）就是简单地复用一个现存的名字，但它操作的是一个不同的类型。它可以是函数的名字，也可以是一个操作符。操作符重载在 C 语言中已经以一种初步的方式存在。事实上，所有的语言都为内置类型进行了操作符重载。

```
double e, g, g;
int i, j, k;
  ...
e = f + g;    /* 浮点数加法 */
i = j + k;    /* 整数加法  */
```

+运算（操作）在上面两种情况下是不一样的。第一条语句将会产生一条浮点数加法指令，第二条语句则产生一条整数加法指令。由于所执行的操作是同一个数学概念，所以操作符的名字也应该是一样的。由于 C++允许创建新类型，程序员也可以为新类型重载名字和操作符。重载允许程序员复用函数名和绝大多数的操作符，如+、=、*、-、[]和()等，赋予它们新的含义，以便用于用户定义类型。这也是 OOP 设计哲学中把所有对象作为一个组合整体的思想。

重载（按照它的定义）总是在编译时进行解析。编译器查看操作数的类型，并核查它是否是该操作符所声明的类型之一。为了保持程序员的心智健全，应该为一个相似的操作对操作符进行重载（如为两个用户定义类型的加法重载+操作符）。千万不要干这种傻事，即对*操作符进行重载，让它实际上进行除法运算。

11.11　C++如何进行操作符重载

作为一个例子，让我们重载“+”操作符，为水果类定义加法操作。首先，增加水果类的加法操作符原型：

```
class Fruit { public: void peel(); slice(); juice();
                    int operator+(Fruit &f);     // 重载+操作符
              private: int weight, calories_per_oz;
             };
```

然后为重载的操作符函数提供一个函数体：

```
int Fruit::operator+(Fruit &f){
            printf("calling fruit addition\n");  //  这样我们就能看到它被调用

            return weight + f.weight;
}
```

和以前一样，每个成员函数都传予一个隐式的 this 指针，允许我们引用操作符的左操作数。这里，加法的右操作数是参数 f，它是 Fruit 类的一个实例，它前面的&表示它是通过传址调用的。

这个重载的加法操作符函数可以像下面这样调用：

```
Apple apple;
Fruit orange;

int ounces = apple + orange;
```

重载后的操作符的优先级和操作数（编译器行话中的 arity）与原先的操作符相同。这样，你可以发现，C++表示如果你预先定义加法操作符，就可以把苹果和桔子相加。C++给予“操作符错误”这个短语一个全新的诠释。重载在 C++的 I/O 中也非常方便，细节在下一节描述。

11.12 C++的输入/输出（I/O）

就像C语言具有自己的标准I/O函数库一样，C++的特性之一就是它自身拥有一套新的I/O程序和概念。C++有一个 iostream.h 头文件，提供了 I/O 接口，使 I/O 操作更为方便[1]，也更符合 OOP 的理念。

C++使用<<操作符（输出，或称为“插入”）和>>操作符（输入，或称为“提取”）来替代 C 语言中的 putchar()和 getchar()等函数。

<<和>>操作符在 C 语言中也用作左移位和右移位操作符，但它们被重载用于 C++的 I/O。编译器查看操作数的类型，决定是产生移位代码还是 I/O 代码。如果最左边的操作数是一个流（stream），该操作符就作为 I/O 操作符。使用操作符而不是函数来操纵 I/O 具有 4 个优点。

- 可以为任何类型定义操作符。这样就不需要为每种类型准备一个单独的函数或者字符串格式化限定符（如%d）。
- 与使用函数相比，当输出多条信息时，使用操作符操纵 I/O 具有概念上的方便性。就像可以书写 i + j + k + l 这样的表达式一样，操作符的左结合性确保你可以合理地把多个 I/O 操作数链在一起。

  ```
  cout << "the value is " << i <<endl;
  ```
- 它提供一个附加的层，简化了类似 scanf()这样的函数的格式控制和使用方法。我们应该认识到 scanf()家族确实应该进行简化（尽管它的手册非常简短）。
- 对<<和>>操作符进行重载，在一个单一的操作中读取和书写整个对象不仅是可能的，而且是非常需要的。上一节已经有过一个这样重载的例子。

你仍然可以在 C++中使用 C 语言的 stdio.h 中的函数，但尽早转向 C++的 I/O 特性是非常值得的。

[1] 不要把 C++的 iostream（以前称作 stream）这个 I/O 接口和无关的 UNIX 内核 STREAM 框架混淆，后者是用于设备驱动程序和用户进程之间的通信。

11.13　多态——运行时绑定

多态（polymorphism）源于希腊语，意思是“多种形状”。在 C++中，它的意思是支持相关的对象具有不同的成员函数（但原型相同），并允许对象与适当的成员函数进行运行时绑定。C++通过覆盖[1]（override）支持这种机制——所有的多态成员函数具有相同的名字，由运行时系统判断哪一个最为合适。当使用继承时就要用到这种机制：有时你无法在编译时分辨所拥有的对象到底是基类对象还是派生类对象。这个判断并调用正确的函数的过程称为“后期绑定”（late binding）。在成员函数前面加上 virtual 关键字，可以告诉编译器该成员函数是多态的（也就是虚拟函数）。

在寻常的编译时重载中，函数的原型必须显著不同，这样编译器才能通过查看参数的类型判断需要调用哪个函数。但在虚拟函数中，函数的原型必须相同，由运行时系统进行解析，来判断调用哪一个函数。多态是我们将讨论的 C++的最后一个焦点，通过代码实例来解释它会比单纯的文字更容易理解。

软件信条

关键概念：多态

多态是指一个函数或操作符只有一个名字，但它可以用于几个不同的派生类型。每个对象都实现该操作的一种变型，表现一种最适合自身的行为。它始于覆盖一个名字——对同一个名字进行复用，代表不同对象中的相同概念。多态非常有用，因为它意味着可以给类似的东西取相同的名字。运行时系统在几个名字相同的函数中选择正确的一个进行调用，这就是多态。

让我们从熟悉的水果类开始。我们为水果类增加一个成员函数，用于为水果去皮（peel）。同样，我们并不细究水果去皮的细节，只是让它打印一条信息。

```
#include <stdio.h>
class Fruit { public: void peel() { "peeling a base class fruit\n"};}
                      slice();
                      juice();
              private: int weight, calories_per_oz;
              };
```

当声明一个水果对象，并像下面这样调用 peel()成员函数时：

```
Fruit banana;
banana.peel();
```

[1] 作者在原文中也使用重载（overload）这个术语来表示这种机制，但在 C++中，overload（重载）和 override（覆盖）显然不同。——译者注

我们将得到一条信息

```
peeling a base class fruit
```

到目前为止，一切正常。现在考虑从水果类派生苹果类，并实现苹果类自己的peel()成员函数。不管怎样，苹果去皮的方式和香蕉去皮的方式还是有所不同的：你可以用手剥去香蕉的皮，但必须借助小刀才能削去苹果的皮。我们知道，可以让苹果类的去皮成员函数与水果类的去皮成员函数同名，因为C++会用覆盖的方法进行处理：

```
class Apple : public Fruit {
    public:
        void peel() { printf("peeling an apple\n");}
        void make_candy_apple(float weight);
};
```

让我们声明一个指向水果类的指针，并让它指向一个苹果对象（它继承于水果类），看看当我们试图去皮时会发生什么。

```
Fruit *p;
p = new Apple;
p->peel();
```

哇！如果这样做，你会获得下面这条信息：

```
% cc fruits.cpp
% a.out
peeling a base class fruit
```

换句话说，为苹果类量身定做的peel()成员函数并没有被调用，真正调用的是基类的peel()成员函数！

11.14　解释

出现上面这个结果的原因是，当想用派生类的成员函数取代基类的同名函数时，C++要求你必须预先通知编译器。通知的方法就是在可能会被取代的基类成员函数前面加上virtual关键字。本章伊始，在提到virtual关键字时，曾说过会在稍后对它进行详述，现在你应该明白这个道理了。你需要许多背景知识才能理解这样的问题，当然到现在为止，这些背景知识已经准备就绪。

小 启 发

缺省的虚拟函数不可行

为什么成员函数不缺省地使用virtual？不管怎样，如果需要调用基类的成员函数，可以使用下面的方法：

```
p->Fruit::peel();
```

它的原因和C语言为什么不缺省地使用 register 关键字有异曲同工之处——它是一种笨拙的优化措施。既然并不是每个成员函数调用都需要这种运行时的间接形式，为什么要让每个成员函数都添加一个额外负担呢？应该显式地告诉编译器哪些成员函数需要多态。

从当前这个上下文的角度来说，virtual（虚拟）这个词多少显得有些用词不当。在计算机科学的其他领域中，virtual 的意思是用户所看到的东西事实上并不存在，它只是用某种方法支撑的幻觉罢了。这里，它的意思是不让用户看到事实上存在的东西（基类的成员函数）。换用一个更有意义的关键字（虽然长得不切实际）：

```
choose_the_appropriate_method_at_runtime_for_whatever_object_this_is
```

（在运行时根据对象的类型选择合适的成员函数）

也可以用一个更简单的词，就是先前提到过的 placeholder。

11.15　C++如何表现多态

在先前的例子中，我们在基类的成员函数前增加 virtual 关键字，其他地方无须修改：

```
#include <stdio.h>
class Fruit
{
   public: virtual void peel() { "peeling a base class fruit\n"};}
           slice();
           juice();
   private: int weight, calories_per_oz;
};
```

通过编译和执行，结果如下：

```
% cc fruits.cpp
% a.out
peeling an apple
```

这个结果和预想的完全一样。到目前为止，这些结果都可以在编译时获得，但多态是一种运行时效果。它是指 C++对象在运行时决定应该调用哪个函数来实现某个特定操作的过程。

运行时系统查看调用虚拟函数的对象，并选择适合该类型对象的成员函数。如果它是一个派生类对象，我们就不希望它调用基类版本的成员函数，而是希望它调用派生类的成员函数。但是当基类被编译时，编译器可能看不到这种情况。因此，这个效果必须在运行时动态实现，用 C++的术语就是“虚拟实现”。

单继承通常通过在每个对象内包含一个 vptr 指针来实现虚拟函数。vptr 指针指向一个叫作 vtbl 的函数指针向量（称为虚拟函数表，也称为 V 表）。每个类都有这样一个向量，类中的每个虚拟函数在该向量中都有一条记录。使用这种方法，该类的所有对象可以共享实现代码。虚拟函数表的布局是预先设置好的，某个成员函数的函数指针在该类所有子类的虚拟函数表中的偏移地址都是一样的。在运行时，对虚拟成员函数的调用是通过 vptr 指针根据适当的偏移量调用虚拟函数表中合适的函数指针来实现的，它是一种间接调用。多重继承的情况更为复杂，需要另外一层的间接形式。如果你搞不明白，可以对它画一幅图，线的最末端就是需要调用的成员函数。

11.16 新奇玩意儿——多态

在多态中，你可以发掘出许多新奇的玩意，但有时候它们又是极为本质的东西。它可使派生类的成员函数优先于基类的同名函数获得调用，但如果派生类对虚拟函数未曾定制，也可以调用基类的成员函数。有时候，成员函数在编译时并不知道它是作用于本类的对象还是派生于本类的子类对象。多态必须保证这种情况能够正确地工作。

```
main() {
    Apple apple;
    Fruit orange;
     Fruit *p;
    p = &apple;
    p -> peel();

    p = &orange;
    p -> peel();
}
```

在运行时，结果将会是：

```
% a.out
peeling an apple
peeling a base class fruit
```

软件信条

深入思考——多态和 interposing 有相似之处

多态和 interposing 都允许用一个标识符来命名多个函数。interposing 是一种多少有些笨拙的方式，它在编译时把所有用该标识符命令的函数都绑定到一个函数中。多态则显得精巧一些，它可以在运行时根据对象的类属关系决定调用哪个函数。

11.17　C++的其他要点

在前面对 C++的重点进行简要介绍时，我们省略了很多相对较小的概念。C++中有许多更详尽的规则适用于此处所提及的概念。然而，如果能够精通本章中的内容，你将会对 OOP 的概念和它们在 C++中的表达形式有一个基本的了解。你将拥有一个良好的开端来编写实验性质的 C++程序。这里未提及的 C++概念还有以下几个。

- 异常（exception）：C++的这个概念源于 Ada，也源于 Clu（MIT 所开发的一种实验性的语言，它的关键思想是 cluster [集群]）。它用于在错误处理时改变程序的控制流。异常通过发生错误时把处理自动切换到程序中用于处理错误的那部分代码，以简化错误处理。
- 模板（template）：这个特性支持参数化类型。同类/对象的关系一样，模板/函数的关系也可以看作是为算法提供一种“甜点刀具”的方法。一旦确定了基本的算法，你可以把它应用于不同的类型。它类似于 Ada 中的泛型技术和 Clu 中的参数化模块。它的语义比较复杂，下面的代码：

  ```
  template<class T> T min(T a, T b) { retrn (a < b) ? a : b; }
  ```

  允许你对 min 函数和变量 a、b 赋予任意的类型 T（该类型必须能接受<操作符）。有些人称模板为编译时的多态。这是一个优点，但它也意味着一个通过模板声明的操作可以由许多不同的类型来进行，所以你必须在编译时决定使用哪个类型。
- 内联（inline）函数：程序员可以规定某个特定的函数在行内以指令流的形式展开（就像宏一样），而不是产生一个函数调用。
- new 和 delete 操作符：用于取代 malloc()和 free()函数。这两个操作符用起来更方便一些（如能够自动完成 sizeof 的计算工作，并会自动调用合适的构造函数和析构函数）。new 能够真正地建立一个对象，则 malloc()函数只是分配内存。
- 传引用调用（call-by-rererence，相当于传址调用）：C 语言只使用传值调用（call-by-value）。C++在语言中引入了传引用调用，可以把对象的引用作为参数传递。

软件信条

C++设计目标：往事已矣，且看今朝

源自 *SIGPLAN Notices*，第 21 卷，第 10 号，1986 年 10 月
“An overview of C++”　　作者：Bjarne Stroustrup

第 6 节　丢失了什么？

C++的设计受限于严格的兼容性、内部一致性和高效率。任何特性如果会引起下列后果，就不能被添加到C++中：

- 在源代码一级或链接器一级中引起与C语言的严重不兼容性；
- 会给不使用该特性的程序带来运行时间或空间的额外负担；
- 会增加C程序的运行时间或空间需求；
- 与C语言相比会显著增加编译时间；
- 只能够通过在编译环境（链接器、载入器等）中附加条件来实现，无法简单而有效地在传统的C编程环境中实现。

有些也许应该被添加，但由于上述准则最终还是被割爱的特性有垃圾收集、参数化类、异常、多重继承、对并发性的支持以及语言与编程环境的整合。并非所有这些可能的扩展都适合C++。在选择和设计语言的特性时，如果不对其实行严格的限制，其结果可能就是产生一堆庞大、笨拙而效率低下的垃圾。C++设计上的严格限制也许会带来益处，并继续指引C++的发展。

啊！那是什么年代啊！那时的美国总统还是里根，那时的西红柿调味酱还是一种蔬菜，树木还是污染的主要来源，C++也还没有加入参数化类、异常和多重继承。

11.18　如果我的目标是那里，我不会从这里起步

编程语言有一个特性，称为正交性（orthogonality）。它是指不同的特性遵循同一个基本原则的程度（也就是学会一种特性有助于学习其他的特性）。例如，在Ada中，程序员一旦明白了包（package）的工作原理，也就能够把这个知识应用于泛型包中。令人不快的是，C++中的许多特性是非正交性的。精通C++的某个特性并不能给你带来什么线索或向你启发适用于其他特性的思想模型。大多数程序员选择了只使用C++中较简单的一个子集的方法。

软件信条

C++的一个简单子集

尽量使用的C++特性：

- 类；
- 构造函数和析构函数，但只限于函数体非常简单的例子；
- 重载，包括操作符重载和I/O；
- 单重继承和多态。

避免使用的C++特性：

- 模板；
- 异常；
- 虚基类（virtual base class）；
- 多重继承。

编程语言的主要目标是提供一个框架，用计算机能够处理的方式表达问题的解决方法。编程语言越是能够体现这个原则，就越成功。Fortran 语言是第一个高级语言，它提供了强大的方法来表达数学公式（Fortran 这个名字的意思是"Formula translation"[公式翻译]）。COBOL 语言把自己定位在文件处理、数值运算和输出编辑上，并在这些领域获得了巨大的成功。C 语言向系统程序员提供了许多由硬件直接支持的操作，它并不使用许多的抽象层来"挡路"。

一门语言，如果它的结构是有用的"建构块"，便于堆积起来解决某个特定领域的问题，它就能获得成功。决定语言中的哪些部分可以构成"建构块"是语言设计中最重要的部分。实现细节，像把分号作为语句终结符（如 C/C++语言）还是语句分隔符（如 Pascal 语言）这样的问题也不可忽略，但"建构块"的问题是关键性的。C++语言的成功程度取决于它的特性是否是良好的"建构块"，能够解决有趣的问题，也取决于语言能否被正常的程序员可靠地使用。

有些人声称 C++类会给软件的复用性带来革命性的进展。复用是软件科学的一个崇高而又朦胧的目标。继承看上去并不能完全解决复用问题。那些记性好的人也许还记得十年前为 Ada 所设立的庞大目标。让我们打个比方，把一个计算机程序比作是一本书。然后你既有一个图书馆，又有一个程序库。你想复用程序中的一些子程序，就好像是复用书中的部分章节。

软件信条

设计挑战：C++机器

过去，有些人制造了一些具有特殊用途的计算机硬件，它们在执行某种特殊的语言时效率非常高：

Algol-60:早期的 Burroughs 处理器。

Lisp:Symbolics Inc。

Ada:Rational Computers。

一台 C++机器会是什么样子的呢？为什么所有这些特殊的语言机器的下场都很凄惨呢？

这是一个难以回答的问题——无法用一个共同的主题来描述。单一语言机器的市场总是不如通用语言的机器。工作站轻易地击败了 Lisp 机器。冷战的结束也为 Ada 机器划上了句号。Burroughs 作为 Unisys 的一部分仍在奋力挣扎。

问题是无法通过从其他书中裁剪和粘贴完整的段落来创建任何有价值的读本。这个抽象的层次是错误的。可以从单个单词或字母的层次（对应于代码的单行或字符）上进行文本的共享。但把这些词或字母一一裁剪出来的工作量大得吓人，还不如让它保持原样，自己另起炉灶从头开始。与此相同，在库的层次上进行软件的复用实际上比预想的效果要差。

有一小部分特殊目的的实用程序能够被共享：数学函数库、一些数据结构程序以及排序和查找库函数。就是它们了！它们好比是书中的图表或参考资料，它们可以被整个地引用，其他程序员也能够理解它们。

C++在软件的复用性方面或许可以比以前的语言取得更大的成功。因为C++中继承的风格基于对象，既允许数据的继承，也允许代码的继承。Ada 的泛型技术也能做到这一点，但 Ada 语言的特性过于笨拙，而且对于绝大多数程序员来说显得过于抽象。继续上面的比方，C++可以使图书的借阅登记更为方便，但你仍然面临如何合理地复制书本相关部分的问题。

11.19　它或许过于复杂，但却是唯一可行的方案

在本书的开始几章，我们已经见识了 C 语言的一些严重弱点。如果 C++能够在保持 C 语言风格的基础上弥补这些弱点，那将非常令人欢欣鼓舞。话虽如此，但 C++并没有这样做，因为这个想法本来就不对。C++确实有一些改进，但它仍然保留了 C 语言的许多缺陷，而且在它的上面又堆积了大量复杂的东西。C 语言原先的设计哲学“所有特性都不需要隐式的运行时支持”已经做了一定程度的妥协。

软件信条

C++对 C 语言的改进

- 在 C 语言中，初始化一个字符数组的方式很容易产生这样一个错误，即数组很可能没有足够的空间存放结尾的 NULL 字符。C++对此作了一些改进，像 char b[3] = "Bob" 这样的表达式被认为是一个错误，但它在 C 语言中却是合法的。
- 类型转换既可以写成像 float(i)这样看上去更顺眼的形式，也可以写成像(float)i 这样稍显怪异的 C 语言风格的形式。
- C++允许一个常量整数来定义数组的大小：

```
const int size = 128;
char a[size];
```

  这在 C++中是允许的，但在 C 语言中却是错误的。
- 声明可以穿插于语句之间。在 C 语言中，一个语句块中所有的声明都必须放在所有语句的前面。C++去掉了这个专横的限制，做得非常好。既然这种做法也会引起与 C 语言的

不兼容，那为什么不进行得彻底一些，为 C 语言声明语法提供一种更简单的替代方案呢？

尽管 C++显得过于复杂，但它是对 C 语言唯一成功的改造方案，拥有大群的支持者。所有在 AT&T 开发的新东西据说现在都已加入到 C++中。Windows NT（它出现较晚，而且比想象中的要慢，体积也非常庞大）的图形部分就是用 C++编写的。现在，大多数新型软件开发工具、应用程序库和高级技术都是用 C++编写的，或至少是它的 ANSI C 子集。不知道要过多少时间，我们可以看到由于 C++的特性（而不是 C 的特性）而引起或恶化的壮观的 Bug，就像让 AT&T 整个长话网络瘫痪的那个 Bug 一样。

但这并没有什么。尽管存在缺陷，C++仍将被广泛使用，我们希望它最终能向一种更好的形式发展。

小 启 发

从 C 转换到 C++

学习 C++最好的方式就是从它的 ANSI C 子集开始编程。避免使用早期基于 CFront 的编译器，它所产生的是 C 代码而不是机器代码。把 C 语言作为一种可移植的机器语言事实上会使链接和调试复杂化，因为 CFront 把所有的函数名字混合在一起，为参数信息编写内部代码。名字混合并不可靠，它会带来可怕的危险，并可能长期存在于 C++中。与 C++相反，Ada 对这个问题的处理非常得体，而且它使用正规的实现方法来定义语言的语义。名字混合是一种在不同的文件之间进行类型检查时采用的权宜之策，但它暗示你所有的 C++代码必须用同一个编译器编译，因为名字混合策略在不同的编译器上可能各不相同。对于 C++的复用模型而言，这是一个巨大的缺陷，因为它有效地防止了二进制一级的复用。

这里有一个代表性的例子，说明了 C 语言并非 C++的子集，并提示何处可能隐藏着麻烦。

在 C++中存在，但在 C 语言中却不存在的限制有：

- 在 C++中，用户代码不能调用 main()函数，但在 C 语言中却是允许的（不过这种情况极为罕见）；
- 完整的函数原型声明在 C++中是必须的，但在 C 语言中却没这么严格；
- 在 C++中，由 typedef 定义的名字不能与已有的结构标签冲突，但在 C 语言中却是允许的（它们分属不同的名字空间）；
- 当 void*指针赋值给另一个类型的指针时，C++规定必须进行强制类型转换，但在 C 语言中却无必要。

在 C++和 C 语言中具有不同含义的特性有下面这些。

- C++至少增加了十几个关键字。这些关键字在 C 语言中可以作为标识符使用，但如果这样做了，用C++编译器编译这些代码时就会产生错误信息。

- 在C++中，声明可以出现在语句可以出现的任何地方。在C语言中的代码块中，所有的声明必须出现在所有语句的前面。
- 在C++中，一个内层作用域的结构名将会隐藏外层空间中相同的对象名。在C语言中则非如此。
- 在C++中，字符常量的类型是char，但在C语言中，它们的类型是int。也就是说，在C++中，sizeof('a')的结果是1，而在C语言中，它的值要大一些。
- 由于C++增加了新的//注释符，因此有时会在两种语言中产生微妙而怪异的差别（第2章对这个问题已有所描述）。

C和C++之间的不同之处还有很多，但现在你已经知道了足够多的可能引起危险的情况。所以你要保持警惕，避免出现危险。当对编译器和所有用于ANSI C这个C++子集的工具了如指掌时，便可以定义自己的类。选择一本优秀的C++图书（浏览数册，选择一本在风格上你最喜欢的），注意它必须把握住这门语言的脉搏（C++语言仍在发展之中），它必须涵盖异常和模板，这两个特性是迄今为止[1]最晚加入到C++中的。

和C语言一样，C++语言的标准化也是由ISO和ANSI X3J16一起进行的。最乐观的估计也需要6年，也就是1996年，才能完成C++语言的标准化[2]。注意你的书中应该提及ANSI C++的进展。

小启发

protected abstract virtual base pure virtual private destructor 是什么

让我们对它进行仔细分析，这需要一些时间。上面这句话实际上可以分成两个部分：从一个protected abstract virtual base派生而来的pure virtual private destructor。

- private destructor就是一个对象离开其生存范围时所调用的函数。private表示它只能被本类的成员函数或友元[3]（friend）访问。

---

[1] 1994年。——译者注

[2] 事实上是1998年。——译者注

[3] 友元不是类的成员函数，但它可以访问类的private和public成员。友元可以是函数或类，它必须在它能够访问的类中声明。如：

```
class fruit { private: ...
              public: ...
              friend action();
            };
```

action()函数就是fruit类的友元（但不是它的成员函数），它可以访问fruit类对象的private成员。——译者注

- pure virtual 函数本身没有代码，但它可以通过继承作为派生类虚拟函数实现的指导准则。
- pure virtual destructor 只有在被派生类覆盖以后才有意义。由于析构函数能够自动进行类缺省的清理工作，如同调用成员或基类的析构函数一样，所以通常并不需要在析构函数的定义中显式地编写任何代码。

应该解释清楚了吧？让我们看一下第二部分。

- abstract virtual base 表示基类是被多个多重继承的类所共享（它是虚基类），它至少包含一个纯虚函数（pure virtual function），其他的类通过继承从它派生（所谓抽象基类）。虚基类也有其特殊的初始化语义。
- protected abstract virtual base 类是指我们的类是以 protected 形式派生的。该类的后续派生类可以访问父类的信息，但其他的类则不允许。

现在，把它们放在一起，一个 protected abstract virtual base pure virtual private destructor 就是一个析构函数，它具有下列特点：

- 只能被该类的成员函数或友元调用；
- 在声明它的基类中没有定义，但它将在派生类中定义；
- 它（指派生类）共享一个多重继承的基类；
- 它（指基类）以 protected 方式继承。

上一次我们是什么时间用到它呢？嗯……想起来了！我们从来没有用到过它。这个声明是不是让人想起快速傅里叶变换的程序试验呢？从复杂性上讲，它可以与之比肩。

在 C++的代码中，大概可以这样表达：

```
    class vbc{
    protected: virtual void v() = 0;
    private: virtual ~vcb() = 0;
};
// vbc 是一个抽象类，因为它包含纯虚拟函数
class X : virtual protected vbc {
// X 虚拟地从继承于 vbc，而且 vbc 的 protected 成员也是 X 的 protected 成员
//  所以 vbc 是 X 的 protected abstract virtual base 类
    protected: void v() {}
    ~X()  {  /* 执行一些 X 类的清理工作 */ }
};
//  当一个 X 对象被销毁时，  X::~X()被调用，然后……
//  X 的 protected abstract virtual base pure virtual private destructor 也被
调用。所以尽管它在声明中是纯函数，但它仍然需要定义
```

正是这种语义上的复杂性，C++才有了过度复杂的名声。问题并不是出在单个的语言特性上，而是多个特性交织在一起相互作用产生了复杂性。对这个问题的讨论就到此为止，读者可以自己得出结论。

11.20 轻松一下——死亡计算机协会

世界上存在很多各种各样的和计算机相关的组织，其中最不寻常的一个恐怕要算死亡计算机协会（Dead Computers Society）。

死亡计算机协会的名字源于“已故诗人协会”，后者实际上是一个崇尚古代诗人的群体。死亡计算机协会崇尚的目标是已不复存在的计算机体系结构。它始于 1991 年加州圣克拉拉 ASPLOS（Architecture Support for Programming Language and OS's，编程语言和操作系统的架构支持）会议一个非正式的讨论小组。一群到会的朋友和同事注意到他们中的许多人曾经在现已不再使用的系统上工作。

他们决定成立死亡计算机协会，让人们重新想起这些系统。他们举办了开放式的座谈会，讨论与此相关的主题。他们希望一个充满智慧的回顾能够让未来的设计者吸取以前的教训。任何人只要对已不复存在的计算机系统（最理想的情况是创建该系统的公司也不复存在了）的设计、创建或编程有所帮助，都可以加入到死亡计算机协会中。已经不复存在的计算机系统非常之多，表 11-3 列出了其中的一部分。

表 11-3　已不复存在的计算机系统

死亡计算机荣誉榜	
• American Supercomputer Inc.	• Intel iPSC/1
• Ametek / Symult	• Intel iPSC/2
• Astronautics	• Intel / Siemens BiiN
• Burroughs BSP	• Masscomp / Concurrent
• CDC 7600, Cyberplus	• Multiflow
• CHoPP	• Myrias
• Culler Scientific	• Niche
• Cydrome	• Prisma
• Denelcor	• SCS
• Elxsi	• SSI
• Evans & Sutherland CD	• Star Technologies
• ETA/CDC	• SuperTek
• FLEX(Flexible Computer)	• Suprenum / Siemens
• Goodyear Aerospace/Loral DataFlow Systems	• Texas Instruments ASC
• Guiltech/SAXPY	• Topologix
• Floating Point Systems AP-line and T-series	• Unisys ISP
• Intel 432	

另一方面，任何人只要认同这个协会的宗旨，就可以加入该协会。在协会的开幕会议上，参加者超过了 350 人。

协会的主持人试图让成员明白“协会的唯一事务，压倒一切的工作，就是关注你的死亡计算机”。Elxsi 设计者表示决策者在推动技术发展方面太起劲，在时机尚不成熟之际就开始使用 ECL（Emitter-Coupled Logic，发射极耦极逻辑）。但是，Multiflow（差不多和 Elxsi 同时退出历史舞台）的首席架构师却认为，公司不采用 ECL 的决定是导致 Multiflow 最终消亡的原因之一。

大家所取得的唯一共识大概就是管理和市场状况是导致许多公司破产的原因，它们比单纯的技术失败更为常见。这也是可以理解的，那些不时刻注意顾客需求的公司终究难以为继，最能掌握这项艺术的公司往往能获得成功。

会上还有一些较小的技术主题，像如何让你的产品难以编程（如 CDC7600 的双层内存，或使用补码运算的机器，或既残忍又罕见的 60 比特的字宽度）等，这些都意义不大。令人非常吃惊的是，会上竟然没有出现一个主流的共同技术主题，也许本来就不存在吧。尽管如此，有一点是肯定的：我们从错误中学到的要比从成功中学到的多得多。

11.21　更多阅读材料

我发现有一本书非常有用，那就是 *C：A Reference Manual*，作者是 Samuel P. Harbison 和 Guy L. Steele（Englewood Cliffs, Prentice Hall）。Harbison 和 Steele 为许多不同的计算机系统开发了一系列的 C 编译器，这些计算机系统的范围非常广。他们在自己的经验基础上编写了这本书，书中字里行间闪烁着他们敏锐的洞察力。

附录A 程序员工作面试的秘密

对硬件知识一知半解是非常危险的。一位程序员把一张能演奏颂歌的新奇圣诞卡片拆了开来，取出其中的压电乐曲芯片。他偷偷地把它安装在老板的键盘上，并连接到一个发光二极管上。他进行了测试，一个能够点亮发光二极管的电压足以驱动一块这样的芯片。

接着，我（噢！说错了，我指的是那位程序员）修改了系统编辑器，当它启动时点亮发光二极管，当它退出时关闭发光二极管。结果，只要老板一使用这个编辑器，他的终端就会持续演奏圣诞颂歌！半小时以后，隔壁办公室的人们群情激愤，蜂拥而至，迫使老板停下工作，直到肇事原因被发现为止。

——*The Second Official Handbook of Practical Jokes*

A.1 硅谷程序员面试

本附录提供了一些在顶级公司寻找位置的C程序员面试过程的提示。尖端计算机行业最值得称道的事情之一就是选择新雇员加入队伍的不寻常方法。在许多行业中，管理者或经理全权负责员工的录取，但事实上他所提出的应征条件往往只有他自己才符合。但是，在软件开发的尖端领域，尤其是高科技企业刚刚成立并运营时，程序员往往比决定哪位候选人是技术最佳的“个人应征者”的经理更有资格说三道四。需要做一些系统开发的天才程序员极为罕见，对他的要求也格外具体。所以有时候技术能力是你寻求工作面试时唯一重要的特长。

所以，程序员面试就形成了一种非常独特的风格。经理根据公司的策略，在众多面试者中寻找人才。那些有望入围者接着要进行一番技术上的严格考核，考核人员是开发队伍的每个人，而不仅仅是经理。一个典型的工作面试将持续一整天，包括连续与六七个不同的工程师进行一小时左右的会谈——他必须让所有人信服他的确有能力加入到开发小组中，然后才能得到一份工作承诺。

工程师常常有一些自己最喜欢问的问题，本章就包含了一些工程师喜欢的问题。泄露这些“机密”并无害处——一位阅读了本书的程序员很可能已经拥有足够的知识，足以加入一家优秀的软件公司。这些问题中的许多源于我们在编程时用到的真实算法，现在已经被其他人用新的问题所取代。当然，你在面试候选人时并不仅仅看重他们对问题做什么样的反应，你常常也很在意他们是怎样做出反应的。他们是对一个问题深思熟虑后提出几种可能性，还是在脑子里一有想法就脱口而出？他们在说明自己的思路时所提的论据是否有足够的说服力？他们是不是对一个明显错误的策略固执己见，还是思维灵活，很快就完善自己的答案？下面的有些问题产生了最奇怪的答案。你可以自己试验一下，掂量一下自己的份量！

A.2　怎样才能检测到链表中存在循环

这个问题看上去比较简单，但随着提问者不断对问题施加一些额外的限制，这个问题很快就变得面目狰狞。

通常第一种答案：

对访问过的每个元素进行标记，继续遍历这个链表，如果遇到某个已经标记过的元素，说明链表存在循环。

第二个限制：

这个链表位于只读内存区域，无法在元素上作标记。

通常第二种答案：

当访问每个元素时，把它存储在一个数组中。检查每一个后继的元素，看看它是否已经存在于数组中。有时候，一些可怜的程序员会纠缠于如何用散列表来优化数组访问的细节，结果在这一关卡了壳。

第三个限制：

噢！内存空间非常有限，无法创建一个足够长度的数组。然而，可以假定如果链表中存在循环，它出现在前 N 个元素之中。

通常第三种答案（如果这位程序员能够到达这一步）：

设置一个指针，指向链表的头部。在接下去对直到第 N 个元素的访问中，把 N-1 个元素依次同指针指向的元素进行比较。然后指针移向第二个元素，把它与后面 N-2 个元素进行比较。根据这个方法依次进行比较，如果出现比较相等的情况就说明前 N 个元素中存在循环，否则如果所有 N 个元素两两之间进行比较都不相等，说明链表中不存在循环。

第四个限制：

噢！不！链表的长度是任意的，而且循环可能出现在任何位置（即使是优秀的候选者也会在这一关碰壁）。

最后的答案：

首先，排除一种特殊的情况，就是 3 个元素的链表中第二个元素的后面是第一个元素。设置两个指针 p1 和 p2，使 p1 指向第一个元素，p2 指向第三个元素，看看它们是否相等。如果相等就属于上述这种特殊情况。如果不等，把 p1 向后移一个元素，p2 向后移两个元素。检查两个指针的值，如果相等，说明链表中存在循环。如果不相等，继续按照前述方法进行。如果出现两个指针都是 NULL 的情况，说明链表中不存在循环。如果链表中存在循环，用这种方法肯定能够检测出来，因为其中一个指针肯定能够追上另一个（两个指针具有相同的值），不过这可能要对这个链表经过几次遍历才能检测出来。

这个问题还有其他一些答案，但上面所说的几个是最常见的。

编程挑战

寻找循环

证明上面最后一种方法可以检测到链表中可能存在的任何循环。在链表中设置一个循环，演练一下你的代码；把循环变得长一些，继续演练你的代码。重复进行，直到初始条件不满足为止。同样，确定链表中不存在循环时，算法可以终止。

提示：编写一个程序，然后依次往外推演。

A.3　C 语言中不同增值语句的区别何在

考虑下面 4 条语句：

```
x = x + 1;      /* 正规形式 */
++x;            /* 前缀自增 */
x++;            /* 后缀自增 */
x += 1;         /* 复合赋值 */
```

显然，这 4 条语句的功能是相等的，它们都是把 x 的值增加 1。如果像现在这样不考虑前后的上下文环境，它们之间并没有什么区别。应试者需要（隐式或显式地）提供适当的上下文环境，以便回答这个问题并找出这 4 条语句之间的区别。注意，最后一条语句是一种在算法语言中表达“x 等于 x 加上 1”的便捷方法。因此，这条语句仅供参考，我们需要寻找的是其余 3 条语句的独特性质。

绝大多数 C 程序员可以立即指出++x 是一种前缀自增，它先增加 x 的值然后再在周围的表达式中使用 x 的值。而 x++是一种后缀自增，它先在周围的表达式中使用 x 的值然后再增加 x 的值。有些人认为 C 语言存在“++”和“--”操作符的唯一原因是*p++在 PDP-11（第一个 C 编译器所用的机器）机器上可以用一条单一的机器指令来表示。事实并非如此，这个特性继承了 PDP-7 上的 B 语言，但自增和自减操作符在所有的硬件系统中的应用之广令人难以置信。

有些程序员则在此处未作深入考虑，忽视了当 x 不是一个简单的变量而是一个涉及数组的表达式时，像 x += 1 这样的形式是很有用的。如果你有一个复杂的数组引用，并需要证明

同一种下标形式在两种引用中都可以使用，那么

```
node[i>>3] += -(0x01 << ( i & 0x7));
```

就是你应该采用的方法。这个例子是我直接从操作系统的代码中取出来的，只对数据名作了改动（为了保密）。优秀的应试者还能够指出左值（定位一个对象的表达式的编译器用语——通常具有一个地址，但它既可能是一个寄存器，也可能是地址或寄存器加上一个位段）只被计算了一次。这一点非常重要，因为下面的语句：

```
mango[i++] += y;
```

被当作

```
mango[i] = mango[i] + y; i++;
```

而不是

```
mango[i++] = mango[i++] + y;
```

以前，当我们对一些申请 Sun 公司 Pascal 编译器工作职位的候选人进行面试时，最好的那位候选人（他最终获得了这个工作——嗨！Arindam）解释说这些区别与编译器的中间代码有关，例如“++x”表示取 x 的地址，增加它的内容，然后把值放在寄存器中；“x++”则表示取 x 的地址，把它的值装入寄存器中，然后增加内存中的 x 的值。顺便问一句，使用编译器的术语，另外两条语句应该怎么描述？

尽管 Kernighan 和 Ritchie 认为自增操作比直接加 1 更有效率（K&R2, 第 18 页），但目前所使用的当代编译器通常在这方面都做得很好，使这几种方法的速度都一样。如果没有任何能够显示它们之间区别的相关上下文环境，那么现代的 C 编译器在编译这些语句时应该产生相同的指令。它们应该是增加一个变量时最快的指令。你可以在喜欢的编译器上编译这些代码，编译器应该有一个选项，可以产生一个汇编指令列表。你也可以把编译器设置为调试模式，这样也常常可以更容易检查对应的 C 语句和汇编指令。不要使用优化选项，因为这些语句有可能因为优化而被精简掉。在 Sun 的工作站中，附上神奇的魔咒“-S”，使命令行看上去如下：

```
cc -S -Xc banana.c
```

这个-S 选项使编译停在汇编阶段，把汇编语言指令输出到 banana.s 文件中。最新的编译器 SPARCompilers 3.0 做了改进，当使用这个选项时，它可以使源代码散布于汇编程序输出文件中。这就使得寻找问题和诊断代码生成变得更加容易。

-Xc 选项告诉编译器拒绝任何不符合 ANSI C 的代码结构。在编写新代码时始终使用这个选项是一个好主意，因为它有助于程序获得最大程度的可移植性。

所以，有时候区别就在于哪一个在源代码中看上去更好一点。一般较短的形式比较长的形式更容易阅读一些。然而，过度简洁也会导致代码难以阅读（你只要问问那些试图修改他人 APL 代码的人就知道了）。当我还是一个系统编程研究生班级的助教时，一位学生让我看一

些代码，他说代码里存在一个未知的 Bug，但是由于代码过于紧凑，所以无法把它找出来。在一些高年级 C 程序员的嘲笑声中，我们系统地把类似下面的单行代码：

```
frotz[--j + i++] += --y;
```

扩展为功能相同但长度更长的：

```
--y;
--j;
frotz[j+i] = frotz[j+i] + y;
i++;
```

这让那位喜爱玩弄技巧的程序员颇感懊恼，使用这种方法，我们一下子就发现其中一个操作位置有误。

教训：不要在一行代码里实现太多的功能

这种做法并不能使编译器产生的代码更有效率，而且会使你丧失调试代码的机会。正如 Kernighan 和 Plauger 所指出的那样，“人人都知道调试比第一次编写代码要难上一倍。所以如果在编写代码时把自己的聪明发挥到极致，那么在调试时又该怎么办呢？”[1]

A.4 库函数调用和系统调用区别何在

这个问题我们时常用来考察候选人是否知道他编程的方法是否简单。令人惊奇的是，许多人从来没有想过这个问题。我们并不曾见到描述这个区别的图书，所以这是个很好的问题，可以判断候选人是否具有丰富的编程经验以及是否具有找出这类问题的答案的敏锐感觉。

简明的回答是函数库调用是语言或应用程序的一部分，而系统调用是操作系统的一部分。你要确保弄懂“trap”（自陷）这个关键字的含义。系统调用是在操作系统内核发现一个 trap 或中断后进行的。这个问题的完整答案需要覆盖表 A-1 中列出的所有要点。

表 A-1　　函数库调用 vs.系统调用

函数库调用	系 统 调 用
在所有的 ANSI C 编译器版本中，C 函数库是相同的	各个操作系统的系统调用是不同的
它调用函数库中的一个程序	它调用系统内核的服务
与用户程序相联系	是操作系统的一个进入点
在用户地址空间执行	在内核地址空间执行
它的运行时间属于“用户”时间	它的运行时间属于“系统”时间

[1] Brian W.Kernighan 和 P.J.Plauger，*The Elements of Programming Style*，第二版，第 10 页，纽约，McGraw-Hill，1978，p.10。

续表

函数库调用	系 统 调 用
属于过程调用，开销较小	需要切换到内核上下文环境然后切换回来，开销较大
在 C 函数库 libc 中有大约 300 个程序	在 UNIX 中有大约 90 个系统调用（MS-DOS 中少一些）
记录于 UNIX OS 手册的第三节	记录于 UNIX OS 手册的第二节
典型的 C 函数库调用：system、fprintf、malloc	典型的系统调用：chdir、fork、write、brk

库函数调用通常比行内展开的代码慢，因为它需要付出函数调用的开销。但系统调用比库函数调用还要慢很多，因为它需要把上下文环境切换到内核模式。在 SPARC 工作站上，我们对一个库函数调用进行记时（就是一个过程调用的速度），结果大约是 0.5 微秒。系统调用所需要的时间大约是库函数调用的 70 倍（35 微秒）。纯粹从性能上考虑，你应该尽可能地减少系统调用的数量。但是，你必须记住，许多 C 函数库中的程序通过系统调用来实现功能。最后，那些相信麦田怪圈的人会对"system()函数实际上是一个库函数"这个概念感到困惑。

编程挑战

Perlis 教授折磨脑子的家庭作业

警告：这个编程挑战对于有些读者可能过于艰巨

有些研究生学校也使用编程问题来测试它们的新生。在耶鲁大学，Alan Perlis 教授（Algol-60 的创始人之一）曾用下面的作业（要求一星期内完成）测试他刚入学的研究生。

为下列各个问题编写程序。

1. 读取一个字符串，并输出它里面字符的所有组合。
2. "八皇后"问题（假设棋盘上有 8 个皇后，要求打印所有使 8 个皇后不会互相攻击的棋子配置）。
3. 给定一个数 N，要求列出所有不大于 N 的素数。
4. 编写一个子程序，进行两个任意大小的矩阵乘法运算。

研究生们可以使用下列语言之一：

1. C;
2. APL;
3. Lisp;
4. Fortran。

上述几个编程问题作为研究生的作业，让每位学生接受一项任务还是比较合理的。但现在我们被要求在一个星期之内完成所有的任务，我们中有些人甚至从来没有用过上述 4 种语言。

当然，我们并不知道 Perlis 教授实际上只想考考我们，事实上他并不打算捉弄任何一个人。绝大部分新研究生都度过了疯狂的一周，时至深夜依然蜷在计算机终端，只是为了完成这些折磨脑子的任务。回到班上后，教授要求自愿者在黑板上演示单个语言/问题的组合方案。

有些问题可以用一些习惯用法来解决，比如问题 3 就可以用一行 APL 代码[1]解决：

```
(2=+.0=T≤.|T)/T←⍳N
```

这样，如果谁完成了这些作业的任何一部分，都有机会进行展示。那些被问题所难倒，哪怕一小部分也没完成的人会意味到他们可能并不适合读这个研究生。这是疯狂且巨忙的一周，我在这段时间里学习到的 APL 或 LISP 的知识比以前几年以及以后几年里加起来学到的还要多。

A.5　文件描述符与文件指针有何不同

这个问题是前面一个问题的自然延续。所有操纵文件的 UNIX 程序或者使用文件指针，或者使用文件描述符来标识它们正在操作的文件。它们是什么？什么时候应该使用？事实上答案非常直截了当，它取决于你对 UNIX I/O 的熟悉程度以及对各种因素利弊的权衡。

所有操纵文件的系统调用都接受一个文件描述符作为参数，或者把它作为返回值返回。“文件描述符”这个名字多少显得有点命名不当。在 Sun 的编译器中，文件描述符是一个小整数（通常为 0～255），用于索引开放文件的每个进程表（per-process table-of-open-files）。系统 I/O 调用有 creat()、open()、read()、write()、close()、ioctl()等，但它们不是 ANSI C 的一部分，不会存在于非 UNIX 环境中。如果你使用了它们，那么你的程序将失去可移植性。因此，建立一组标准 I/O 库调用是必要的，ANSI C 现在规定所有的编译环境都必须支持它们。

为了确保程序的可移植性，应该使用标准 I/O 库调用，如 fopen()、fclose()、putc()、fssek()等——它们中的绝大多数名字中带有一个 f。这些调用都接受一个类型为指向 FILE 结构的指针（有时称为流指针）的参数。FILE 指针指向一个流结构，它在<stdio.h>中定义。结构的内容根据不同的编译器有所不同，在 UNIX 中通常是开放文件的每个进程表的一个条目。在典型情况下，它包含了流缓冲区、所有用于提示缓冲区中有多少字节是实际文件数据的变量以及提示流状态的标志（如 ERROR 和 EOF）等。

- 所以，文件描述符就是开放文件的每个进程表的一个偏移量（如 3）。它用于 UNIX 系统调用中，用于标识文件。
- FILE 指针保存了一个 FILE 结构的地址。FILE 结构用于表示开放的 I/O 流（如 hex 20938）。它用于 ANSI C 标准 I/O 库调用中，用于标识文件。

C 库函数 fdopen()可以用于创建一个新的 FILE 结构，并把它与一个确定的文件描述符相

[1] 你现在可以明白为什么不存在“混乱 APL 代码大赛”了，因为它们本身已经够混乱的了。

关联（可以有效地在文件描述符小整数和对应的流指针间进行转换，虽然它并不在开放文件表中产生一个额外的新条目）。

A.6 编写一些代码，确定一个变量是有符号数还是无符号数

有一位同事在接受Microsoft的面试时，其中一个题目就是“编写一些代码，确定一个变量是有符号数还是无符号数”。这实际上是一个相当难的问题，因为它留下了太多的空间让你去理解这个问题。有些人错误地把“有符号数”同“具有负号”等同起来，以为这个问题只需要一个小小的函数或宏，测试变量的值是否小于零就可以了。

问题自然没有这么简单。要回答这个问题，你必须在特定的编译器中确定一个给定的类型是有符号数还是无符号数。在ANSI C中，char既可以是有符号数，也可以是无符号数，这是由编译器决定的。当你编写的代码需要移植到多个平台时，知道类型是不是有符号数就非常有用了。如果该类型在所有的编译器上编译时都是恒定的，那就再理想不过了。

你无法用函数实现目的。函数形式参数的类型是在函数内部定义的，所以它无法穿越调用这一关。因此，必须编写一个宏，根据参数的声明对它进行处理。

接下来就是区别宏的参数到底是一个类型还是一个类型的值。假定参数是一个值，无符号数的本质特征是它永远不会是负的，有符号数的本质特征是对最左边一个位取补将会改变它的符号（比如2的补码表示，它肯定是个负数）。由于作为参数的这个值的其他位与这个测试无关，因此对它们全部取补后结果是一样的。因此，可以像下面这样尝试：

```
#define ISUNSIGNED(a)   (a >=0 && ~a >= 0)
```

如果宏的参数是一个类型，其中一个方法是使用类型转换：

```
#define ISUNSIGNED(type)  ((type)0 - 1 > 0)
```

面试的关键就在于正确理解问题！你需要仔细地听，如果不理解问题或者觉得它的定义不清，可以要求一个更好的解释。第一个代码例子只适用于K&R C，新的类型提升规则导致它无法适用于ANSI C。练习：解释一下为什么，并提供一个适用于ANSI C的解决方案。

Microsoft 的绝大部分问题都想考察你在压力下能够怎样思考问题，但它们并不都是技术性的。一个典型的非技术性问题可能是“美国一共有多少个加油站？”或“美国一共有多少个理发店？”他们想看看你是否作出正确的猜测和估计，或者能够提供一种寻找更可靠答案的好方法。建议：打电话给各个州的执照发放机构，只要50个电话，你就可以获得准确的数字。或者，你也可以选六七个有代表性的州，根据样本推断出总体数量。你甚至可以像一位环保主义者那样回答，当被问及“美国有多少个加油站时”时，她生气地回答：“太多了！”

A.7 打印一棵二叉树的值的时间复杂度是多少

这个问题是面试者在申请Intel编译器小组的一个职位时被问到的。现在，关于复杂度理

论首先需要知道的是大 O 表示法。O(N)表示当 N（通常是需要处理的对象数量）增长时，处理时间几乎是按照线性增长的。类似，O(N^2)表示当 N 增长时，处理时间的增长要快得多，大致是按照 N 的平方增长的。关于复杂度理论其次需要知道的是在一棵二叉树中，所有操作的时间复杂度都是 O(log(n))。所以，很多程序员不假思索地作出了这个回答。错误！

这个问题有点类似于 Dan Rather 著名的“频率是什么，Kenneth？”问题——这个问题用于干扰、混淆和激怒对方而不是真的向对方咨询信息。要打印一棵二叉树所有节点的值，必须对它们逐个访问，所以时间复杂度为 O(N)。

我的一些同事在接受惠普公司电子工程师职位的面试时，也遇到了类似的陷阱问题。这个问题是：在一个没有阻抗的理想电路中，一个充了电的电容器和一个未充电的电容器突然接触在一起时，会发生什么情况？机械工程师职位的面试题则是两根质量忽略不计的弹簧从平衡位置拉紧，然后松开会发生什么？主考官分别运用两个不同的物理定理（如电容器例子中电荷守恒定理和能量守恒定理）推导出两个不同的结论，然后他询问面试者为什么会出现两种不同的结果？原因何在？

这里的陷阱在于主考官至少在表达其中一个结论时使用了一个割裂了初始条件和结束条件的积分公式。在现实世界中，这确实没错，但在理论性的实验上，它导致了对不连续状态的积分（因为减速效果被理想化了）。这样，这个公式不再适用。工程师很可能以前从来没有碰到过这类问题。这些类似无质量弹簧和无阻抗电路的问题每次当你遇上时都会使你难堪！

但是，应试者在申请一家大型管理咨询公司的一个软件顾问职位时，主考官又抛出了另一个弧线球，问题是“如果 execve 系统调用成功，它将返回什么？”回顾一下，execve()函数用参数中的可执行文件替换调用者进程的映像并开始执行。所以，当 execve 系统调用成功执行后，它并不会返回一个值。把这些陷阱问题用于刁难你的朋友确实很有趣，但如果在面试中遇到它们就不太有趣了。

A.8　从文件中随机提取一个字符串

这也是 Microsoft 喜欢使用的问题之一。主考官要求面试者编写一些代码，从一个文件（文件的内容是许多字符串）中随机提取一个字符串。解决这个问题的经典方法是读取文件，对字符串进行计数，并记录每个字符串的偏移位置。然后，在 1 和字符串总数之间取一个随机数，根据选中字符串的偏移位置取出该字符串。

但是，主考官设置了一些条件，使这个问题的难度大大增加。他要求只能按顺序遍历文件一次，并且不能使用表格来存储所有字符串的偏移位置。对于这个问题，主考官的主要兴趣在于你如何解决问题的过程。如果你提问，他会给你一些提示，所以大多数面试者最终都能获得答案。主考官对你的满意程度取决于你获得答案的速度。

基本的技巧是在幸存的字符串中挑选，并在过程中不断更新。从计算的角度看，这个方法是非常低效的，所以它很容易被忽略。你打开文件并保存第一个字符串，此时就有了一个备选字符串，并有 100%的可能性选中它。保存这个字符串，继续读入下一个字符串，这样就有了两个备选字符串，选中每个的可能性都是 50%。选中其中之一并保存，然后丢弃另一个。

再读入下一个字符串，按照新字符串 33%的概率原先幸存的字符串 67%的概率（它代表前两个字符串的幸存者），在两者之间选择一个，然后保存新选中的字符串。

根据这个方法，依次对整个文件进行处理。在其中每一步，读入字符串 N，在它（按照 1/N 的概率）和前一个幸存的字符串（按照 N-1/N 的概率）之间进行选择。当到达文件末尾的时候，最后一个幸存的字符串就是从整个文件中随机提取的那个字符串！

这是一个非常艰难的问题，你要么依靠尽可能少的提示获得答案，要么就预先做好充分准备，提前阅读本书。

A.9 轻松一下——如何用气压计测量建筑物的高度

我们觉得这些问题乐趣无穷，甚至还把它们应用到自己的非计算机环境中。Sun 有一个叫“junk mail”的邮件账号，用来让员工共享偶然兴之所致得到的灵感。有时候，人们把问题放到这个账号中，并要求其他工程师进行比赛，提交最佳答案。这里就有这样一个难题，它是最近才放上去的。

有一个很早的故事，讲的是一位物理系学生寻找新奇的方法用气压计测量一幢建筑物的高度。Alexander Calandrain 在 *The Teaching of Elementary Science and Mathematics*[1]中引述了这个故事。

一位学生考试被判不及格，因为他拒绝使用班上老师所教的方法回答问题。当这名学生提出抗议时，学校指定我担任仲裁人。我来到教授的办公室，阅读了考试题：“怎样在气压计的帮助下测量一幢高楼的高度？”

这位学生是这样回答的：“把气压计带到楼顶，用一根长绳系住。把气压计放低，直到触及街面，然后再提起来，测量绳子的长度。绳子的长度就是建筑物的高度。”

高分的回答应该是充分运用物理学的原理，但这个回答显然没说明这一点。我提议给这位学生另一次机会回答这个问题。我给了这位学生 6 分钟的时间，并警告他答案必须与物理学的知识有关。结果他只用了 1 分钟就交上了答案：“把气压计带到楼顶，倚在屋顶的边缘上，然后放开气压计，并用秒表进行计时。然后，运用物体下坠公式（$S=1/2\ a\ t^2$）计算建筑物的高度。”此时，我毫不犹豫地给了这位学生满分。

这位学生继续说出了 3 种运用气压计测量建筑物高度的方法。

- 在阳光灿烂的日子里，测量气压计的高度、气压计影子的高度以及建筑物影子的高度，然后运用简单的比例原理，计算出建筑物的高度。
- 带上气压计走上建筑物的楼梯。当你爬楼梯时，用气压计的高度在墙上作标记。到达楼顶后，数一下标记的数量，你就可以得到以气压计高度为单位的建筑物高度。
- 最后一种方法（也许最不可行）是把气压计送给建筑物的管理员，让他告诉你建筑物的高度。

当这个老掉牙的故事作为一个“科学难题”出现在 Sun 时，人们又重新激起了对它的热

[1] St. Louis, Washington University, 1961。

情，总共提出了16种新的用气压计测量建筑物高度的好方法。这些方法如下。

气压法：分别测量楼顶和楼底的气压，然后根据气压差计算大楼的高度。这个方法是这个问题最初设计时的标准答案，也是测量大楼高度最不精确的方法之一。

钟摆法：来到建筑物的顶部，用绳子系住气压计，把它放低到地面。然后晃动气压计，测量钟摆的摆动时间，根据摆动时间可以计算出钟摆的长度，也就是建筑物的高度。

贪婪法：把气压计当掉，换取一点种子基金。然后用连锁信方法（或称为神秘链方法）积累一大笔钱，把这笔钱堆得和大楼一样高，然后根据每张纸币的厚度和纸币的张数计算大楼的高度。这个方法并没有提及如何在警察闻讯赶来之前完成对大楼的测量。

黑手党法：用气压计作为武器，威逼大楼的管理员说出大楼的高度。

弹道法：在地面上用一架迫击炮把气压计送上半空，让它正好到达楼顶的高度。你可能需要进行几次距离修正发射，以获得刚好能把气压计送到大楼高度的发射方法。运用标准弹道计算表，你可以计算出这次弹道发射的高度，也就是大楼的高度。

镇纸法：把气压计作为镇纸压在建筑物设计图纸上，然后从图纸上找出建筑物的高度。

音速法：从大楼的顶部把气压计扔下来，测量气压计撞击地面和你听到撞击声的时间差。在实际可行的距离内，视觉传递的时间可以忽略不计，而声音的传递速度（在标准温度和气压条件下是340米/秒）是已知的，根据上面这些数据可以计算出大楼的高度。

反射法：把气压计的玻璃面作为镜子，测量镜面反射亮光从楼顶到地面的来回时间，由于光的速度是一个已知量，所以大楼的高度也可以据此测出。

商业法：卖掉气压计，用这笔钱买一些适当的仪器测量大楼的高度。

类比法：用一根绳子系住气压计，把绳子绕在一个小型发电机的轴上。然后把气压计从大楼顶上扔下来，绳子就会使发电机转动。测量气压计从楼顶掉到地面期间发电机所发的电。发电机产生的电能和轴旋转的圈数是成正比的，根据这些数据可以算出楼顶到地面的高度。

三角法：在地面上选一点，它和大楼的距离是已知的。带上气压计和一个量角器来到大楼的顶部，等待太阳到达水平线。然后，把气压计当作镜子，把一束日光引到先前所设定的地点，用量角器测量气压计的角度，然后用三角学原理计算大楼的高度。

比例法：测量气压计的高度。你可以叫一个朋友，并带上一把卷尺。趴在大楼外已知距离的一点，气压计放在你和大楼之间，调整气压计的位置，从你看上去气压计上端正好与楼顶相平。然后叫你的朋友测量你的眼睛距离气压计的距离，最后根据比例原理计算出大楼的高度。

照相法：从大楼外已知距离的地点支起三角架，架上是照相机。然后把气压计放在与照相机距离已知的地方，拍下照片。根据照片中气压计和大楼的相对高度，你可以计算出大楼的实际高度。

重力法Ⅰ：用长绳系住气压计，从大楼上挂下来直到地面。测量钟摆的摆动时间，根据重力加速度的差别计算出大楼的高度。

重力法Ⅱ：在大楼的顶部和底部分别用弹簧秤测量气压计的重量（不能用天平秤），两个重量应该有所差别，这是由于重力加速度的差异引起的（一位读者告诉我Lacoste Romberg重力计能够提供准确结果所需要的精度）。你可以根据这两个读数计算出大楼的高度。

卡路里法：把气压计从楼顶扔下来，掉到地面一个装有水的容器里。容器的开口应尽量小，尽可能防止水的溅出。水温的升高是气压计的机械能转换为热能的结果，根据水温升高的度数可以计算出气压计到达地面的势能，进一步可以计算出大楼的高度。

你是不是认为这样的问题只会在代数学里出现。

A.10　更多阅读材料

如果你喜欢本书，你可能也会喜欢 *Bartholomev and the Oobleck,* 作者是 Seuss 博士（纽约，Random House，1973）。

Seuss 博士解释说，Oobleck 就是“拳头大小的团状物，表面光滑，就像是用橡皮制作的土豆团子”，但他没有说明如何制造它，所以我在这里提供了一种方法。

如何制造 Oobleck

1．取一杯玉米淀粉。

2．加几滴绿色的食用色素。Oobleck 的颜色总是绿的。

3．一边加水，一边缓缓捏制淀粉团，总共大约加半杯水。

Oobleck 有一些极端奇怪、不符合牛顿定律的属性。它像水一样流过你的指尖，除非你把它挤成一团——它会立即保持固体的坚固性。如果停止搓捏，它又会变加液态。如果用硬物快速击打它，那么它就会被击碎！

和 Seuss 博士的所有书一样，*Bartholomev and the Oobleck* 可以从好几个层次上阅读和欣赏。例如，*One Fish Two Fish, Red Fish Blue Fish* 可以被分解为思维单一的二进制计数系统的血泪控诉。软件工程师如果细心阅读 *Bartholomev and the Oobleck*，肯定能从中获益。

如果每位程序员只是偶尔玩弄 Oobleck，这个世界则会美好许多。优秀的程序员将会休息得更好，精力更加充沛，而蹩脚的程序员则很可能困得脑袋常常和桌子打架。但是，始终应该记住，无论你是一位极其平凡的程序员，还是一位广受赞誉的天才高手，你都是宇宙的一个子进程，跟磁盘控制器或者堆栈活动记录（第 6 章详细介绍）没什么两样。

据说当你两眼深深地凝视深渊时，深渊也同样凝视着你。但是，如果你深深地凝视本书，显然并不十分优雅，另外你很可能患有头痛或其他疾患。

我无法想象，除了计算机编程之外，我还能做些什么工作。在所有的日子里，你从虚幻中创建模式和结构，并顺便解决数十个小问题。人脑的聪明和天才被拴在计算机的高速度和准确性上。

事实就是如此。人类的最高目标是奋斗、寻求、创造。每位程序员都应该寻找并抓住每一次机会，使自己……哇！写得太多了。